令和06年

Information Security Management Examination

情報セキュリティマネジメント 科目A 科目B 合格教本

岡嶋 裕史 著

技術評論社

1 イラストでつかむ! 情報セキュリティ技術

学習を始めるにあたって、どんな技術が問われるのか、どのくらいの難しさなのか、解答のポイントになるのはどこか、感覚をつかんでみましょう。最近のサンプル問題で取り上げられたテーマを解説しますので、読み進めてみてください。

cookie(クッキー)

cookie(クッキー)(p.104参照)は本当によく出題されます。古い技術ですけれど、今も現役でWebシステムを支えていますし、問題点として指摘されている箇所も含めて社会で広く共有されている話題です。

まず基本として、Webページの情報はページ単位で完結していて(ステートレス)、その流れは管理されていないことをおさえましょう。HTTP通信はそれ自体では状態管理を行いません。そのため、ショッピングサイトでせっかく買い物かごに商品を詰めても、次のページに移動した瞬間に「これ、誰の買い物かごだ？」とわからなくなってしまいます。

HTTP通信は状態管理をしない

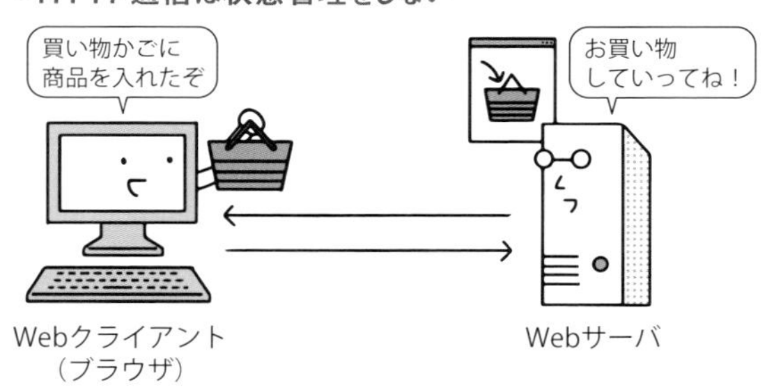

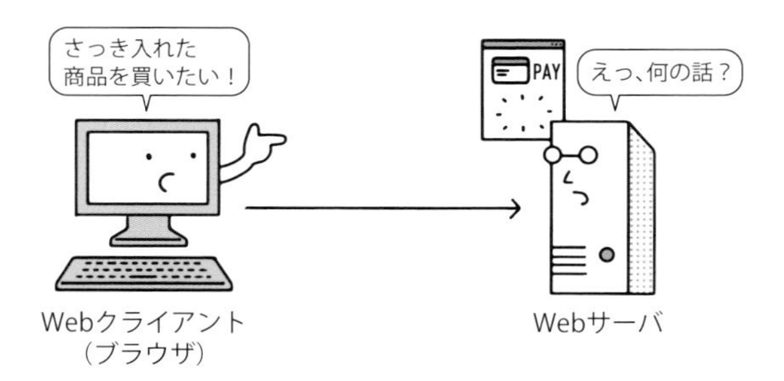

それでは不便なので、cookieを使って通信状態を管理します。**一連の通信(セッション)ごとに割り当てたID(セッションID)によって、サーバは「ああ、この人はさっきのど飴を買い物かごに入れていたな」と認識できる**わけです。

cookieはサーバが作成し、クライアントにHTTPのクッキーヘッダフィールド(Set-Cookie)を使って送信します。クライアントはそれを受け取ると、テキストファイルとしてcookieを保存し、**サーバから要求があればやはりクッキーヘッダフィールド(Cookie)を使って送り返します**。この一連のしくみ自体をcookieと言うこともありますし、クライアントに保存されているテキストファイルのことをcookieと呼ぶこともあります。本試験のときは文脈に注意しましょう。

cookieのしくみ

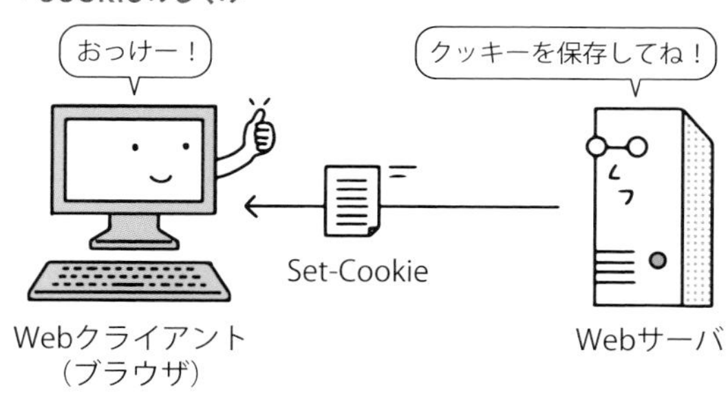

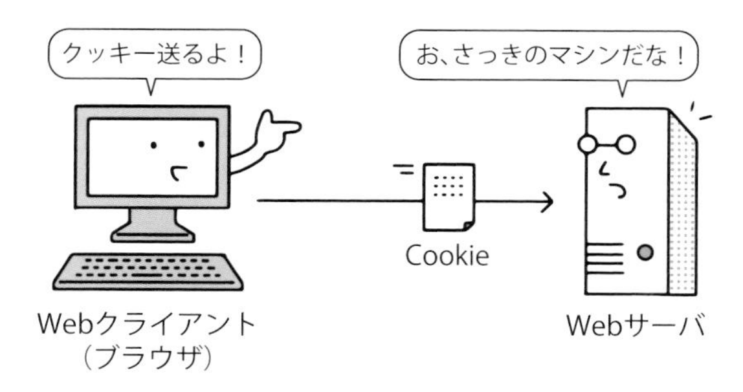

cookieには何を書くのも自由ですが、基本的にはセッション管理や、ユーザ識別に使います。cookieの名前、使えるドメインやパス、作成日時、有効期限などとともにセッションIDをサーバが決め、それがクライアントに送られます。

cookieはとても便利ですが、セッション管理やユーザ識別に使う以上、第三者に知られるといかようにも通信を乗っ取られてしまいます。そこで暗号化通信時しか送信しない、発行したドメインでしか有効ではないといった対策が施されます。

= SMTP-AUTH

SMTP（p.305参照）はかなり古い牧歌的な技術ですので、「来たメールを他人に読まれるのは嫌だからPOPには認証機能をつけるけど、メールを送るぶんには別によくね？ 郵便ポストだって、出す人に身分証明とか求めないよね？」という発想で作られています。しかし、この作り方が後々になって迷惑メール送信の温床になってしまいました。

SMTPによる送信

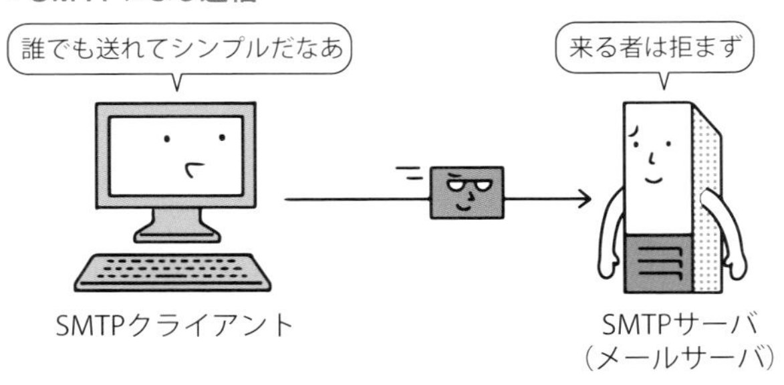

いちど広まってしまったSMTPのしくみになるべく干渉せずに送信者認証ができるようにPOP before SMTPなどの技術が提案されましたが、付け焼き刃な対策でした。そこで、抜本的な改善を図ったのが**SMTP-AUTH**（p.308参照）です。SMTP-AUTHは**メール送信時にも利用者IDとパスワードによる利用者認証を行います**。SMTPからの移行は手間ですが、場当たり的な対策技術よりも高いセキュリティ水準を達成できます。

SMTP-AUTHによる送信

アンチパスバック

入退室管理にIDカードなどを導入しても、利用者に悪意があるといくらでも抜け道が作れます。共連れ（一人のIDで二人が入館しちゃう。p.66参照）などは典型で、それを防止するのが**アンチパスバック**（p.248参照）です。

共連れの片割れが退室しようとすると、「あんた、IDないよね？」と指摘されます。それを防ぐために一人のIDをゲート外から受け渡して2回使おうとすると、「退室してから次に入ってきた記録はないのに、また出るっておかしくない？」とか言い出します。記録と照らし合わせて矛盾のある行動を発見してくれるので、不正な入退室を防止する大きな力になります。

アンチパスバックで共連れを検知

2 おさえておきたい頻出文書

出題者は、××ガイドライン、○○フレームワークなどから作問するのが大好きです。問題を作りやすいですし、根拠を求められたときにすぐに出せる安心感もあります。そのガイドラインを知って使って欲しいという意図もあります。いずれにしろ要チェックです。

2-1 組織における内部不正防止ガイドライン

= IPAが作った文書は試験に出る？

「組織における内部不正防止ガイドライン」は試験センターの親玉であるIPAがまとめた文書です。内部不正防止のため、経営者の責任と積極的な関与などを説いています。

どうせなら自分たちの仕事の成果を自らが取り仕切る試験に出してしまいたい……というのはうがった見方ですが、ガイドラインにせよ試験にせよ、「この国にはいまこういうものが必要だ」と考えて作っているわけなので、同じトピックが両方に顔を出す確率が高くなるのは自然なことだと言えます。そもそもIPAのまとめる文書は良いドキュメントが多いので、ちゃんと勉強することで実務にも役立つ確かなスキルがつくでしょう。

内部不正防止の基本原則

ガイドラインによれば、内部不正を防止するための基本原則は五つです。

1. 犯行を難しくする
2. 捕まるリスクを高める
3. 犯行の見返りを減らす
4. 犯行の誘因を減らす
5. 犯罪の弁明をさせない

POINT

- 経営者が組織の内外に責任をもち、積極的に関与する
- 経営者は基本方針を決め、それを実行するリソースを確保する
- 組織全体で取り組む

2-2 情報セキュリティ10大脅威

無防備な状態を狙うゼロデイ攻撃

IPAが発表する「情報セキュリティ10大脅威」は、新規の用語が本試験に出てくる前触れとして見逃せません。2023年度版では、ゼロデイ攻撃が引き続きランクインしています。頻出用語としてはここ数年ですっかりおなじみでしたが、現実のビジネスでの脅威として多くの人が認識し、業務プロセスの中に対策を織り込んでいく状況になりました。

ゼロデイ攻撃とはセキュリティパッチなどの対策が出回る前の無防備な状態を狙って攻撃を行う手法で、攻撃者は高い技能を持ち組織化された者です（p.69参照）。一般利用者である企業やその要員では対応が難しいのが現実です。実績があり、脆弱性が少なく、早急にパッチが出回る体制が確立されているメーカのソフトウェアを採用したり、IDS/IPS（p.219参照）やWAF（p.210参照）などを使って、被害の早期検知や攻撃被害の緩和を行えるようにします。脆弱性データベースなどを使い、ソフトウェアの脆弱性情報を早期に収集する体制も必要です。

POINT

- **ゼロデイ攻撃が引き続きランクイン！**
- **ゼロデイ攻撃は脆弱性への対策が未公開時点での、無防備な状態を狙った攻撃**
- **対策は難しいが、実績のあるソフトの採用、IPS/IDSなどによる早期検知、被害緩和などで対抗！**

ゼロデイ攻撃は対策が間に合わない“すき”を突かれる

2-3 サイバーセキュリティ経営ガイドライン

ITはいまや効率化の道具としてだけでなく、企業の競争力を生む出す中核のしくみになっています。しかし、それだけに自社のITがダウンしたり、踏み台にされたりすると、すぐに経営危機に直結する可能性があります。

攻撃者たちは、年々攻撃の組織化・高度化の度合いを高め、一つの産業としてサイバー攻撃を行っています。サイバー攻撃を行う動機は確実にお金儲けへとシフトしています。そんな過酷な環境の中で生き残るための具体的なガイドラインが「**サイバーセキュリティ経営ガイドライン**」です。

= 経営者が認識すべき3原則

1. セキュリティリスクが重要課題であると認識し、自らリーダーシップを発揮して対策を進める
2. 自社はもちろん、ビジネスパートナーや委託先も含めたサプライチェーン全体にわたるセキュリティ対策が必要
3. いついかなる場合でも、効果的なセキュリティ対策を実施するためには、関係者との積極的なコミュニケーションが必要

= サイバーセキュリティ経営の重要10項目

1. セキュリティリスクの認識、組織全体での対応方針の策定
2. セキュリティリスク管理体制の構築
3. セキュリティ対策のための資源確保
4. セキュリティリスクの把握とリスク対応に関する計画の策定
5. セキュリティリスクに効果的に対応する仕組みの構築
6. PDCAサイクルによるセキュリティ対策の継続的改善
7. インシデント発生時の緊急対応体制の整備
8. インシデントによる被害に備えた事業継続・復旧体制の整備
9. ビジネスパートナーや委託先等を含めたサプライチェーン全体の状況把握及び対策
10. セキュリティに関する情報の収集、共有及び開示の促進

POINT

- **セキュリティに対する意識を、コストから投資へと変えようとしている**

はじめに

ITへの依存がますます深まっています。

情報化の進展は、もちろん巨大な恩恵を私たちにもたらします。2020年から流行した新型コロナウイルス感染症は私たちにさまざまな制限を加えましたが、それでもなんとか仕事や学校、生活を継続できたのも恩恵の一つです。一方で情報システムが止まったとき、誤作動したとき、悪用されたときの被害も大きくなります。

現在の情報システムは極めて横断的、連携的に作られています。Facebookのようなキラーサービスでアカウントを作っておけば、他のサービスでもう一度個人情報を入力する必要はなく、キラーサービスのアカウントをそのまま使って、必要な情報をそのサイトへ送れます。とても便利です。でも、キラーサービスが停止したり、悪用されたりした場合はどうでしょうか。

悪意を持ってサーバを攻撃し停止させるのは犯罪です。では、そのサーバが金融の中枢だったらどうでしょうか。交通制御の中枢だったら？　原子力発電所の管理をしていたら？　米国防総省は、サイバー空間を第五の戦場と定めました。上記のような攻撃はもはや戦争行為であり、報復には陸海空軍を動かす可能性があると示唆したのです。

このように生活が便利になるのと対をなすように、破綻したときのリスクもどんどん高まっています。私たちは都合の良いことを望んでいます。つまり、情報化の良いところだけを享受して、リスクは排除したいのです。そのための先兵となるべきセキュリティ管理者の数が、日本では圧倒的に足りないと言われています。ここに従事する人を育てるのが国の喫緊の課題であり、まさに情報処理技術者試験の「情報セキュリティマネジメント試験」合格者こそ求められている人材であるわけです。合格者は、企業で地域で家庭で、セキュリティを実現する中核的な役割を担うことになるでしょう。国を挙げて期待がよせられているのです。

足りないものはありがたがられます。セキュリティに興味のある方はもちろん、就職や昇格に役立てたい方にもおすすめしたい試験です。ITパスポート試験合格者の次のステップとしても最適です。是非、合格の栄冠を手にされ、社会のあらゆるシーンでご活躍いただければと思います。

岡嶋裕史

CONTENTS

CONTENTS

第4章 情報セキュリティ関連法規 255

第5章 ネットワークとデータベース 283

CONTENTS

受験の手引き

どんな試験？

ITの安全な利活用をするための基本的な知識・技能を問う試験です。

受験資格や年齢制限などはありません。下記のような方にオススメの試験です。

・情報セキュリティ管理の知識やスキルを身に付けたい方
・業務部門や管理部門で情報管理を担当する方
・業務で個人情報を扱う方
・ITパスポート試験からステップアップしたい方

試験範囲は？

情報セキュリティの考え方、情報セキュリティ管理の実践規範、各種対策、関連法規などに加えて、ネットワーク、システム監査、経営管理などの関連分野の知識を問います。

重点分野	情報セキュリティ全般	機密性・完全性・可用性、脅威、脆弱性、サイバー攻撃手法、暗号、認証ほか
	情報セキュリティ管理	情報資産、リスク分析と評価、情報セキュリティポリシ、情報セキュリティマネジメントシステム(ISMS)、情報セキュリティ組織ほか
	情報セキュリティ対策	人的セキュリティ対策、技術的セキュリティ対策、物理的セキュリティ対策、セキュアプロトコル、ネットワークセキュリティ、アクセス管理、情報セキュリティ啓発ほか
	情報セキュリティ関連法規	知的財産権、個人情報保護法、不正アクセス禁止法、刑法、労働基準法、中小企業の情報セキュリティ対策ガイドラインほか
関連分野	テクノロジ	ネットワーク、データベース、システム構成要素
	マネジメント	システム監査、サービスマネジメント、プロジェクトマネジメントほか
	ストラテジ	システム戦略、システム企画、企業活動ほか

※詳細は試験要綱・シラバスを参照
https://www.ipa.go.jp/shiken/syllabus/gaiyou.html

科目Bでは、情報資産管理、リスクアセスメント、IT利用における情報セキュリティ確保、委託先管理、情報セキュリティ教育・訓練などのケーススタディによる出題により、実践力を問います。

試験形式と合格基準は？

情報セキュリティマネジメント試験はコンピュータを用いた方式（CBT方式）で行われます。試験問題は画面に表示され、解答もマウスとキーボードを用いて行います。

試験は科目Aと科目Bの二区分があります。科目Aでは短文の問題文が48問出題され、それぞれ4択で解答します。科目Bは文章問題が12問出題されます。科目Bも選択肢から解答しますが、4択とは限りません。なお、試験時間は科目A・科目Bをあわせて120分です。

採点方法はIRT（Item Response Theory：項目応答理論）を採用しています。IRTでは解答結果から評価点が算出されます。試験に合格するためには、科目A・Bあわせた総合評価点が1,000点満点中600点以上とならなければいけません。

時間区分	科目A	科目B
試験時間	科目A・Bまとめて120分	
出題形式	多肢選択式(四肢択一)	多肢選択式
出題数/回答数	あわせて60問/60問※	
基準点	総合評価点600点/1,000点満点	

※全60問のうち、科目Aは48問、科目Bは12問出題される。

申込みから受験までの流れは？

試験は通年行われており、一定の候補の中から都合の良い日時・会場を選んで受験できます。試験の申込みは受験の3日前まで可能です。申込みは原則Webサイトからのみ行います。受験料は7,500円（税込）です。

なお、日時や会場の変更も受験日の3日前までなら行えますが、キャンセル・返金は不可能です。また、受験日の翌日から数えて30日を超えるまでは再受験できません。受験の際には注意しましょう。

試験や申込み方法の詳細・最新情報については、IPA の Web サイトから必ず各自でご確認ください。
試験情報 | IPA 独立行政法人 情報処理推進機構
https://www.ipa.go.jp/shiken/

ITパスポートから情報セキュリティマネジメントへ

情報処理技術者試験の体系とキャリアパス

情報セキュリティマネジメントを受験しようと考えている方は、ITパスポートからのステップアップ組も多数おられると思います。情報処理技術者試験を使ったキャリアパスの形成についてちょっと考えてみましょう。

▼ 共通キャリア・スキルフレームワークによる技術者の能力評価

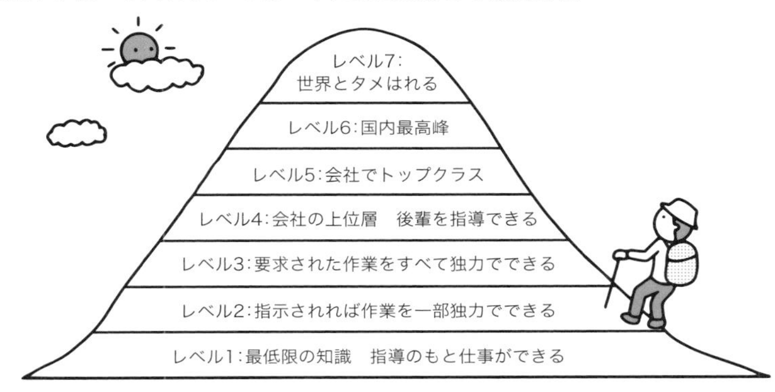

IPAが公表しているキャリアごとに必要なITスキルを示した共通キャリア・スキルフレームワーク（CCSF）ではITパスポートはレベル1です。順当に考えると、2、3、4と進んでいきたいですから、基本情報技術者（CCSF2）、応用情報技術者（CCSF3）、高度情報処理技術者（CCSF4）とステップアップするシナリオを考えます。高度情報処理技術者は経済産業省の高度IT人材に該当しますから、キャリア上の重要な到達水準です。

とはいえ、別ルートも考えられます。上でご紹介したルートはガチの技術者を目指す人のものです。**IT利活用者としてキャリアパスを組む場合はITパスポート→情報セキュリティマネジメントがステップアップのルートになります。**

また、「取りあえずレベル2にならないとまずいんだよね」という動機で情報セキュリティマネジメントを受験する方もいるでしょう。情報セキュリティマネジメントはキャリアパスが異なる（ガチ技術者とIT利活用者）だけで、レベルは基本情報技術者と同じCCSF2です。しかし、基本情報技術者と比べるとやっぱり情報セキュリティマネジメントの方が簡単なのも事実です。そこで、まずは情報セキュリティマネジメントを受験するというのも、それはそれで立派な戦略だと思います。

ITパスポートから情報セキュリティマネジメントへ

ITパスポートをとっておくと有利？

情報セキュリティマネジメントの受験者にとって、道しるべとしてのITパスポートを取得しているのはアドバンテージです。やさしいエントリー試験で情報処理技術者試験の基本的な考え方に触れることができますし、ITパスポートで学んだ知識は上位試験受験時にも役立ちます。ITパスポートを受験して余裕を持って合格できた方は、情報セキュリティマネジメントの試験問題のうち40%ほどは解答できる力を持っていると考えられます。情報セキュリティマネジメントの合格基準は60%ですから、少しの知識と技能を上積みすれば合格が可能です。

確実にものにしたいストラテジ系とマネジメント系

情報セキュリティマネジメントの出題内容は大きく分けてストラテジ系、マネジメント系、テクノロジ系に分類されます。3分野のうち、まずはストラテジ系とマネジメント系の出題ポイントを確認しましょう。

・ストラテジ系の学習ポイント

ストラテジ系（システム戦略など）の比重は、ITパスポートと比べると縮小されています。試験要綱で重点分野とされている法務はストラテジ系ですが、ITパスポートで獲得した知識を維持しつつ、知的財産権、セキュリティ関連法規、労働関連法規を中心にブラッシュアップすれば合格水準に到達できるでしょう。

・マネジメント系の学習ポイント

マネジメント系もITパスポートと比較すると縮小傾向です。ただし、セキュリティの試験らしく、プロジェクトマネジメント（特に品質管理にかかわる部分）、サービスマネジメント（インシデント管理や問題管理など）、システム監査は重点的に狙われます。これらへの対策は重要です。

テクノロジ系は体系的な理解が必要

テクノロジ系は、当たり前と言えば当たり前ですが、全般的に手厚い出題です（p.19表参照）。セキュリティはもちろんのこと、後述のようにネットワークもかなりしっかりした対策が必要です。

気をつけて欲しいのは、「『ITを利活用する者』を主な対象とすることから、技術的な項目は除外している」と試験要綱に記載されている点です。素直に読むと、「おっ、技術はいいのか！ ありがたい」となりそうですが、技術項目もわかっていないとこの試験は合格できません。あまり真に受けない方がいいと思います。

ITパスポートから情報セキュリティマネジメントへ

ITパスポートのときは何となく単語の意味をおさえるだけでも合格できたかもしれません。情報セキュリティマネジメントでも、各種攻撃手法とその対策や、各プロトコルの特徴など、暗記が有効な項目もなかにはあります。でも、知識と知識をリンクしておかないと科目Bの問題には対応できません。これらの知識がいかに体系化できているかが勝負です。

・テクノロジ系の学習ポイント

セキュリティは**リスクの考え方と一連のリスク対応、セキュリティマネジメン**

CCSFにおける重点分野の分類と知識項目例

1 情報セキュリティ
情報の機密性・完全性・可用性、脅威、マルウェア・不正プログラム、脆弱性、不正のメカニズム、攻撃者の種類・動機、サイバー攻撃（SQLインジェクション、クロスサイトスクリプティング、DoS攻撃、フィッシング、パスワードリスト攻撃、標的型攻撃ほか）、暗号技術（共通鍵、公開鍵、秘密鍵、RSA、AES、ハイブリッド暗号、ハッシュ関数ほか）、認証技術（デジタル署名、メッセージ認証、タイムスタンプほか）、利用者認証（利用者ID・パスワード、多要素認証ほか）、生体認証技術、公開鍵基盤（PKI、デジタル証明書ほか）など
2 情報セキュリティ管理
情報資産とリスクの概要、情報資産の調査・分類、リスクの種類、情報セキュリティリスクアセスメント及びリスク対応、情報セキュリティ継続、情報セキュリティ諸規程（情報セキュリティポリシを含む組織内規程）、ISMS、管理策（情報セキュリティインシデント管理、法的及び契約上の要求事項の順守ほか）、情報セキュリティ組織・機関（CSIRT、SOC（Security Operation Center）、ホワイトハッカーほか）など
3 セキュリティ技術評価
PCI DSS、CVSS、脆弱性検査、ペネトレーションテスト など
4 情報セキュリティ対策
情報セキュリティ啓発（教育、訓練ほか）、組織における内部不正防止ガイドライン、マルウェア・不正プログラム対策、不正アクセス対策、情報漏えい対策、アカウント管理、ログ管理、脆弱性管理、入退室管理、アクセス制御、侵入検知／侵入防止、検疫ネットワーク、多層防御、無線LANセキュリティ（WPA2ほか）、携帯端末（携帯電話、スマートフォン、タブレット端末ほか）のセキュリティ、セキュリティ製品・サービス（ファイアウォール、WAF、DLP、SIEMほか）、デジタルフォレンジックス など
5 セキュリティ実装技術
セキュアプロトコル（IPsec、SSL/TLS、SSHほか）ネットワークセキュリティ、データベースセキュリティ、アプリケーションセキュリティ など

（出典：「試験要綱Ver5.2」一部改変）

トシステム、暗号化と認証を、ネットワークはOSI基本参照モデルのコンセプトとTCP/IPが通信を行う大まかな流れを重点的に理解していきましょう。情報セキュリティマネジメントの重点分野はセキュリティで、ネットワークはその他扱いですが、多くのセキュリティ技術はTCP/IPネットワークを前提に組まれているので、ネットワークの理解を確立しておかないと、結局セキュリティのところで苦労してしまいます。一般的な社内LANの構成図とそこでの通信の流れを頭の中でイメージできるようにしておくのも効果があります。

科目Bは簡単？

ITパスポートと情報セキュリティマネジメントの違いとしては、やや長めの文章を読む科目Bが追加されている点も挙げられます。過去の午後試験（科目Bの前身にあたる）の出題やサンプル問題から、「科目Bは簡単そう」「日本語の読解力さえあれば解ける」という声も聞きますが、しっかりセキュリティの知識が問われると考えてください。先に合格した先輩の武勇伝などに惑わされないようにしましょう。とはいえ、応用情報技術者や高度情報技術者の午後問題に比べると難易度は高くありません。「しっかり問題文を読み込み、問題文の設定の中で正答を見つける」練習を積んでおきましょう。

気を付けるべきなのは、「うちの会社ではこうしてる」が必ずしも正答ではないということです。解答の根拠を問題文の中に求めることが非常に重要です。業務経験が豊富な方が、意外に不合格になってしまう原因の一つでもありますので、それを踏まえて学習していただければきっと良い成果が出せるでしょう。

肩の力を抜いて勉強しよう

前述のとおり、情報セキュリティマネジメントの難易度は難関の基本情報技術者と同じとされています。しかし、実際のところ、基本情報技術者よりかなり試験範囲が狭く、出題量もだいぶ少なくなっています。

シラバスの情報にも怖気づく必要はありません。シラバスとは偉そうなことを書き連ねないといけない文書です。字面と実際の問題の難しさにはギャップがあることも知っておきましょう。

たくさん勉強すれば実務にも活きるタイプの試験ですので、安心して勉強してください。でもちょっとだけないしょ話をしておくと、合格を目指すだけなら時間・お金・努力といったコストはだいぶおさえられます。もちろん、油断は禁物ですが、自身の目的・目標を踏まえながら、肩の力を抜いて試験勉強を進めましょう。

DEKIDAS-WEBについて

DEKIDAS-WEBとは？

本書の購入者のかたは、特典として、DEKIDAS-WEBを利用いただけます。DEKIDAS-WEBは、スマートフォンやPCからアクセスできる、問題演習用のWebアプリです。平成28年度春期から令和元年度秋期までの試験問題と独自の予想問題（科目Aのみ）を収録しています。利用できる主な機能は以下のとおりです。

- 一問一答モード：全問題の中からランダムに問題が出題されます。
- 問題選択モード：出典となる試験の年度や分野、問題数などの出題条件を自分で設定して問題に挑戦できます。
- 模擬試験モード：本番の試験と同じ数の問題がランダムに出題されます。
- 分析：解いた問題数や正解率、問題別の正誤情報などを確認できます。
- ランキング：自分の正解率が全体の中でどの順位にあたるのか調べられます。

ご利用方法

スマートフォン、タブレットで利用する場合は以下のQRコードを読み取り、エントリーページへアクセスしてください。

PCなどQRコードを読み取れない場合は、以下のページから登録してください。

URL：https://entry.dekidas.com/
認証コード：gd06Dsa9pzmMsg81

なお、ログインの際にメールアドレスが必要になります。

ご注意

- 有効期限は2023年11月24日から2025年11月23日までです。
- 対応ブラウザはMicrosoft Edge、Google Chrome、Safariです。Internet Explorerをはじめ、それ以外のブラウザでの動作は保証いたしませんので、ご了承ください。

特典動画について

「情報セキュリティマネジメント試験 重要用語対策講座！」について

本書の購入者のかたは、特典として、動画シリーズ「情報セキュリティマネジメント試験 重要用語対策講座！」をご視聴いただけます。本動画では、試験に出題される情報セキュリティマネジメントの基本知識をテーマごとに解説します。解説するテーマは「情報セキュリティのCIA」「DDoS攻撃」など、試験でもよく問われるものを厳選して取り上げています。

ご視聴方法

以下のQRコードを読み取るか、URLにアクセスしてください。パスワードの入力画面が表示されたら、コードを入力してください。また、側注の「動画でCHECK！」にあるQRコードからも、テーマごとの動画にアクセスできます。

URL：https://vimeo.com/showcase/8962251

コード：hvb2qX8D

なお、パスワードの有効期限は2023年12月1日から2024年11月30日までです。ご注意ください。

情報セキュリティ基礎

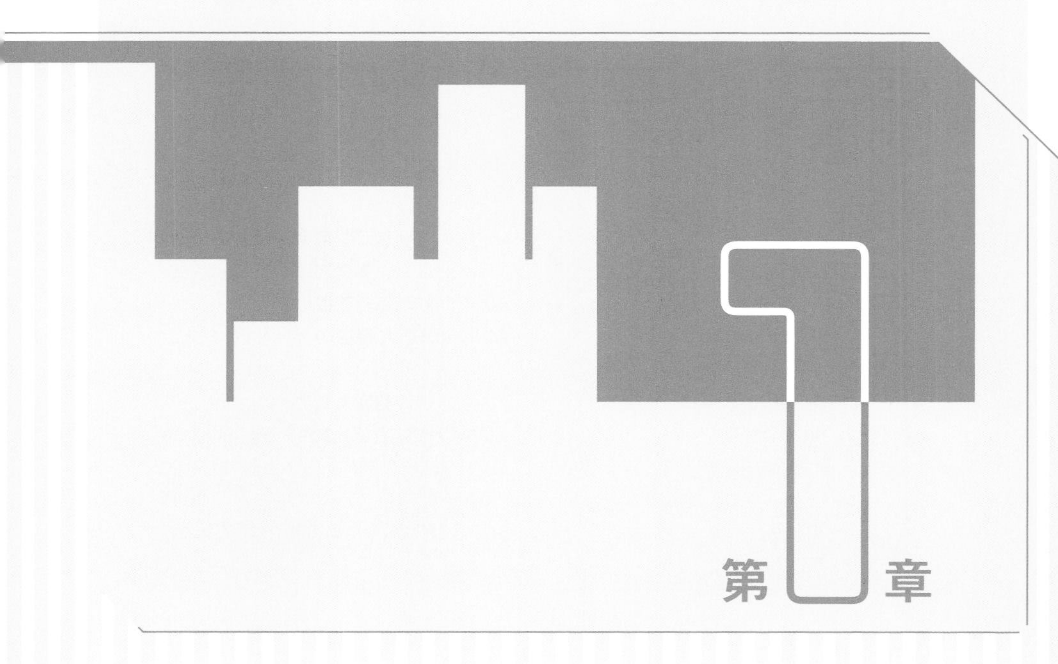

第1章

1-1 情報のCIA

重要度：★★☆

セキュリティを守る、という表現をよく使うが、何から何を守るのかが確定しないと守りようがない。セキュリティの基礎として、守るべき対象を整理する。また、セキュリティにかけることのできる適切なコストの算定も重要である。

POINT

- 「CIA」は機密性と完全性と可用性
- 災害や故障も情報セキュリティ対策の対象なので、注意！
- セキュリティはコスト項目であることを忘れない。リスクゼロを目指さない！

1-1-1 情報のCIA

情報の形態

情報にはさまざまな形態があります。特に近年は技術の高度化により、保存形態の面でも伝送形態の面でもバリエーションが増加しています。

情報セキュリティのCIA

— MEMO —

「口頭」での伝達も情報の伝送形態の一つである。立ち話による情報漏えいという問題も起こっている。

情報セキュリティのとらえ方

情報セキュリティという概念の目的は、これらの情報を保全し安全に企業業務を遂行することにあります。1970年代に入ると、これをもう少し具体的に表す指標が、機密性、完全性、可用性として定義されました。この三つの観点は現在でも利用されており、国内の情報セ

— MEMO —

機密性、完全性、可用性は必須の概念である。機密性（Confidentiality）、完全性（Integrity）、可用性（Availability）の頭文字をとってCIAとよぶ場合もある。

▶ **JIS Q 27001**
→p.159

用語

▶ **否認防止**
自分がやったことなのに、「なりすましです」などとして否定するのを防ぐこと。

キュリティマネジメントシステム形成の基盤であるJIS Q 27001（ISMSにおける認証基準）でもこれを採用しています。

機密性（Confidentiality）

アクセスコントロールともよばれる概念です。許可された正当なユーザだけが情報にアクセスするよう、システムを構成することが要求されます。

閲覧	○	○	×
変更	○	×	×
消去	○	×	×

完全性（Integrity）

情報が完全で正確であることを保証することです。情報の一部分が失われたり、改ざんされたりすると完全性が失われます。インティグリティといいます。

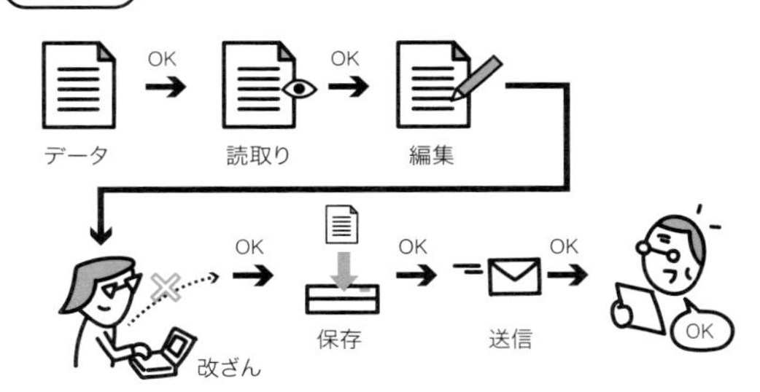

可用性（Availability）

ユーザが情報を必要とするときに、いつでも利用可能な状態であることを保証します。機器が故障していたり、停止していたりすることで可用性は低下します。

▼ 情報セキュリティの三つの指標

	用語の意味	低下する原因
機密性	使うべき人だけが使える	権限の集中、見直しの不足
完全性	情報が正確で欠けていないか	故障、改ざん
可用性	使いたいときに使えるか	故障、保守性の悪さ

クラッカーだけがセキュリティの敵ではない

情報セキュリティという言葉は、マスコミの報道などもあって"クラッカーからシステムを保護する"という意味合いにとられる場合が多くなっています。

しかし、機密性、完全性、可用性の情報セキュリティの要素を見ると、必ずしも情報セキュリティはクラッカーのみによって侵害されるわけではないことがわかります。

例えば、コンピュータの故障は可用性を低下させる要因で、情報セキュリティにとって脅威となります。

— MEMO —

情報セキュリティの用語を定義するJIS Q 27000では、情報セキュリティのCIAに加えて、真正性、責任追跡性、否認防止、信頼性の四つの指標を維持することも情報セキュリティには含まれるとしている(p.29コラム参照)。

— MEMO —

内部犯や機器の故障などにも対応する点に注意。

— MEMO —

金融機関などでは以前から「情報システム安全対策基準」などの災害対策、故障対策が行われた。これもセキュリティ対策の一種である。

情報セキュリティの目的

情報セキュリティは、セキュリティを達成することそれ自体が目的ではありません。セキュリティ施策を推進しているうちに、目的と手段が入れ替わることはままあるので、目的を明確化することは重要です。

セキュリティ管理を行う目的は主に以下のようなものです。

① 情報資産の保護
② 顧客からの信頼獲得
③ ①と②の結果として、競争力、収益力の維持・向上

情報セキュリティはあくまで手段であり、その目標は強い経営体質を作ることです。

セキュリティの目的

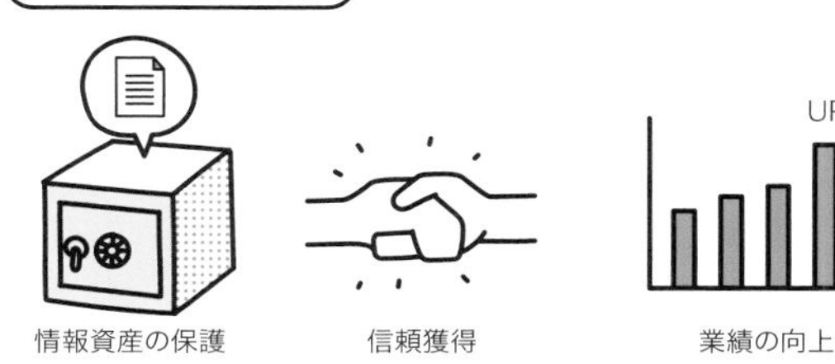

情報セキュリティはコスト項目である

セキュリティ管理にはコストがかかります。また、直接的なプロフィットを生むものでもありません。

そのため、導入に際しては社内から強い批判の声があがることもあります。利益を生まず、従来の業務手順を変えなければならないとすれば、これはある意味で当然の反応といえます。

用語

▶ **プロフィット**
利潤を追求する業務のことをプロフィット業務という。

セキュリティ機器の購入

業務手順の煩雑化

警備員の導入

セキュリティ管理を推進していく場合は、これらの声に真に対応していくことが重要です。セキュリティ管理は管理者がどれだけ努力しても実現できるものではありません。すべての社員の協力が必要です。したがって、セキュリティ施策の導入に際しては、すべての社員に納得してもらうことが重要です。ISMS認証基準ではこの点を踏まえて、セキュリティの推進委員会には経営層の参加が必須であると定められています。

セキュリティ管理をしないという選択もある

セキュリティがコストであるなら、それを導入しないという選択もありえます。セキュリティをまったく考慮せずに放置しておくのは問題がありますが、セキュリティ管理の導入についてメリットとデメリットを比較して、デメリットの方が大きいと判断した場合は、セキュリティ管理をしない、という方針をとるのも立派なセキュリティ施策となります。

しかし、セキュリティが侵害された場合の被害額は年々高額化しているので、今後はまったくセキュリティ施策を導入しないやり方ではリスクが増大する危険があります。

用語

▶ **リスク保有**
リスクを理解したうえで保持することをリスク保有という。p.137参照。

セキュリティとコストのバランス

近年の企業経営環境では、コスト圧縮の圧力が非常に高まっています。これには聖域がなく、セキュリティ管理分野もまた同様です。したがって、いくらセキュリティが大事だといっても、無尽蔵な資産をセキュリティ対策に投入することはできません。

一般に、セキュリティ投資とコストにはバランスポイントが生じます。組織が必要とするセキュリティのレベルにも依存しますが、このバランスポイントを上手に見つけて運用することが効率のよいセキュリティ施策の実施には必要です。

▼セキュリティ投資のバランス

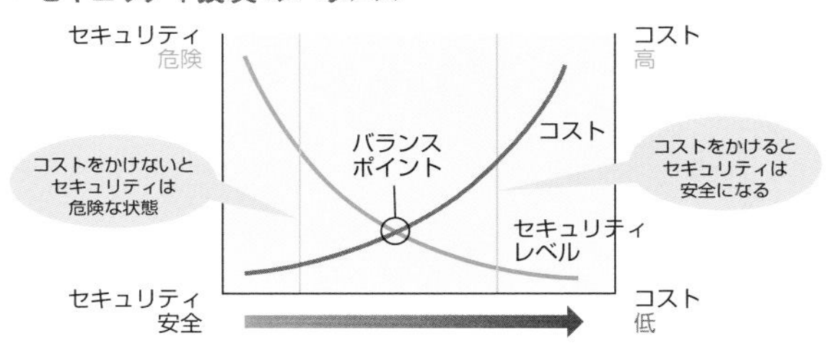

用語

▶ **ROI**

Return on investment。ある目的のために投下した資源がどれだけのメリットを生んだかを示す指標。利益÷投資×100で表す。

IT投資はその効果が見えにくいといわれていますが、そのなかでもセキュリティ分野は特に投資効果を測定しにくい特徴をもっています。しかし、他のIT分野と同様、セキュリティ分野においてもROIを算定する動きが高まってきています。

COLUMN

JIS Q 27000における情報セキュリティの定義

JIS 27000シリーズの中で用語を定義しているJIS Q 27000では、情報セキュリティの定義も行われています。それによれば、情報セキュリティは「情報の機密性、完全性、及び可用性を維持すること」のみならず、「さらに、真正性、責任追跡性、否認防止、信頼性などの特性を維持することを含めることもある」と、以下の四つの指標も加えて説明されています。試験で問われたこともあるので、情報のCIAとあわせて覚えておきましょう。

・真正性：システムや利用者になりすましできないこと。
・責任追跡性：情報システム、情報資産を利用した記録が確実に残ること。
・否認防止：事象の発生とそれをやらかしたのが誰かを特定できること。
・信頼性：システムの動作とその結果が意図されたとおりになっていること。

試験問題を解いてみよう

平成29年度春期　情報セキュリティマネジメント試験　午前問24

JIS Q 27000:2014（情報セキュリティマネジメントシステム—用語）における真正性及び信頼性に対する定義a～dの組みのうち、適切なものはどれか。

〔定義〕

a　意図する行動と結果とが一貫しているという特性

b　エンティティは、それが主張するとおりのものであるという特性

c　認可されたエンティティが要求したときに、アクセス及び使用が可能であるという特性

d　認可されていない個人、エンティティ又はプロセスに対して、情報を使用させず、また、開示しないという特性

	真正性	信頼性
ア	a	c
イ	b	a
ウ	b	d
エ	d	a

解説 1

いわゆる情報のCIA（機密性、完全性、可用性）に、後から追加されたセキュリティ要素として、責任追跡性、真正性、信頼性があります。責任追跡性はユーザやシステムの行動が記録（ログ）、説明できること、真正性は情報になりすましや嘘がないこと、信頼性は矛盾なく一貫して動くことを意味します。**a**は信頼性、**b**は真正性、**c**は可用性、**d**は機密性の説明です。したがって、**b**と**a**を組み合わせた**イ**が正解となります。

答：**イ**（→関連：p.26）

1-2 情報資産・脅威・脆弱性

重要度：★☆☆

セキュリティの対立概念としてのリスクを理解する。リスクは単独で発生するものではなく、ある情報資産に対して脅威と脆弱性が重なったときに顕在化する。リスクとして顕在化させないためには、このうちのどれかを消去する。

POINT

- 情報資産＝だいじなもの、脅威＝それを脅かすもの、脆弱性＝脅威がつけいる隙。三つが揃うと、リスクが顕在化する
- どんな情報資産があるかわかってないと始まらない。資産管理台帳で把握
- 不正のトライアングル＝機会、動機、正当化

1-2-1 情報資産・脅威・脆弱性の関係

＝情報資産と脅威

情報セキュリティを考える上で最も重要なのは、守るべき範囲を決定することです。守るべき対象が明確化されていなければ、それを適切に保護していくことは不可能です。

したがって、セキュリティ対策を考える際にはまず自社がもつ情報セキュリティの中で保護されるべき対象を洗い出します。これを情報資産とよびます。

守るべき情報資産が明確になれば、それに対する脅威を明確にすることができます。例えば、紙に印刷されている情報であれば、火は大きなリスクになるでしょう。同じ情報がハードディスクに納められている場合は、火よりも磁石が大きな脅威になる可能性があります。

— MEMO —

情報資産管理台帳に記入すべき事項の例。
- 保有しているルータ
- 保有しているファイアウォール
- 保有しているパソコン
  - -OS
  - -メモリ
  - -パッチ情報
  - -インストールしたソフト
- 社員情報
- 顧客情報

媒体によって異なる弱点

このように情報資産ごとに脅威は異なるため、情報資産を完全に把握しなければなりません。そこで、この段階で利用されるのが**情報資産管理台帳**です。台帳が作成されていない企業の場合は、この作成からセキュリティ対策を開始することになります。

脆弱性の存在

さらに注意しなくてはならないのは、ある情報資産に対して脅威があるだけではリスクは顕在化しないということです。

先ほどの書類の例でいえば、書類という情報資産について火という脅威が存在しますが、これがリスクとして顕在化するのは、書類が火の気のあるところに置かれた場合です。**こうしたリスクを顕在化させる状況**のことを**脆弱性**とよびます。

参照
▶ FW
→p.206
▶ IDS
→p.219
▶ WAF
→p.210

リスク発生の要因

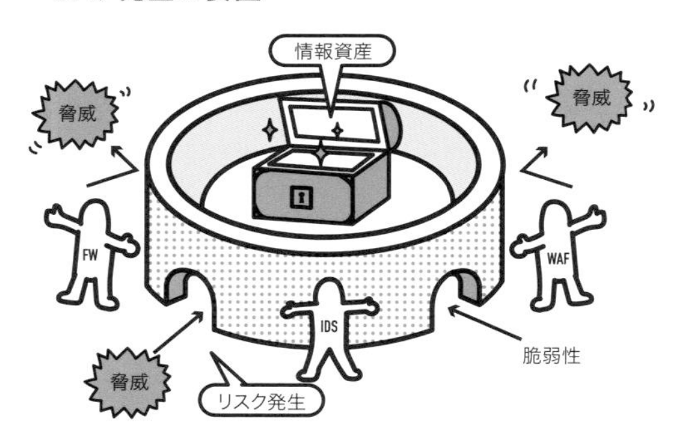

脅威が存在しても、脆弱性がなければリスクは現実のものになりません。また、脆弱性があっても脅威が存在しなければリスクになりません。つまり、情報資産＋脅威＋脆弱性＝リスクのうち、どれが欠けてもリスクは成立しません。**脅威と脆弱性が一体化したときに、情報資産に対するリスクが発生する**のです。

有効な情報セキュリティを実施するためにはリスクをきちんと把握する必要があり、リスクを把握するためには自社にどのような情報資産、脅威、脆弱性があるかを

— MEMO —

その企業、団体にとって重要な情報資産、それに対する脅威、脆弱性はそれぞれ異なる。そのため、セキュリティへの対策は他の企業のコピー戦略が使いにくい、という側面がある。

常に掌握している必要があります。そして、リスクを許容可能な水準に留めるための活動が情報セキュリティ、情報セキュリティ対策などとよばれるものです。

1-2-2 脅威の種類

物理的脅威

物理的脅威とは、火災や地震、侵入者などによって、直接的に情報資産が破壊される脅威のことを指します。

物理的脅威は、脅威の種類としては一般的です。また、目に見える脅威であるため、対策しやすい点も特徴です。情報システム安全対策基準など、保全に対するガイドラインが古くから標準化されています。

用語

▶ **クリアデスク**
机の上に乱雑に置かれた書類からの情報漏えいや紛失を防ぐために机の上をきれいに保つこと。類似の概念として、離席するときは他の人にディスプレイを見られないようにロックをかけるクリアスクリーンがある。

▶ **UPS**
Uninterruptible Power Supply。無停電電源装置。

物理的脅威の種類と対策

脅威	対策
火災	防火壁、クリアデスク、サーバルームへの可燃物の持込み禁止、スプリンクラー、消火器
地震	バックアップサイト、免震構造社屋、データの遠隔地保存、コンティンジェンシープラン(危機管理計画)
落雷・停電	予備電源、避雷針、UPS、自家発電装置
侵入者による物理的な破壊、盗難	警備員、入退室管理、モバイル機器・書類の施錠管理、外壁や窓の破壊対策、建屋の隠蔽
過失による機器、データの破壊	バックアップ、エラープルーフ、業務スペースの区分管理
機器の故障	冗長化、予防保守、ライフサイクル管理

技術的脅威

技術的脅威は、ソフトウェアのバグや、コンピュータウイルス、不正アクセスなど、論理的に情報が漏えいしたり破壊されたりする脅威です。

結果的に情報資産が破壊されるという点では、物理的脅威と変わりありませんが、経路やプロセスが不可視であるため、検知や対策がしにくいという特徴があります。

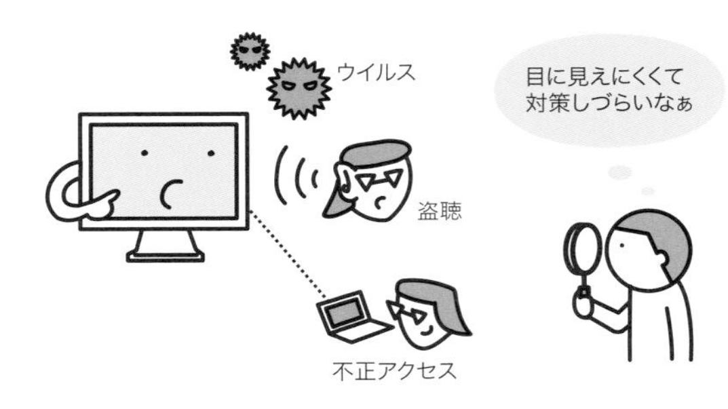

用語

▶ **パターンファイル**
ウイルスの特徴を記録したファイル。最新のウイルスに対応するため、常にアップデートする必要がある。

技術的脅威の種類と対策

脅威	対策
不正アクセス	認証、ログの監査
盗聴	暗号化
マルウェア	入手経路不明ファイルの破棄、ウイルス対策ソフト、シグネチャの自動更新、セキュリティパッチ
ソフトウェアのバグ	ソフトウェア設計ポリシ、テストポリシ、ソフトウェアライフサイクル管理、検収ポリシ、品質管理基準

人的脅威

人的脅威は、ミスによるデータ、機器の破壊や、内部犯による確信的な犯行によって情報資産が漏えいしたり失われたりする脅威です。

また、人間が必ずミスをする存在であることから、ミスによって情報資産が破壊されないしくみの導入も必要です。

セキュリティ管理者が意外に見落とす脅威ですが、統

用語

▶ **セキュリティリテラシ**
「読み書きそろばん」のような基礎的な能力をリテラシという。基本的なリスクや対応方法についての知識などのこと。

計からも、セキュリティ侵害が行われる最も大きな原因の一つが人的なミスであることがわかります。

参照

▶ **エラープルーフ**
→p.340

用語

▶ **人間工学デザイン**
長時間使い続けても疲れずミスが出にくいよう、人間の筋肉組織を考慮して作られたキーボードや、脳の認識プロセスに合わせて重要な事項を左側にデザインした画面などを指す。

人的脅威の種類と対策

脅威	対策
ミス	最小権限原則、エラープルーフ、業務手順の標準化、人間工学デザイン
内部犯	最小権限原則、相互監視、アクセス管理、セキュリティ教育、罰則規程
サボタージュ	セキュリティ教育、罰則規程、経営層のコミットメント

攻撃者の目的

脆弱性と脅威が重なったとき、情報資産へのリスクが発生します。自然災害などではリスクが実際に発動するきっかけはランダムな要因によりますが、人間の攻撃者の場合はこのリスクを積極的に利用して情報資産を手に入れようとします。

知的好奇心

かつてのハッカーがハッキングを行う動機として、最も割合が高かったのが、知的好奇心を満足させるために行う攻撃です。

システムの詳細な仕様を知りたい、企業活動の秘匿されている部分を知りたいなどの知識欲が攻撃の動機です。

金銭

近年になって増加している犯行動機です。情報は貴重であるほど、高い対価が設定されるため、情報を盗み出して金銭に変えようとする攻撃者が現れます。

金銭が動機の攻撃は特に内部犯の犯行である場合が多いとの報告もあります。比較的簡単に価値の高い情報にアクセスできる権限をもっているためです。そのため、アメリカの企業では社員の経済状態をチェックするような事例もありますが、プライバシーの侵害であるという指摘もなされています。

自己顕示欲

自分の高いシステム知識を見せびらかすために攻撃が行われる場合があります。ホームページの改ざんなどがこの動機の場合によく行われます。

特にセキュリティが強固であるといわれるサイトや影響力の強いサイトがこうした攻撃者に狙われます。

— MEMO —

有名な企業、有名な製品ほどクラッカーの攻撃対象になる可能性が高くなる。セキュリティホールが大量にあっても、マイナーな製品の場合はクラッカーの攻撃対象にならず、結果としてリスクが生じない場合もある。

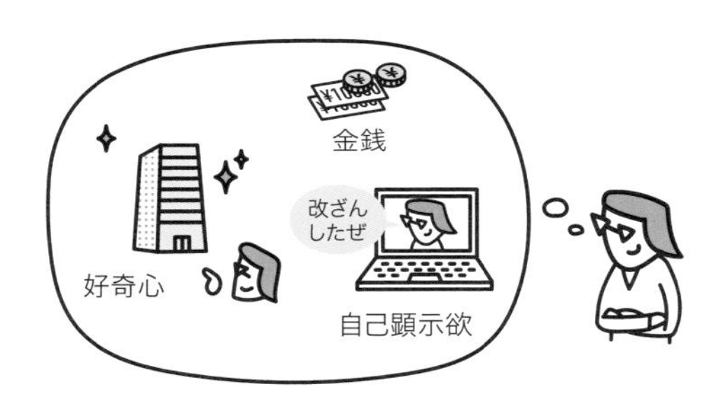

攻撃者の種類

ハッカー

クラッカーと混同されますが、もともとは「情報システムに非常に詳しいユーザ」「知的好奇心に富んだパワーユーザ」などの尊称の意味がありました。現在でも世界ハッカー会議などの有識者会議が存在しています。ハッカーは、システムへの侵入なども行いますが、それは知的好奇心の発露としてある程度容認されていた時代もありました。

もちろん現在ではこのような行為は犯罪になりますが、こうしたプロセスは覚えておくとよいでしょう。マ

— MEMO —

ハッカー会議は「Def Con」とよばれる。米国防総省の役人も出席する大掛かりなもの。

用語

▶ ハクティビズム
政治的主張のもとにハッキング（クラッキング）活動を行うこと。アノニマスなどが有名。

スコミの報道ではハッカーとクラッカーが混同されるケースがあるので注意が必要です。狭義のハッカーとクラッカーを含む広義のハッカーを使い分けている場合もあります。

クラッカー

尊称の意味もあるハッカーに対して、明確に犯罪者であると定義されるのがクラッカーです。クラッカーの行為は非常に悪質ですが、保持しているスキルは高いため攻撃者の中でもやっかいな部類に入り、あらゆる手段を駆使してシステムを攻撃します。高度なクラッカーに狙われた場合、そのシステムは運が悪かったと諦めるしかないという論調もあるほどです。

現代社会は非常にITに依存しているため、情報システムへの攻撃はともすれば物理的な破壊工作よりも大きな被害を被攻撃者にもたらすことになります。こうした状況下では、クラッキングが職業として成立します。情報システムへの攻撃を業務妨害やテロの手段として利用する事例が発生してきています。

内部犯

内部犯の特徴は、すべての攻撃者の中で唯一、正当なシステム権限を用いて情報資産を盗用したり流用したりできる点にあります。攻撃者としての割合、リスクが顕在化した場合の被害額など大きな位置を占めています。

最近ではセキュリティ対策は内部犯のコントロールに軸足を移しつつありますが、業務の遂行に業務データへのアクセスが不可欠である以上、完全な対策は困難です。

また、人的資源の流動化に伴い、元社員が社員時代に蓄積した情報や、社員時代に使っていたパスワードなどで情報を持ち出すケースが増加しています。準内部犯的な攻撃であるといえますが、退職したユーザのID破棄などは厳重に行う必要があります。

用語

▶ **ルートキット**
クラッキングに使われるツールの総称。パスワード／個人情報の窃取、キーロガー、ボット、クラッカーからの遠隔ログインをアシストする機能、システムやウイルス対策ソフトからこれらのツールを隠蔽する機能などを持つ。

▶ **ボットローダー、マルウェアローダー**
実行することで、ボットなどの本体をダウンロード、およびインストールするタイプのマルウェア。

— MEMO —

従来のシステムを外部と内部に分け、その境界をファイアウォールなどで堅固に守ろうとするモデルをペリメータセキュリティモデルという。このモデルは内部犯の犯行に対しては十分に効果的とはいえない。

用語

▶ **スクリプトキディ**
キディとは「ちびっ子」といった意味で、技術的に未熟な攻撃者です。いたずら目的や愉快犯などでシステムを攻撃します。高度な技術を持つ攻撃者が作った既知のツールや手順にしたがって攻撃するので、適切なセキュリティ対策を施したシステムであれば攻撃を予防することが可能です。

攻撃者のまとめ

クラッカー	高度な技術を駆使して、情報システムに攻撃を加えます。システムだけでなく、ソーシャルエンジニアリングなど人間の心理の隙を突く攻撃に長けている場合もあります
内部犯	正当なアクセス権を使って攻撃ができるため、最も対策が難しい攻撃者です。人材の流動化などにより、今後も増加が予想されます

1-2-3 脆弱性の種類

物理的脆弱性

物理的脆弱性とは、物理的な施策でコントロールが可能な弱点を指します。例えば、社屋やコンピュータシステムが耐震構造になっていなかったり、マシンルームに可燃物が放置されていたり、社屋への進入路が開かれていたりといった状況が例に挙げられます。従来からある考え方で、コントロールすべき対象物が目に見えるため、わかりやすいという特徴があります。

— MEMO —

物理的脆弱性への対策は「電子計算機システム安全対策基準」（現在の「情報システム安全対策基準」）などにより古くから行われてきた。

耐震・耐火構造の不備

情報資産は一般的にデリケートであるため、火災や地震で簡単に破壊されてしまいます。業務が情報システムに大きく依存する度合いが大きくなっているいま、これらが失われると大損失を招きます。そのため耐震、耐火は重要です。耐震構造建屋、消火器などで対策します。

ファシリティチェックの不備

人材の流動性や働き方の多様性が高まっているため、多数の人が企業を訪れる機会が増えています。悪意の第三者が紛れやすくなっているため、入退室管理などの対策が必須です。

参照
▶ 入退室管理
→p.247

用語

▶ SFA

Sales Force Automation。営業活動を支援するシステム。モバイル機器を本社データベースと結んでリアルタイムで参照するなど、さまざまな実装方式がある。

機器故障対策の不備

セキュリティ対策というイメージが薄いため、盲点になりがちですが、安全に仕事をすすめるための施策として重要です。機器の冗長化や、故障する前に交換してしまう予防保守などによって対策します。

紛失対策の不備

情報端末の高性能化、小型化が進み、業務にスマホを使うことも一般化しました。そのため、紛失や盗難のリスクが高まっています。必ず認証のしくみを使う、データを暗号化する、遠隔地から所在地を確認できる、データの消去ができるといった対策を取ります。

物理的脆弱性の特徴と対策

	特徴	対策
耐震・耐火構造の不備	デリケートな情報資産全般の脅威	耐震・耐火構造、可燃物の排除、消火器
ファシリティチェックの不備	協力会社や顧客が多い業務では対策しにくい	入退室管理、アンチパスバック
機器故障対策の不備	情報の重要性が増している。盲点になりやすい	冗長化、予防保守
紛失対策の不備	持ち運び機器が増えた	遠隔監視、認証、暗号化

技術的脆弱性

技術的脆弱性とは、システムの設定やアップデートによってコントロールが可能な弱点を指します。例えば、ソフトウェア製品のセキュリティホール、コンピュータシステムへのウイルスの混入、アクセスコントロールの未実施などが例に挙げられます。ネットワークの常時接続化によって、技術的脆弱性をコントロールすることの重要性が増しています。

アクセスコントロールの不備

正当な利用者だけが情報資源を使える権限管理は、セキュリティの基本です。業務の多様化、人材の流動化、テレワークなどの増加にしたがって、権限管理の複雑さが増しています。管理漏れなどへの対策として、マネジメントシステムの導入や、管理の自動化が有効です。

アクセスコントロールの例

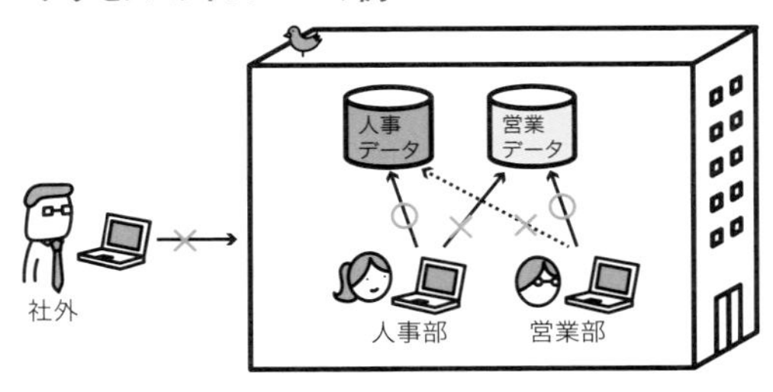

— MEMO —

同じ会社内でも部署ごと、人ごとに権限が異なることに注意が必要となる。例えば、人事考査などのデータは、人事担当 部署と一定の役職以上の人間でないと閲覧できないようにするなどが、これにあたる。

マルウェア対策の不備

マルウェアの数が増え、作りも巧妙になっています。メールやSNSなど、感染経路も多様化しているため、何らかの対策を施すことが必須になっています。マルウェア対策の基本はウイルス対策ソフトの導入です。シグネチャを最新に保つことや、セキュリティ教育も合わせて実施します。

セキュリティホール

攻撃者のプロ化が進み、攻撃の動機は確実に金銭目的へシフトしています。すでに生活の手段になっているため、膨大な労力を投じて新たなセキュリティホールが探されています。ベンダが公開する脆弱性情報は、守る側よりも攻撃者が積極的に収集し、攻撃手段を研究するタネにしています。公開されたセキュリティパッチは迅速に適用する必要があります。

— MEMO —

セキュリティホールをついた攻撃は、不正アクセス禁止法の処罰対象になる。

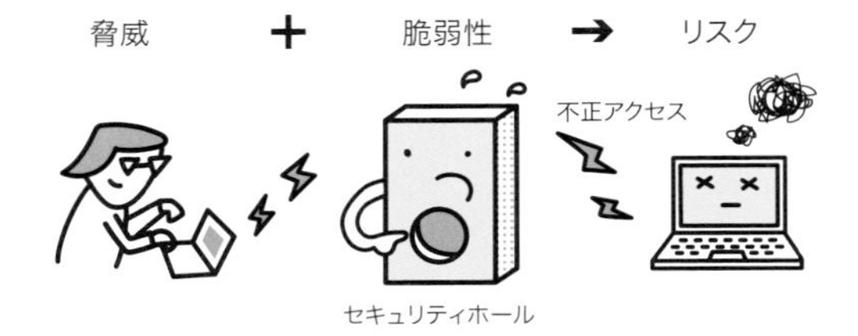

テストの不備

開発コストの圧縮や納期の短縮、システムの複雑化により、テスト期間の短縮とテスト項目の増大が同時におこっています。テストの体系的な実施や、自動化ツールの導入で品質を落とさずにこうした事態に対処します。

▼技術的脆弱性の特徴と対策

	特徴	対策
アクセスコントロールの不備	組織や働き方の多様化で管理難化	権限分掌、最小権限原則、ファイアウォール
マルウェア対策の不備	種類も数も増大、巧妙化	ウイルス対策ソフト、セキュリティ教育
セキュリティホール	システムの複雑化により増大、ベンダ情報を攻撃者が活用	セキュリティパッチの迅速な適用、ペネトレーションテスト
テストの不備	システムの複雑化によるテストケースの網羅漏れなどが増大	体系的なテスト手法、システム部門と業務部門の協力

人的脆弱性

人的脆弱性とは、人が介在する弱点です。介在する人の多くは内部社員です。脆弱性の例としては、内部犯による情報資源の持ち出しや、オペレータの過失によるデータの喪失／誤入力などが挙げられます。人材の流動化やシステムの複雑化／分散化、情報のポータビリティ（持ち運びのしやすさ）の拡大など、多くの要因が関連しておりコントロールが難しい分野といわれています。

用語

▶ **アンチパスバック**
入室記録がないのに退室しようとする者など、記録の矛盾から不正を発見するしくみ。p.248参照。

組織管理の不備

組織や人員が複雑で流動的になり、テレワークなどの遠隔勤務形態も一般的になったいま、組織をきちんとガバナンスしていくことは困難になっています。内部統制や業務のライフサイクルマネジメント、デジタルフォレンジックスの導入などで組織や業務を可視化して対策します。

— MEMO —

セキュリティを守るために社員のメールをチェックすることに合法判例が出た。少なくとも電話よりプライバシー保護の範囲が狭いとされている。

過失

情報システムが社会基盤となり、過失が引き起こす被害の範囲や影響が大きくなっています。エラープルーフや自動化処理、適切な勤務環境の整備などで対策します。

必要な権利しか持たない、最小権限の原則は過失にも有効です。「誤ってデータを消去した」といった事態の範囲を小さくできます。

参照

▶ **エラープルーフ**
→p.340

— MEMO —

権限の明確化についてよく問われる。例えば、コンピュータシステムに精通したユーザ部門の社員が、本来システム管理部門が行うべきであるシステムの設定を勝手に変更するなどの行為が該当する。

状況的犯罪予防

割れ窓理論が有名ですが、窓が割れるなどの一見軽微な瑕疵でも放置すると、ここは落書きしてもいいんだ、ゴミを捨ててもいいんだ、と、どんどん行為がエスカレートして、やがて犯罪を誘発します。クリアデスクや監視カメラの設置によって、犯罪をしにくい環境を整えます。

不正のトライアングル

機会と動機と正当化がそろうと、不正が行われるリスクが高まります。例えば、

機会　:先生が見回りをしない
動機　:この単位を落とすと留年する
正当化:みんなやっている
→　カンニングをしてしまう!

となります。先生が鬼のように見回りをするなど、なにか一つ要素を除去してリスクを減らします。

用語

▶ **職務分掌**
職務ごとの役割を明確化すること。明確になっていないと、職務を行う上であれもこれもと権限が必要になり、セキュリティ水準が低下する。

人的脆弱性の特徴と対策

	特徴	対策
組織管理の不備	組織の多様化、人材の流動化による構造変化	セキュリティ教育、罰則規程、最小権限原則
過失	システムの複雑化、人員の削減	エラープルーフ、人間工学デザイン、最小権限原則
状況的犯罪予防	犯罪を行いにくい環境を作る	監視カメラやログによる監視
不正のトライアングル	機会、動機、正当化	機会や正当化の余地がないことを明示する

試験問題を解いてみよう

平成29年度秋期　情報セキュリティマネジメント試験　午前問9

情報セキュリティマネジメントにおける、脅威と脆(ぜい)弱性に関する記述のうち、最も適切なものはどれか。

ア　管理策の欠如によって脅威が高まり、脆弱性の深刻度が低くなる。
イ　脅威が存在しないと判断できる場合、脆弱性に対処する必要性は低い。
ウ　脅威のうち、脆弱性によってリスクが顕在化するのは環境的脅威である。
エ　脆弱性の有無にかかわらず、事故の発生確率は脅威の大きさで決まる。

平成26年度秋期　ITパスポート試験　問80

物理的セキュリティ対策の不備が原因となって発生するインシデントの例として、最も適切なものはどれか。

ア　DoS攻撃を受け、サーバが停止する。
イ　PCがコンピュータウイルスに感染し、情報が漏えいする。
ウ　社員の誤操作によって、PC内のデータが消去される。
エ　第三者がサーバ室へ侵入し、データを盗み出す。

問題 3

平成26年度秋期　ITパスポート試験　問57

生体認証による入退室管理システムに全社員を登録し、社内の各部屋に入室を許可する社員を設定した。退室は管理していない。a～dの記述のうち、この入退室管理システムで実現できることだけを全て挙げたものはどれか。

a　権限のある社員だけに入室を許可する。
b　入室者が部屋にいた時間を記録する。
c　入室を試みて、拒否された社員を記録する。
d　部屋にいる人数を把握する。

ア　a、b、c　　イ　a、c　　ウ　a、d　　エ　b、c、d

平成30年度秋期　情報セキュリティマネジメント試験　午前問12

軽微な不正や犯罪を放置することによって、より大きな不正や犯罪が誘発されるという理論はどれか。

ア　環境設計による犯罪予防理論　　イ　日常活動理論
ウ　不正のトライアングル理論　　エ　割れ窓理論

解説 1

ア 管理策の欠如によって高まるのは脆弱性です。また脅威が高まると脆弱性の深刻度は上昇します。

イ 正解です。他の脆弱性に資金や人員を投入した方がよい結果になります。

ウ 情報資産と脅威と脆弱性が揃うとリスクが顕在化する確率が高くなります。脆弱性の有無に比較的左右されづらいのは、環境的脅威（自然災害）です。

エ 脆弱性が大きいほど、事故の発生確率が高まります。

答：**イ**（→関連：p.31）

解説 2

ア 技術的なセキュリティ対策が必要です。

イ 技術的なセキュリティ対策が必要です。

ウ 人的なセキュリティ対策が必要です。

エ 正解です。

答：**エ**（→関連：p.38）

解説 3

a 可能です。

b 退室が管理されていないため、部屋にいた時間はわかりません。

c 可能です。

d 誰が退室したかがわからないので、人数を把握することはできません。

答：**イ**（→関連：p.38）

解説 4

ア 犯罪をしにくい設計、デザインによって、犯罪を予防する考え方です。

イ 犯罪者、犯罪対象、有能な保護者の不在の三つが揃うと、犯罪のリスクが高まるという考え方です。

ウ 不正を行う動機、機会、正当化の三つが揃うと、不正のリスクが高まるという考え方です。

エ 正解です。

答：**エ**（→関連：p.42）

1-3 サイバー攻撃手法

重要度：★★★

クラッカーは高度なIT技術を駆使し、さまざまな攻撃をしかけてくる。攻撃者の手法を知り、データを暗号化するなどの自衛手段が必要となる。また、隙を見せない行動をとることが重要である。

POINT

- パスワード窃取は攻撃の基本。ブルートフォース攻撃やソーシャルエンジニアリングに注意
- 盗聴には暗号化、なりすましにはデジタル署名で対策
- ゼロデイ攻撃＝脆弱性がわかっているのに、対策手段がない時点での攻撃

1-3-1 不正アクセス

不正アクセスとは

システムを利用する者が、その与えられた権限によって許された以上の行為をネットワークを介して意図的に行うことを不正アクセスとよびます。セキュリティホールを突いた攻撃も不正アクセスとみなされます。なお、こうした行為は、不正アクセス禁止法によって処罰されます。

〔不正アクセスの該当事例〕
- ・ネットワークを媒介する
- ・アクセスコントロールされているシステムへ攻撃する
- ・セキュリティホールを突く
- ・不正IDやパスワードの取得・使用・保管・第三者への提供

参照

▶ 不正アクセス禁止法
→p.265

— MEMO —

不正アクセス禁止法の正式名称は「不正アクセス行為の禁止等に関する法律」。

不正アクセス

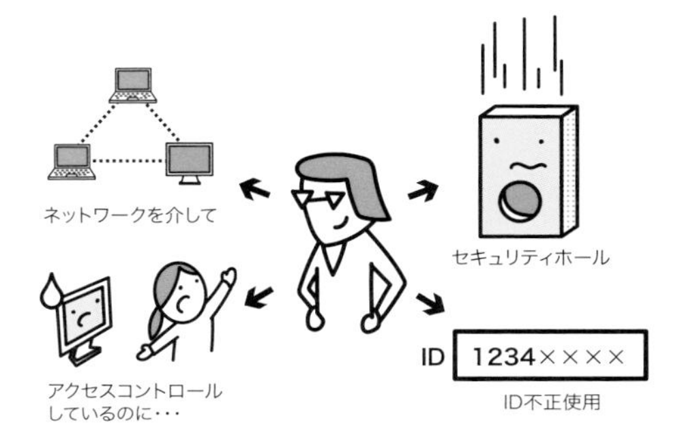

不正アクセスの方法

対処を考えるためにも不正アクセスの手法を確認しておくことが重要です。

ネットワークスキャン

不正アクセスをするために、攻撃対象となるコンピュータを特定する必要があります。そのための準備行動としてネットワークスキャンが行われます。

考えられるあらゆるIPアドレスにpingを実施して、相手ノード（PCやスイッチなど、通信機器の総称）の存在確認を行うなどの方法がとられます。

ポートスキャン

コンピュータの存在が確認できると、次はコンピュータ内部のアプリケーションの動作確認を行います。コンピュータ内部で動作しているアプリケーションを特定できれば、そのコンピュータがどのような用途で使われているか、管理者はどの程度のスキルをもっているか、などの情報を得ることができます。稼働しているアプリケーションによっては既知の脆弱性がある場合もあります。

こうした情報を得るために攻撃者はポートスキャンを行います。具体的にはTCPの3ウェイハンドシェイクを利用して、すべてのポートに対して接続要求を行います。

用語

▶ スキャン
試験で問われる場合は、ネットワークスキャンやポートスキャンの総称と考えてよい。

▶ プローブ
不正アクセスに先だって行われる探査活動。スキャン（走査）より詳細な調査というニュアンスがある。

▶ pingコマンド
ネットワークの疎通を確認する基本的なコマンドで、ICMPプロトコルに対応した多くの環境で利用できる。対策としては、pingに応答しないステルスモードでコンピュータを稼働させたり、外部ネットワークから存在を確認できないプライベートIPアドレスをNATと組み合わせて利用したりする。

参照

▶ 3ウェイハンドシェイク
→p.290

参照

▶ ポート
→p.297

ネットワークスキャンとポートスキャン

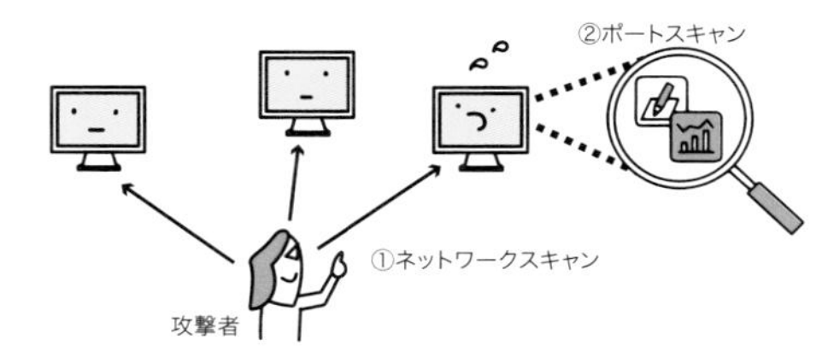

接続要求に対して返答のあったポートは、開放されていて外部からの着信を受け付けていることがわかります。もちろんその背後では該当アプリケーションが動作しています。

〔対策〕
・不必要なポートを閉じる
・必要なポートを開放する際は、相手のIPアドレスを認証する
・不特定多数に公開するサーバはDMZにおく

参照
▶ DMZ
→p.215

バッファオーバフロー

稼働しているアプリケーションが判明した場合、次の行動として侵入行為が行われます。その際に使われる典型的な手法がバッファオーバフローです。これはセキュリティホールのあるシステムで特に有効な攻撃です。

Webサーバなどのソフトウェアは、システム上のメモリに配置され実行されています。外部から受け取るデータも当然システム上のメモリに保存されます。

このメモリの領域は、OSやアプリケーションによってあらかじめ定められます。攻撃者がこの領域（バッファ）を越えるサイズのデータを送信することをバッファオーバフロー攻撃とよびます。

— MEMO —
最近報告されている多くのセキュリティホールはバッファオーバフローに関連するものである。

バッファオーバフローのイメージ

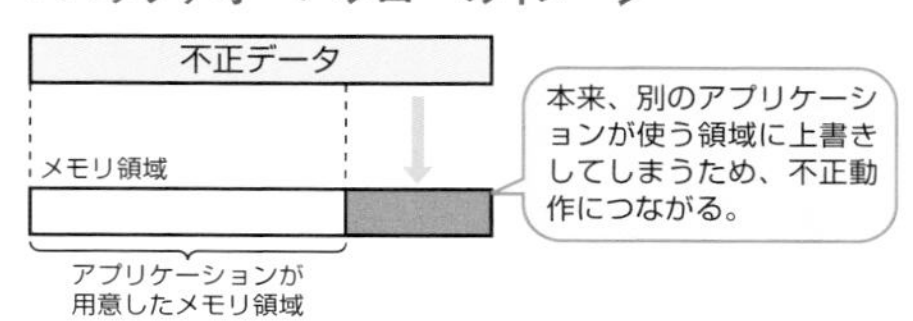

バッファオーバフローが行われると、本来別のデータが格納される領域にデータがあふれる（フローする）ので、システムを誤作動させることができます。さらに、あふれさせる領域をプログラムの格納領域に指定すれば、送信した任意のプログラムを相手のシステム内で実行することが可能です。

プログラムにデータ受信時のチェック機構をもたせることで、攻撃を防止することが可能ですが、完全なチェックは一般的に困難でセキュリティホールが発生しがちです。その場合、発見・配布されたセキュリティパッチを素早く適用することが重要です。

〔対策〕

・ソフトウェアの設計・開発時にチェック機能を盛り込む
・既知のセキュリティホール情報を常にチェックし、セキュリティパッチを適用する

パスワードの取得

管理権限を奪うにはバッファオーバフローが有効な手段となりますが、システムに攻撃を許すようなセキュリティホールがない場合もあります。その場合、最も簡単に管理権限を取得する方法は管理者のユーザIDとパスワードを得ることです。

ブルートフォース攻撃

管理者のユーザIDはデフォルトで運用されることが非常に多く（root、adminなど）、一般に考えられているよりも取得は簡単です。また、適切なパスワードで運用されている場合でも、考えられるすべてのパスワードの組合せを試す**ブルートフォース攻撃**（**総当たり攻撃**）によってパスワードを特定することができます。

ブルートフォース攻撃は考えられるパスワードの組合せが多くなるほど、パスワードの特定に時間がかかります。パスワードの桁数を長くして、頻繁にパスワードを変更するなどの措置が有効です。

用語

▶ **デフォルト**
既定の設定。メーカが工場出荷時に設定したパラメータやパスワードなどのこと。デフォルトのパスワードは非常に脆弱である。

〔対策〕

・長いパスワードを利用する
・パスワードを頻繁に変更する
・何回かログインに失敗した場合、そのユーザが使用できないようにアカウントをロックする

— MEMO —

パスワードの定期的な変更は今も有効なセキュリティ対策である。ただし、パスワードを頻繁に変更させることで簡単なパスワードを使うようになったり、パスワード変更の通信を狙われるなどの弊害もある。

辞書攻撃

パスワードの候補として、利用されがちな単語を体系化したデータベースを利用します。攻撃対象が明確に定まっている場合は、事前に生年月日やペットの名前、電話番号などを入手してこれもデータベースに登録します。

最終的には総当たり方法になるにしても、これらの語を優先的にパスワードとして試すことでパスワードを発見するまでの時間が大幅に短縮されます。

〔対策〕

・辞書に載っている単語はパスワードに用いない
・生年月日などの個人情報をパスワードに使用しない
・長いパスワードを使用する
・小文字、大文字、数字、記号をパスワードに含める

▶ パスワードの運用
→p.101

▼ パスワードを推測する攻撃

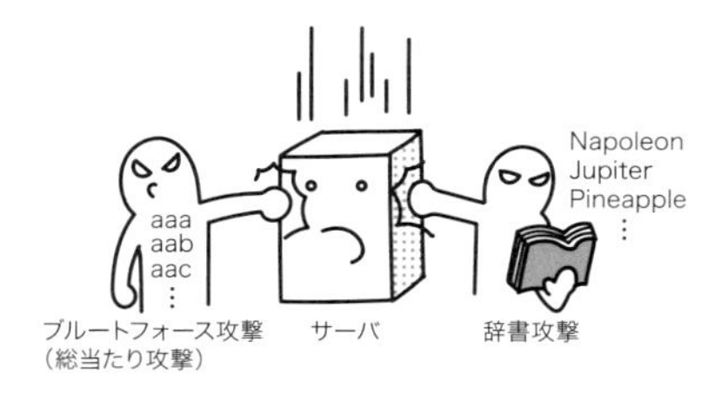

パスワードリスト攻撃

あらかじめ何らかの手段で入手したアカウントとパスワードの対を用いて、不正ログインを試行する手法です。パスワードをさまざまなサイトで使い回すと、クラッカーがそれを入手したときに、他のサイトでも攻撃を成功させてしまうわけです。

〔対策〕

・同じパスワードを使い回さない

▼パスワードリスト攻撃

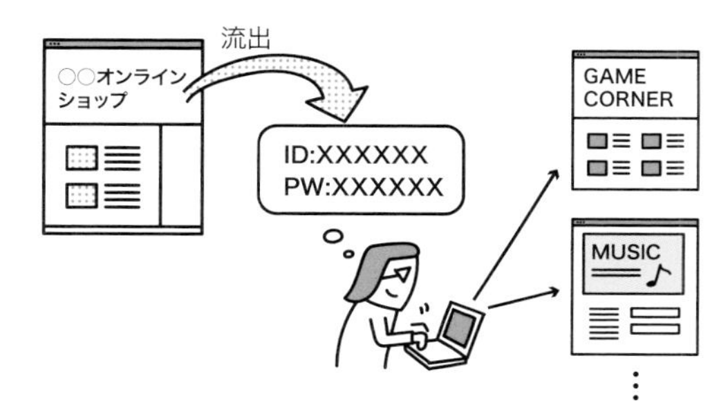

▼パスワードを取得する攻撃の特徴と対策

	特徴	対策
ブルートフォース攻撃	すべてのパスワードを試す	パスワード試行回数を制限する
辞書攻撃	パスワードになりそうな単語や、被攻撃者ゆかりの情報(誕生日など)を試す	安易なパスワードを使わない
パスワードリスト攻撃	他のシステムから流出したIDやパスワードを試す	パスワードの使い回しをしない

侵入後の危険

いったん不正アクセスに成功すると、侵入者はその証拠の隠滅を図ったり、再侵入のための布石を打ったりします。

ログの消去

管理者権限が奪取された場合、システムは完全に無防備な状態になります。ほぼ攻撃者の思いのままに情報資産を取得されてしまうことになるでしょう。

この状態で攻撃者が行うのは**ログ**の消去です。ログが記録されていると、後から侵入を行った経路やマシンを特定される可能性があるので、これを消去して痕跡・証拠を抹消します。

〔対策〕
・攻撃者の推測しにくい場所にログファイルを置く
・ログファイルの暗号化

バックドアの作成

攻撃者が管理者権限を取得した場合、また同じシステムに侵入しようと試みるケースがあります。その場合、同じ手順を踏んで再び侵入できるとは限りません。また、侵入にかかる時間と手間を短縮する意味からも、バックドアとよばれる進入路を確保します。

また、パスワードの変更やデータの変更といった事象を攻撃者のもとへ届ける機能や情報を漏えいする機能のプログラムを指す場合もあります。

用語

▶ **バックドア**
特定のポートを開放して外部からの接続手段を確保するのが一般的。ウイルスがバックドアをつくる場合もある。

▶ **スパイウェア**
端末コンピュータから個人情報を送信するようなツール、ソフトウェアを指す。

〔対策〕
・パーソナルファイアウォールを導入する
・受信データだけでなく送信される情報もチェックする

侵入後にもさらなる危険が

1-3-2 盗聴

盗聴とは

盗聴はネットワーク上を流れるデータを取得する行為を指します。盗聴の特徴は特に積極的な攻撃行為を行わなくとも、収集できるデータを集めているだけで欲しい情報が得られる可能性がある点にあります。

盗聴の種類

盗聴自体は、そのやり方さえわかってしまえば、それほど高度な技術力がなくても可能です。それだけに確実に基本的な対策を施しておくことが重要です。

スニファ

ネットワーク上を流れるデータ（パケット）を取得（キャプチャ）して、内容を解読します。プロトコルアナライザと呼ばれる機器（専用機や、PCにインストールして使うタイプがある）はネットワーク管理を行うための分析ツールで、パケットの取得と分析ができます。悪用すれば盗聴になるわけです。

もちろん、流れていないデータは取得できないので、攻撃者は任意の場所にプロトコルアナライザを設置する必要があります。入退室管理や通信の暗号化で対策します。

用語

▶ **RFC**
Request For Comments。IETFが発行する技術標準に関するドキュメント。多くのインターネット標準技術がRFCに準拠している。

▶ **IETF**
Internet Engineering Task Force。インターネット上で利用される技術の標準化を行っている組織。

プロトコルアナライザの設置個所

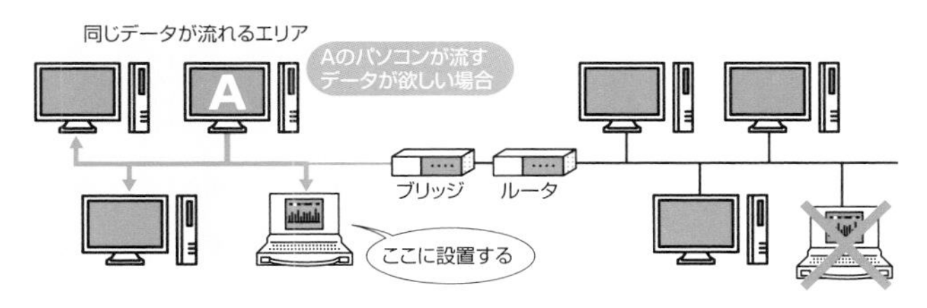

電波傍受

無線LANをはじめとする無線通信は、電波が届く範囲であれば誰でも受信できるため、常に盗聴のリスクがあります。そのため、無線LANの標準的な暗号化方式であるWPA2を使って、暗号化を行います。

ケーブルなどから漏れる微弱な電流を取得して盗聴が行われることもあります。これに対しては、ケーブルに電磁波シールドを施すなどの対策が有効です。

参照

▶ **暗号化**
→p.77

参照

▶ **無線LAN**
→p.313

▼電波傍受

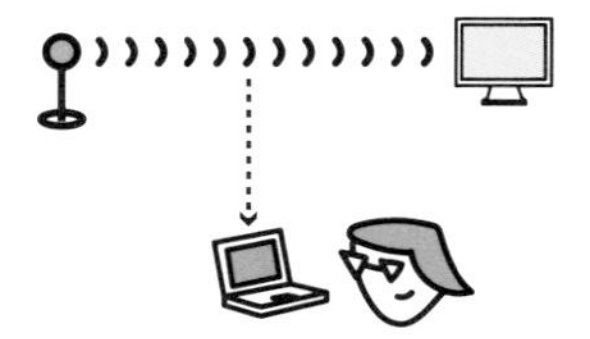

キーボードロギング

キーロガーと呼ばれる、キーボードからの入力を蓄積して攻撃者に送信するタイプのマルウェアが用いられます。キーボードを使って、IDやパスワードなどの重要な情報を入力するとそれがすべて攻撃者に知られてしまいます。ウイルス対策ソフト、ソフトウェアキーボード、共有のPCを使わないなどの対策を行います。

▼キーボードロギング

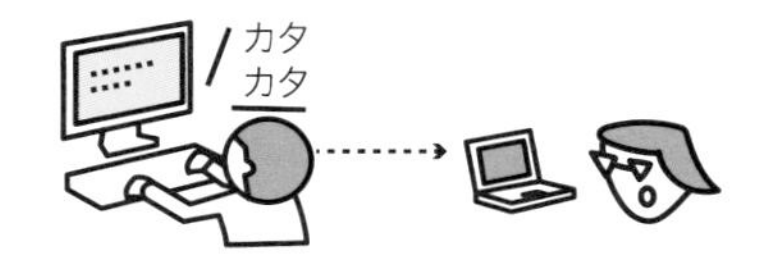

DNS キャッシュポイズニング

DNSサーバに保存されている名前解決情報に、偽の情報を記録させ、利用者に意図しないサーバと通信させる方法です。

DNSサーバはコンテンツサーバとキャッシュサーバに分類できます。

・コンテンツサーバ（権威サーバ）：オリジナルの名前解決情報を持っている
・キャッシュサーバ：各サイトに置かれ、名前解決情報のコピーを保存する

通常手順

1. DNSクライアント（リゾルバともいいます。わたしたちのPCです）が名前解決要求（www.gihyo.co.jpっ

— MEMO —

総務省は電波法の改正により、無線LANを無断で盗聴し、暗号の解読を試みる行為に罰則規定を定めた。

用語

▶ **テンペスト技術**
電磁波盗聴技術の総称。例えば、ディスプレイが発生させる電磁波から表示されている画面を再現する。電磁波を遮断する材料を部屋に用いるなどして対策を行う。

参照

▶ **DNS**
→p.303

て、IPアドレスで言うと何？）→キャッシュサーバ（知っていればそのまま回答、知らなければgihyo.co.jpにあるであろうコンテンツサーバに問い合わせ）
2. コンテンツサーバ→キャッシュサーバ→DNSクライアント

このしくみは簡素なため、コンテンツサーバになりすまして偽情報を教えることが比較的容易です。攻撃者はそれを狙います。偽のIPアドレスを教えることで、私たちが技術評論社のサイトだと思ってアクセスすると、悪意のあるサイトへ接続させられてしまうわけです。

名前解決情報にデジタル署名を入れるDNSSECや、DNSサーバが使うポート番号、トランザクションID（通信ID）をランダムにして、攻撃者が推測しにくいようにします。

— MEMO —

インターネットカフェなどもファイルの整合性検査を行うなどの対策が進んでいるが、未実施の企業が多いのが実態である。

▼DNSキャッシュポイズニング

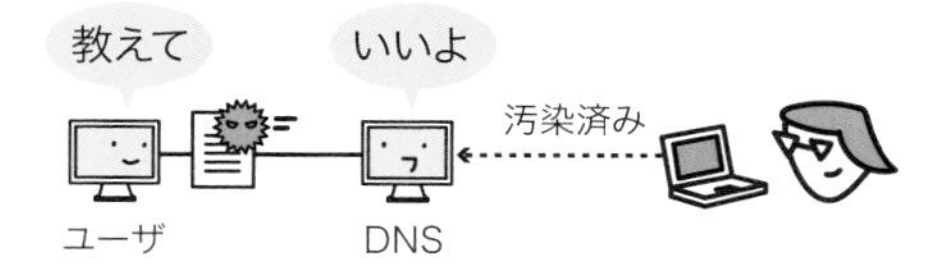

ディレクトリトラバーサル

管理者が意図していない（アクセスを許すつもりがなかった）ディレクトリに、攻撃者がアクセスを行うための手法の一つです。

例えば、カレントディレクトリ内のファイルだけにアクセスしてもらうつもりで、利用者にファイル名を入力してもらったとして、

../himitsu.jpg　（上位ディレクトリにアクセスされた）
./naisho/hazukashi.mpg　（下位ディレクトリにアクセスされた）
../doc/hesokuri.doc　（別ディレクトリにアクセスされた）

このように書かれると、アクセスを許さないはずだった別ディレクトリにもアクセスされてしまいます。..や／などの特殊な意味を持つ記号を他の文字に置き換えるなどして対策します。

ディレクトリトラバーサル

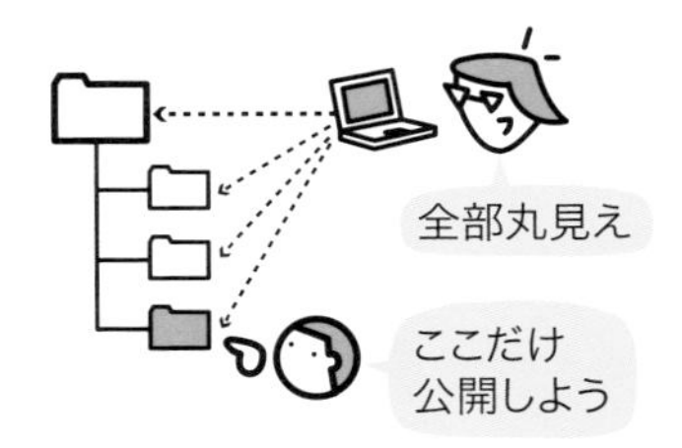

	内容	対策
スニファ	ネットワーク上のパケットを盗聴する	暗号化
電波傍受	無線LANの傍受、ケーブルなどから漏れる微弱電磁波の傍受	暗号化、ケーブルをシールドする
キーボードロギング	キーボードからの入力を傍受	マルウェア対策ソフト、PCの共有をしない
DNSキャッシュポイズニング	DNSを偽データで汚染する	DNSSECの利用、ポート番号のランダム化
ディレクトリトラバーサル	意図しないディレクトリにアクセスする	不正なデータの無害化

1-3-3 なりすまし

なりすましとは

なりすましは攻撃者が正規のユーザになりすまして、不当に情報資源を利用する権限を得ようとする行為です。実社会でも、変装や社員証の偽造といった手法がとられますが、対面で本人確認を行わない情報システムではこれがより容易になります。なりすましの対策として使われる技術が、デジタル署名（p.108参照）です。

なりすましの種類

単純な手段からネットワークを介した技術の必要なものまでさまざまな方法があります。

パスワードリスト攻撃

不正な手段や他のサイトからの流出によって入手したIDやパスワードを利用して、他人になりすます方法です。パスワードの使い回しをやめ、定期的に変更することでリスクを低減できます。

▼パスワードリスト攻撃

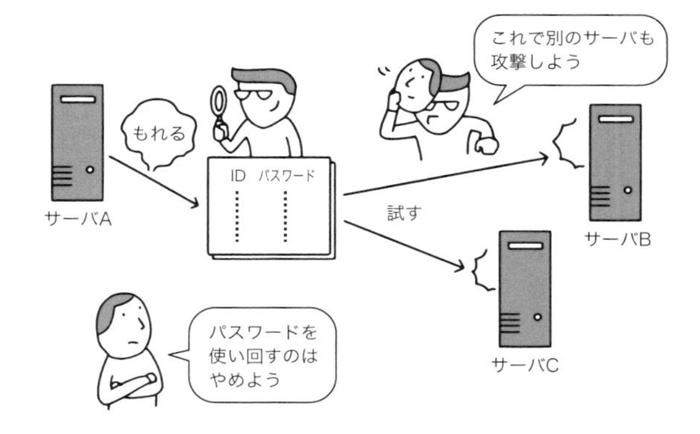

IP スプーフィング

IPパケットのヘッダ情報を偽装することによって、他のマシンになりすまし、本来アクセスを許可されていないシステムにアクセスする方法です。ステートフルインスペクションやIDS/IPSの導入などにより、リスクを低減できます。

踏み台

第三者のコンピュータを踏み台にすることで、踏み台にしたコンピュータからアクセスしているように見せかける技術です。アクセスログの検査などでも、踏み台のIPアドレスが残り犯罪を隠蔽できます。脆弱性のあるマシンや公開プロキシなどが踏み台に利用されます。公開

— MEMO —

IPスプーフィングでIPアドレスを偽装する手段は、正規のアドレスを盗聴により窃取する、推測、ランダム、ソーシャルエンジニアリングなどさまざまです。

参照

▶ ステートフルインスペクション

→p.211

用語

▶ **公開プロキシ**

外部から利用できるプロキシサーバ。その性質上、踏み台に利用されやすい。

しているサーバのセキュリティ水準を上げることで、踏み台にされにくくし、またIDSやIPSなどで踏み台攻撃を識別します。

参照
▶ プロキシサーバ
→p.212

▶ IDS・IPS
→pp.219～220

▼踏み台

ARP スプーフィング

ARPはIPアドレスからMACアドレスを知るためのプロトコルですが、ARP要求に対する偽の返答を攻撃者が用意することで、不正なマシンに通信を誘導する技術です。ARPテーブルの監視などで対応します。

参照
▶ ARP
→p.296

▶ MACアドレス
→p.296

セッションハイジャック

二者間で行われる通信を攻撃者が乗っ取る方法です。サーバになりすまして個人情報やパスワードを入手したり、サーバとクライアントの間に割って入って通信を中継（中間者攻撃）したりします。通信内容がすべて攻撃者に筒抜けになります。セッションを管理しているセッションIDや通信用のポート番号をランダムにするなどして、攻撃者に攻撃の手がかりを与えないようにします。

リプレイ攻撃

ネットワークに送信されるログイン情報を取得して、そのコピーを使って不正にログインをします。ワンタイムパスワードなどで対策します。

参照
▶ ワンタイムパスワード
→p.99

MITB

マン・イン・ザ・ブラウザ（Man in the Browser）の略称です。MITBはマルウェアがブラウザとサーバの間に介入することによって、ブラウザの通信を乗っ取る攻撃で、利用者は正規のサーバと通信しているつもりですが、不正なサーバなどに情報を送信してしまっています。スマホを使ったトランザクション認証によって対応します。

似た名前の用語として、MITM（マン・イン・ザ・ミドルアタック）があります。MITMは「中間者攻撃」の意で、通信を行っている二者間に割り込んで、通信の中継を行います。割り込まれている二者は中継されていることに気づかず、すべての通信内容を盗聴されてしまいます。PKIを用いて、認証局が発行したデジタル証明書を使うことなどで攻撃を回避できます。

▼MITBとMITM（中間者攻撃）

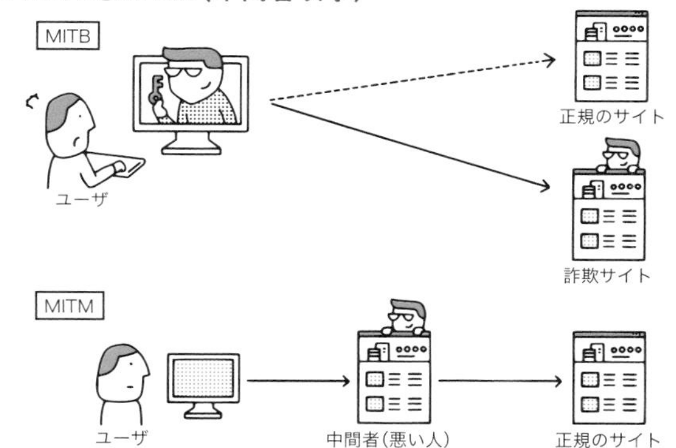

フィッシング

正規のサイトになりすますことで個人情報の入手や詐欺を行う手法です。ぱっと見では本物のURLと判別しにくいURLをスパムメールで送ったり、本物のURLと打ち間違えやすいURLで、間違えて訪れる利用者を待ったりします。判別しにくい短縮URLも利用されます。リンクは利用せず、検索エンジンを使って目的サイトに到達するなどの対策をします。

▼フィッシング

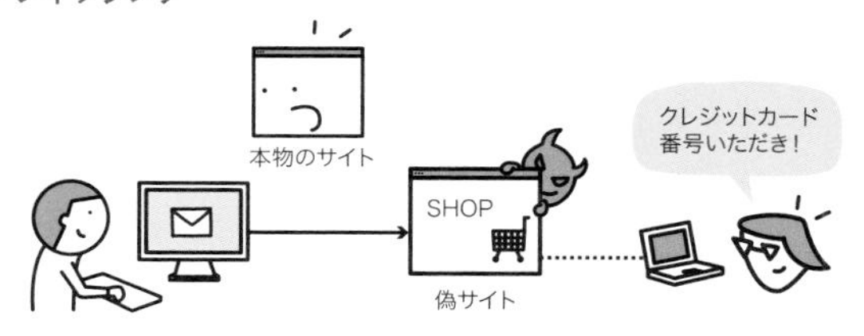

標的型攻撃

十分な準備を行って、特定の組織や人を攻撃する方法です。標的企業の正規の書類フォーマットや組織図、人間関係を把握して行われるので、見破りにくいのが特徴です。顧客のふりをして取引をしながら攻撃することもあります。高度な技術を用いて執拗な攻撃が行われる場合を、特にAPTと呼びます。

また、標的企業がよく利用するサイトを改ざんして、そこからマルウェアを感染させるような攻撃方法を水飲み場攻撃といいます。社員の情報セキュリティリテラシを向上させるなどして対策します。

▶ **APT**
Advanced Persistent Threat

なりすましの特徴と対策

	内容	対策
パスワードリスト攻撃	不正な手段で入手したIDとパスワードでログインする	パスワードの使い回しをしない、定期的に変更する
IPスプーフィング	IPパケットのヘッダを偽装して、他のマシンが送信しているようになりすます	一連の通信の矛盾を見つけるステートフルインスペクションなど
踏み台	第三者のPCを経由して攻撃する	IDS/IPSの導入、自分が踏み台にされないことも重要
ARPスプーフィング	ARPに偽の名前解決情報を記憶させる	ARPテーブルの監視
セッションハイジャック	二者間で行われる通信を、クラッカーが乗っ取る	通信の認証と暗号化、セッション番号の乱数化
リプレイ攻撃	ネットワーク上を流れるログイン情報を取得し、そのまま使う	ワンタイムパスワード
MITB	ブラウザとサーバの間に介入して、ブラウザの通信を乗っ取る	スマホなどを使ったトランザクション認証
フィッシング	偽URLなどにより、詐欺サイトへ誘導する	URLの確認、リンクを踏まず検索エンジンから目的Webサイトへ、セキュリティ対策ソフトの利用
標的型攻撃	ターゲットを絞り、周到な準備のもとに攻撃する	セキュリティ教育

1-3-4 サービス妨害

▶ **DoS**
Denial of Service

サービス妨害とは

サービス妨害（DoS）は、サーバに負荷を集中させるなどしてサーバを使用不能に陥れる攻撃です。盗聴などと異なり、重要な情報を盗み出す、といった要素はありませんが、営業妨害などに利用されます。

DoS攻撃の扱いで苦慮するのは、通常のアクセスと区別しにくい点です。チケット販売サイトや重要な告知が行われるサイトでは、ユーザに悪意がなくても、アクセス要求の集中によるサービスのダウンなどが日常的に発生しており、DoS攻撃をこれらと完全に区別することは困難です。

サービス妨害の種類

TCP SYN Flood

参照

▶ **3ウェイハンドシェイク**
→p.290

用語

▶ **スタック**
ここでは、通信プログラムの集まりを指す。

TCPの通信がスタートするときの3ウェイハンドシェイクは、SYN→SYN/ACK→ACKの三つのやり取りで行われますが、三つめのACKを行わないことで待ちぼうけをくらわせる攻撃方法です。通信の要求があるとサーバ側は通信用にCPUやメモリを割り当てるので、これを無駄遣いさせます。繰り返すことで性能低下やシステムダウンを狙うことができます。この他にも大量の通信を送信して相手の処理能力を飽和させる、××Flood系の攻撃方法は多数存在します。TCP SYN Floodの場合は、一定時間を経過したコネクションを切断することで対処します。

TCP SYN Flood

Ping of Death

セキュリティホールのあるOSでは、許容範囲を超えるサイズのpingを送ると意図しない動作を引き起こすことが可能でした。この脆弱性を突いた攻撃方法です。セキュリティパッチを適用することで対応します。

— MEMO —

pingに使われているプロトコルはICMPである(p.288参照)。

DDoS 攻撃

大規模分散型のDoS攻撃です。DoS攻撃では、攻撃用の大量のパケットをどう作るかが攻撃者の悩みどころですが、ボットネットなどを使って多数のマシンを動員するのがDDoS攻撃です。多数のマシンが関わるので、特定のIPアドレスからの通信を遮断するなどで対処しにくい特徴もあります。IDSの導入や通信事業者との連携で対応します。

スペル

▶ **DDoS**
Distributed Denial of Service

参照

▶ **IDS**
→p.219

▼ **DDoS攻撃**

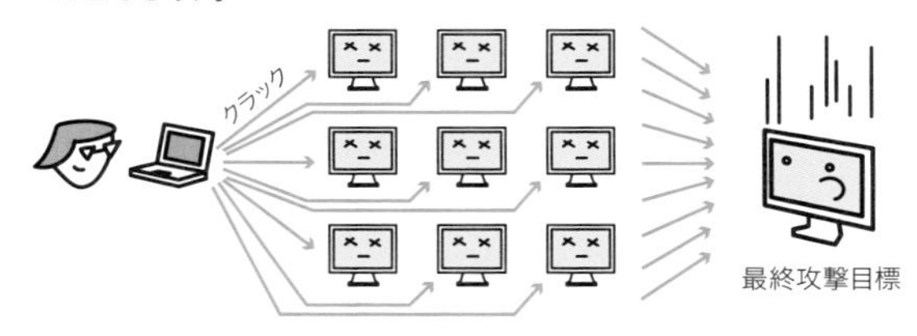

ランダムサブドメイン攻撃

あるドメインにランダムなサブドメインを付けて、オープンリゾルバに問い合わせをする攻撃方法です。例えば、gihyo.co.jpを攻撃するなら、uhauha.gihyo.co.jpのようにします。ランダムであるため、オープンリゾルバのキャッシュには名前解決情報が存在せず、コンテンツサーバへの問い合わせを大量に発生させられます。

用語

▶ **オープンリゾルバ**
不特定の端末に対して再帰的問い合わせを許すキャッシュサーバです。インターネット上の大きな脆弱性の一つになっています。

ICMP Flood

通信の疎通確認用プロトコルであるICMP(pingコマンドで使われるプロトコルです)を大量に送信する攻撃方法です。基本的なプロトコルであるため、多くのマシンが攻撃対象となり得るのが特徴です。ICMPに返答しないことで対応します。

smurf

疎通確認のコマンドであるpingをブロードキャストアドレスに対して行い、返信先に攻撃対象のIPアドレスを設定します。攻撃者側のPCが1台でも、多数のマシンから攻撃用のパケットを送ることができます。ブロードキャストアドレスを使ったpingを禁止することで対応します。

▼サービス妨害攻撃の特徴と対策

	特徴	対策
TCP SYN Flood	TCPのコネクションを多数はって妨害	一定期間経過したコネクションの切断
Ping of Death	巨大なパケットを送信して妨害	セキュリティパッチの適用、ICMPへの応答の禁止
DDoS攻撃	膨大な数のPCから攻撃パケットを送信する	効果的な対策が難しい。IDSの導入やキャリアとの連携など
ICMP Flood	大量のpingを送信して妨害	ICMPへの応答の禁止
smurf	pingの返信アドレスを標的PCにして、大量の通信を発生させる	ブロードキャストpingの禁止

サービス妨害の法的根拠

サービス妨害では、個々の通信は特に違法性がありません。一般的に伝統的な刑法はコンピュータ犯罪を裁くことが困難でした。

例えば、情報の窃視（盗み見ること）は電子計算機損壊等業務妨害罪や電子計算機使用詐欺罪などの罪には該当しません。刑法では盗難とは有体物を盗むことであり、メモリ上のデータをコピーしても罪には問えないからです。そこで、**不正アクセス禁止法**などの行政法規が登場して、アクセス制御しているコンピュータへの攻撃やセキュリティホールを突いた攻撃への罪科を規定しました。

しかし、アクセス制御されていないコンピュータは対象外ですし、正規のアクセスと区別がしにくいサービス妨害攻撃への適用も困難でしょう。サービス妨害攻撃への適用も困難であるという課題は、依然として残っています。

— MEMO —

その他の攻撃方法として、サラミ法などの詐欺行為がある。サラミ法は、大量の口座から1円ずつ預金を転送するなどして、ユーザに気づかれないような窃取を行う方法である。

1-3-5 ソーシャルエンジニアリング

ソーシャルエンジニアリングとは

ソーシャルエンジニアリングはIT技術によらず、人的な脆弱性を利用して情報を窃取する手法です。

ショルダーハッキング

ショルダーハッキングはその中でも典型的な事例で、ユーザIDやパスワードをタイプしているユーザの肩口からその様子を盗み見て、情報を取得します。

攻撃者が社内の要員で信頼されている場合や、キーボードのタイプが遅いユーザに対して用いられると非常に効果的です。攻撃者にしてみれば特にリスクを負うことなく情報を収集することができます。

ショルダーハッキング

— MEMO —

ショルダーハッキングはショルダーサーフィンともよばれる。

〔対策〕

・パスワードなど重要な情報をタイプする際には、周囲に人がいないことを確かめる
・ディスプレイにフィルタを貼り、のぞかれにくいようにする
・素早くキータッチできるように練習する

参照

▶ パスワード運用上の注意
→p.101

スキャビンジング

ゴミ箱あさりのことですが、ゴミ箱に捨てられた情報をつなぎ合わせて本来の重要な情報を復元する作業を

指します。情報は廃棄段階で扱いがぞんざいになることが多く、意外に重要な情報が得られる場合があります。シュレッダされた情報を復元されるケースもあるので、情報の廃棄段階での処理も重要です。

〔対策〕
・高性能なシュレッダで確実に裁断する
・外部業者を通じて廃棄する場合は、守秘義務契約を盛り込む
・磁気データの廃棄の際は、消磁や物理的破壊で確実にデータを抹消する

会話

業務担当者同士の会話などは、重要情報の宝庫です。ホテルのロビーや喫茶店などで打合せをする場合、周囲の環境や会話の内容に注意します。重要な打合せの場合は、公共の場所を利用しないなどの配慮が必要でしょう。

また、不慣れなユーザや権力のあるユーザを装って管理者にユーザIDやパスワードを聞く方法もあります。確実に本人であると確認できる場合以外はこのような問合せに応じないことも重要です。

— MEMO —
相手の情や権力関係につけ込んで、情報を得ようとする点がポイントとなる。

〔対策〕
・重要な要件の会合は、開催場所に十分注意する
・パスワードの問合せなどに対する処理規定、手順、本人確認方法を整備する

BEC

Business E-mail Compromise（「ビジネスメール詐欺」と訳されることが多い）の略です。上司や取引先など、自分にとって逆らいにくい相手からのメールに偽装して、偽の振込などをさせる手法です。他のソーシャルエンジニアリング手法を併用して、その会社の標準的な文書フォーマットを攻撃に用いることで、攻撃の成功率を高めます。

〔対策〕

・デジタル署名で本人確認を行う
・文章の癖や肩書き、メールに添付されている会社のロゴに惑わされないようにする

共連れ

ICカードや顔認証などのしくみによって、許可された者しか建物や部屋に入れないようなセキュリティシステムを構築していても、ICカードをかざした者の直後に関係のない人が続くという実にアナログなやり方で、セキュリティシステムが突破されてしまうことがあります。これを共連れといいます。

建物の入り口などでは、ITを使ったセキュリティシステムがあるだけでなく、警備員さんが一緒に立っていることもあります。これは、顧客対応や事故対応の柔軟性を確保するのはもちろんのこと、共連れなどITの盲点を突いた不正行為を防止する目的があります。

参照
▶ 入退室管理
→p.247

1-3-6 その他の攻撃方法

スパムメール

スパムメールとは、無断で送りつけられてくる広告メールや意味のない大量のメール(ネズミ講、チェーンメールなど)を指します。スパムメールはプログラムによって自動生成され、大量に送信されるため、メールサーバに大きな負荷をかけます。

スパムメール

スパムメールの送信者が自前のメールサーバを用意することはまれで、第三者中継を許可しているセキュリティの甘いメールサーバを利用します。これらのサーバはスパムの送信に使われると、正規のメールのサービスが滞るなどの障害が発生します。

受信側でもメールボックスの容量がいっぱいになり、正規のメールが受信できないなどの弊害があります。

スパムメールは非常に大きな社会的問題で、多くのベンダやプロバイダが解決への取り組みを進めています。しかし、送信ドメイン認証などの施策が完全に普及しているとは言えません。今後も、メールサーバ管理者がセキュリティを強化するなどの地道な対策を実施し続けるしかないでしょう。

また、広告メールについては現在、オプトイン原則が適用されています。ただし実態として、許可した覚えのない広告メールが送られてくるケースはまだまだ多数にのぼります。

用語

▶ **オプトイン**
未承諾の広告メールを送信してはならないこと。対して、未承諾で広告メールを送ってよいが、拒否された場合には速やかに登録を抹消することはオプトアウトという。p.268参照。

〔対策〕

・メールサーバのセキュリティを強化する
・オプトインを実体化するための法的・技術的環境を整える

用語

▶ **スクリプト攻撃**
掲示板など、閲覧者が入力したテキストを使用するサイトなどで、スクリプトのタグを埋め込むことによって、攻撃を図る。

クロスサイトスクリプティング

クロスサイトスクリプティング（XSS）は、スクリプト攻撃の一種です。スクリプト攻撃はホームページ記述言語であるHTMLにスクリプトを埋め込める性質を利用した攻撃方法です。

HTMLへのスクリプトの埋込みは、動的なコンテンツを作成するためによく利用される技術です。しかし、スクリプトに悪意のあるコードを埋め込んでおくことでユーザのコンピュータに被害を与えることも可能です。

— MEMO —

最近の企業システムではブラウザでスクリプトを実行できないよう設定する、スクリプト実行を許可するにしても信頼できるサイトからのデータのみに限定するなどの措置がとられている。

通常のスクリプト攻撃と防御方法

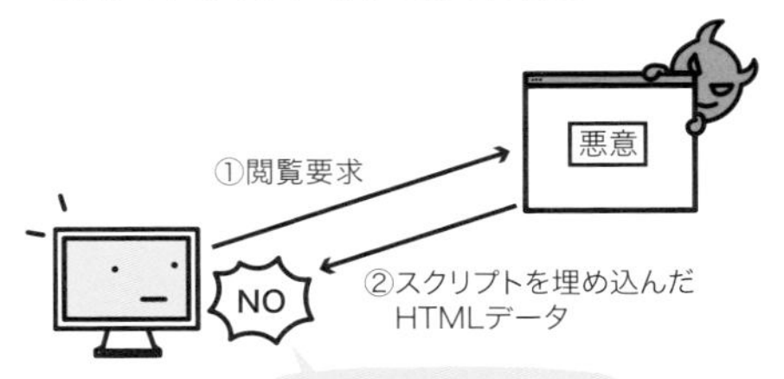

クラッカーはこの防御方法を回避するためにクロスサイトスクリプティングを利用します。

〔クロスサイトスクリプティングの手順〕

①クラッカーは悪意のあるスクリプトを埋め込んだホームページを作成し、ユーザの利用を待つ。
②ユーザが偶然や誘導によりそのホームページを閲覧する。
③スクリプト実行に関する脆弱性のあるサイトに要求が転送される（ユーザが信頼しているサイトであればさらによい）。
④脆弱性のあるサイトは転送された悪意のあるスクリプトを埋め込んだ形でホームページデータを返信する。
⑤ユーザのブラウザで悪意のあるスクリプトが実行される。

クロスサイトスクリプティング

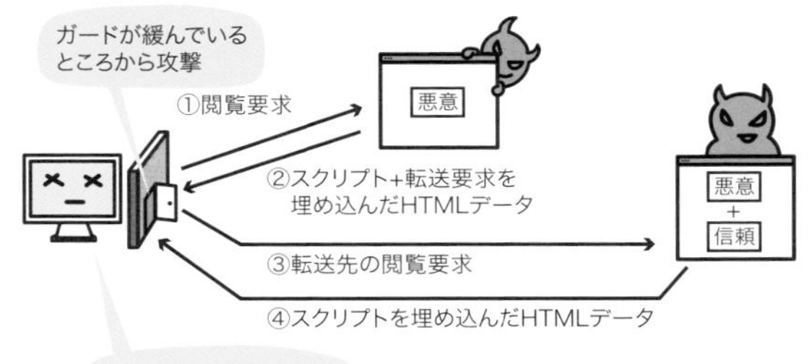

— MEMO —

Web閲覧時のセキュリティレベルを設定するブラウザの機能をゾーン設定とよぶ。

用語

▶ **ドライブバイダウンロード攻撃**

Webページを閲覧するだけでマルウェアがダウンロード、実行される攻撃手法。ブラウザやアドインの脆弱性が原因になることが多い。パッチを当てるとともに、セキュリティ対策ソフトなどで対応する。

クロスサイトリクエストフォージェリ

利用者が何らかのサービス（例えば掲示板）を見ている最中に、クラッカーの不正サイトを訪れると、クラッカーから不正スクリプトが送信され、掲示板に意図しない書き込みを行ってしまうような攻撃手法を**クロスサイトリクエストフォージェリ**といいます。クラッカーは、そのサービスのIDやパスワードを知らなくても、サービスを利用することができます。

ゼロデイ攻撃

ゼロデイ攻撃とは、脆弱性が見つかっているのに、それに対応する手段がない状態での攻撃を指す用語です。セキュリティパッチが公開されるまで、ベンダが脆弱性を公表しないなどの措置をとることがあるのは、ゼロデイ攻撃への牽制です。

▼ゼロデイ攻撃

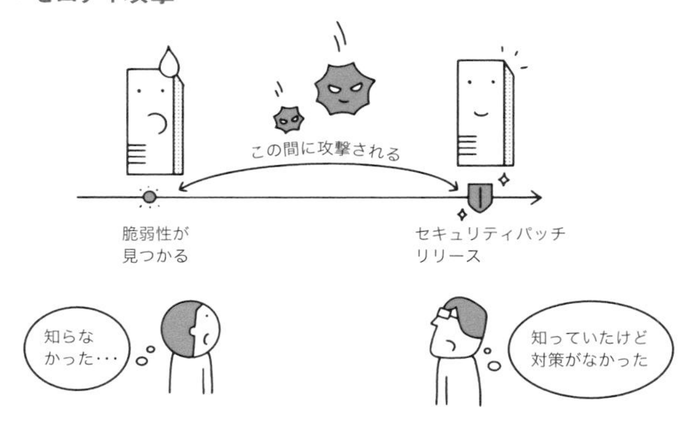

SQLインジェクション

SQLインジェクションとは、データベースに送信するデータの中にSQL文を混入して不正にデータベースを操作する行為のことです。

例えばユーザがWeb上のフォームにユーザIDやパスワードなどを入力するとき、認証のためのデータベースへの問い合わせに、ユーザが入力したユーザIDやパスワードを代入したSQLが使われます。このとき、悪意を持ったユーザが、そのフォームに「データを削除せよ」とデータベースが誤認するようなSQLの断片を入力すると、SQL文を組み上げる過程で本当にデータを削除する命令になってしまい、そのまま実行されてしまう危険性があります。

この「SQLの断片」というところがポイントで、さすがにユーザが送ってくる危険なSQL文を直接実行するデータベースはありませんが、あらかじめ用意されている定型の命令と「断片」が組み合わさったときに、危険なSQL文ができあがってしまうわけです。

— MEMO —

SQLインジェクションを防ぐには、プレースホルダを使ったり、エスケープ処理をしたりする(p.221参照)。

ユーザのデータがSQLに挿入される例

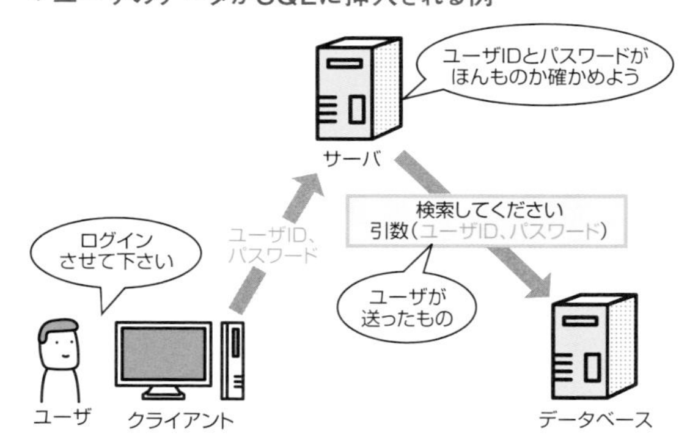

前図を悪用したSQLインジェクションの例

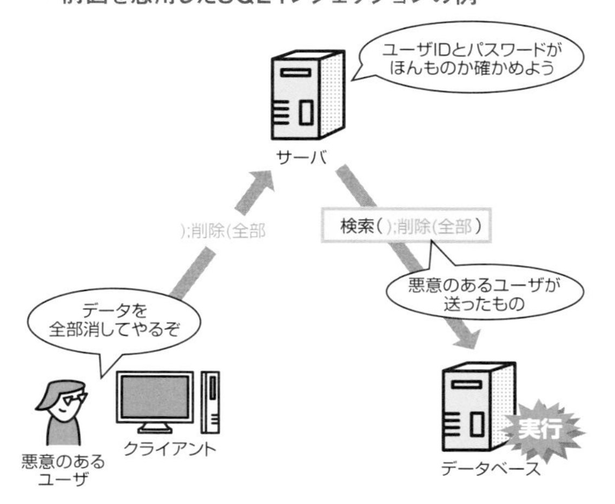

試験問題を解いてみよう

平成31年度春期　情報セキュリティマネジメント試験　午前問16

特定のサービスやシステムから流出した認証情報を攻撃者が用いて、認証情報を複数のサービスやシステムで使い回している利用者のアカウントへのログインを試みる攻撃はどれか。

ア　パスワードリスト攻撃　　イ　ブルートフォース攻撃
ウ　リバースブルートフォース攻撃　　エ　レインボー攻撃

令和元年度秋期　情報セキュリティマネジメント試験　午前問21

情報セキュリティにおいてバックドアに該当するものはどれか。

ア　アクセスする際にパスワード認証などの正規の手続が必要なWebサイトに、当該手続を経ないでアクセス可能なURL
イ　インターネットに公開されているサーバのTCPポートの中からアクティブになっているポートを探して、稼働中のサービスを特定するためのツール
ウ　ネットワーク上の通信パケットを取得して通信内容を見るために設けられたスイッチのLANポート
エ　プログラムが確保するメモリ領域に、領域の大きさを超える長さの文字列を入力してあふれさせ、ダウンさせる攻撃

平成31年度春期　情報セキュリティマネジメント試験　午前問10

DNSキャッシュポイズニングに該当するものはどれか。

ア　HTMLメールの本文にリンクを設定し、表示文字列は、有名企業のDNSサーバに登録されているドメイン名を含むものにして、実際のリンク先は攻撃者のWebサイトに設定した上で、攻撃対象に送り、リンク先を開かせる。

イ　PCが問合せを行うDNSキャッシュサーバに偽のDNS応答を送ることによって、偽のドメイン情報を注入する。

ウ　Unicodeを使って偽装したドメイン名をDNSサーバに登録しておき、さらに、そのドメインを含む情報をインターネット検索結果の上位に表示させる。

エ　WHOISデータベースサービスを提供するサーバをDoS攻撃して、WHOISデータベースにあるドメインのDNS情報を参照できないようにする。

平成29年度春期　情報セキュリティマネジメント試験　午前問23

ディレクトリトラバーサル攻撃に該当するものはどれか。

ア　攻撃者が、Webアプリケーションの入力データとしてデータベースへの命令文を構成するデータを入力し、管理者の意図していないSQL文を実行させる。

イ　攻撃者が、パス名を使ってファイルを指定し、管理者の意図していないファイルを不正に閲覧する。

ウ　攻撃者が、利用者をWebサイトに誘導した上で、WebアプリケーションによるHTML出力のエスケープ処理の欠陥を悪用し、利用者のWebブラウザで悪意のあるスクリプトを実行させる。

エ　セッションIDによってセッションが管理されるとき、攻撃者がログイン中の利用者のセッションIDを不正に取得し、その利用者になりすましてサーバにアクセスする。

令和元年度秋期　情報セキュリティマネジメント試験　午前問1

BEC（Business E-mail Compromise）に該当するものはどれか。

ア　巧妙なだましの手口を駆使し、取引先になりすまして偽の電子メールを送り、金銭をだまし取る。

イ　送信元を攻撃対象の組織のメールアドレスに詐称し、多数の実在しないメールアドレスに一度に大量の電子メールを送り、攻撃対象の組織のメールアドレスを故意にブラックリストに登録させて、利用を阻害する。

ウ　第三者からの電子メールが中継できるように設定されたメールサーバを、スパムメールの中継に悪用する。

エ　誹謗（ひぼう）中傷メールの送信元を攻撃対象の組織のメールアドレスに詐称し、組織の社会的な信用を大きく損なわせる。

平成30年度秋期　情報セキュリティマネジメント試験　午前問13

ゼロデイ攻撃の特徴はどれか。

ア　脆（ぜい）弱性に対してセキュリティパッチが提供される前に当該脆弱性を悪用して攻撃する。

イ　特定のWebサイトに対し、日時を決めて、複数台のPCから同時に攻撃する。

ウ　特定のターゲットに対し、フィッシングメールを送信して不正サイトに誘導する。

エ　不正中継が可能なメールサーバを見つけて、それを踏み台にチェーンメールを大量に送信する。

解説 1

ア 正解です。この攻撃手法があるため、パスワードの使い回しは避けなければなりません。

イ 可能性があるすべてのパスワードを試す手法です。総当たり攻撃ともいいます。

ウ パスワードではなく、ユーザIDを変えながら行う総当たり攻撃です。同じユーザIDでは複数試行を行わないので、アカウントロックを防ぐことができます。

エ あらかじめパスワード候補をハッシュ化したテーブルを作ることで、ハッシュ値からパスワードを推測する手法です。

答:**ア**（→関連:p.57）

解説 2

ア 正解です。一度サイバー攻撃を成功させた攻撃者が、次回以降の侵入を容易にするために設置するケースや、システム開発者が開発時の利便性のために設けるケースなどがあります。

イ ポートスキャンについての説明です。

ウ ミラーリングポートについての説明です。

エ バッファオーバフローについての説明です。

答:**ア**（→関連:p.52）

解説 3

DNSキャッシュポイズニングとは、キャッシュサーバがリゾルバからの問い合わせに答えるために、コンテンツサーバへ代理問い合わせを行う隙を突いて、偽のDNSレコードをキャッシュサーバに登録する手法です。クラッカの立場では、不正サイトへの誘導が容易になります。

答:**イ**（→関連:p.54）

解説 4

ア SQLインジェクションについての説明です。

イ 正解です。

ウ クロスサイトスクリプティングについての説明です。

エ セッションハイジャックについての説明です。

答:**イ**（→関連:p.55）

解説 5

BEC (Business E-mail Compromise) は、ビジネスでの上司や顧客などになりすまして社員を騙し、お金や商品を巻き上げる手法です。上手になりすますために、スカベンジングなどの手段が使われます。顧客として実際にその会社と取引し、書式などを入手することもあります。

答:**ア** (→関連:p.65)

解説 6

ゼロデイ攻撃とは、まだ脆弱性への対応方法が確立していない段階で、その脆弱性を利用されてしまう攻撃のことです。エクスプロイトコードが公開されているのに、セキュリティパッチの配布がない状況などが該当します。

答:**ア** (→関連:p.69)

1-4 暗号

重要度：★★★

セキュリティの技術にもさまざまな考え方がある。ここではまず、さまざまなセキュリティ技術の概要を俯瞰する。その中でも重要な基盤となる暗号技術について、共通鍵暗号、公開鍵暗号の順に学ぶ。

POINT

- 平文を暗号化で暗号文にし、暗号文を復号で平文に戻す
- 共通鍵暗号＝送信側と受信側が同じ鍵（共通鍵）を使う
- 公開鍵暗号＝送信側は公開鍵、受信側は秘密鍵を使う

1-4-1 セキュリティ技術の広がり

セキュリティ技術とは

セキュリティとは、安全に仕事を進めるための継続的な取組みの総称です。その中にはセキュリティポリシの策定など、組織的、人的な取組みもありますが、通信の内容チェックなど、システムが行った方が効率的かつ正確である分野があります。これらを行うための技術群をセキュリティ技術とよびます。

特に利便性とセキュリティは本質的にトレードオフの関係になるため、利便性を落とさずにセキュリティを維持するためのさまざまな技術が考えられています。

用語

▶ **トレードオフ**
二律背反。あちらを立てればこちらが立たず。

セキュリティ技術の種類

セキュリティの技術の主なものとしては、「暗号化」「認証」「マルウェア対策」「フィルタリング（不正アクセス対

策）」「信頼性向上技術」があります。

これらは、コンピュータの中だけで行われているわけではありません。ここでは、私たちの生活のなかの出来事と比べてイメージしてみます。

暗号化

郵便を送るとき、内容を見られると困る文書は葉書ではなく封書で出します。ネットワーク上のパケットは、誰にでも見られてしまう可能性があるため、そのままでは葉書と同じ状態にあります。そこでパケットをデータ上の封書に入れて、送信しようとするのが**暗号化**です。

ただし、封書に入れただけでは、封を切ればよいわけですから、その気になれば簡単に内容がわかってしまいます。そこで、頑丈な箱に入れて、当事者だけがもっている鍵でしか開けられないようにするなど、他人に見られるのを防ぐ工夫がなされています。より頑丈な箱や複雑な鍵を考案することでセキュリティの向上が図られています。

認証

電話の相手の人物をどうやって確かめるでしょうか。たいていは名乗った名前や声で判断します。このように本人かどうかを判断することが**認証**の主な役割です。

ネットワークでも通信相手のユーザが本当に本人かどうかを確かめなければなりません。そしてユーザごとに行ってよい行為を取り決め、それ以外のことはさせないようにします。

マルウェア対策

ソフトウェアは有益であることが前提ですが、実のところコンピュータはプログラムの指示通りに動作し、その善悪を判断する力はありません。そこに、マルウェア（悪意のあるソフトウェアの総称）が入り込む余地があります。

マルウェアの特徴を識別し、削除できる機能を持つ、ウイルス対策ソフトを使って対策します。識別のために、シグネチャと呼ばれるデータベースを常に更新する必要があります。

フィルタリング

　人気アーティストのライブなどには人が殺到します。しかし、それをすべて受け入れていたら切りがありませんから、お金を払ってチケットを買った人だけ会場に入れて、それ以外の人にはお帰りいただくわけです。また、会場に入る人の中でも、一般客と関係者では立ち入れる場所が異なります。このように、出たり入ったりする情報の流れを統制し、一定のルールで仕分けすることを**フィルタリング**とよびます。

— MEMO —

フィルタをかける情報の内容によって、パケットフィルタリング、コンテンツフィルタリングなどの種類がある。

信頼性向上技術

　セキュリティというとどうしても「クラッカーと闘う」イメージがありますが、安全に仕事をするという意味では「使っているシステムが壊れないようにする」というのも重要なセキュリティ技術です。解くのに100時間かかるゲームの99時間目を保存したデータが壊れたらしばらく立ち直れません。仕事のデータだったら被害はさらに重大です。そこで、自動的にデータを二重に保存したり、システムが故障した際の代替機を用意したりして、仮に故障などが発生しても継続して仕事が続けられるように対策を行います。

	具体的な対策例	得られる効果
暗号化	無線LANの通信を暗号化する	第三者の傍受による情報漏えいを防止できる
認証	サーバへのアクセスをパスワードとデジタル証明書で認証する	第三者からの不正なログインを防止できる
マルウェア対策	ウイルス対策ソフトの導入	マルウェアの感染と動作を防止できる
フィルタリング	会社から出て行く通信の監視	機密情報や個人情報の漏えいを防止できる
信頼性向上技術	機器の冗長化	故障やミスによるデータ破壊から復旧できる

1-4-2 暗号の基本

用語

▶ **平文**
暗号化される以前の情報のこと。クリアテキストともいう。

— MEMO —

JPEG技術などももとになるデータを変換するが、誰でも復元できるため暗号化技術には分類しない。ハッシュ関数なども必ずしも文書をもとの形に復元できないため、暗号化アルゴリズムとは区別する。

盗聴リスクと暗号化

ネットワークシステムの運用には、盗聴(ネットワーク上を流れるパケットを傍受する行為)のリスクがあります。ネットワーク上のパケットは、その経路上で監視することが可能であり、パケットのフォーマットも公開されているため、監視リスクを完全に消し去ることは不可能です。そこで、何らかの対策を講じることでリスクを許容可能な範囲に留めること(リスクコントロール)が必要になります。盗聴リスクに対して用いられる対策が暗号化です。

暗号化とは、情報(平文)を特定の条件の場合のみ、復元可能な一定の規則で変換し、一見意味のない文字列や図案(暗号文)とするものです。対して、暗号化した暗号文をもとの情報に戻すことを復号といいます。

暗号文と平文の違い

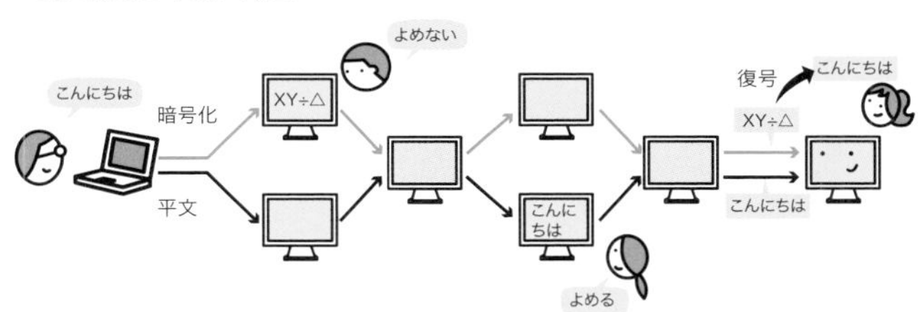

暗号の基本と種類

暗号化アルゴリズムは、平文を暗号文に変換するルールのことですが、単に平文を暗号化しただけでは、同じ暗号アルゴリズムを使えば、解読されてしまうことになります。そこで、個々に異なった変数を用いることで、解読をより難しいものにしています。

ITシステムはこの特定の条件を鍵(キー)というビット列で表現します。情報にアクセスしてよいユーザだけが鍵を保持することで、権限のない非正規ユーザへの情報漏えいを防止します。

暗号化アルゴリズムと鍵

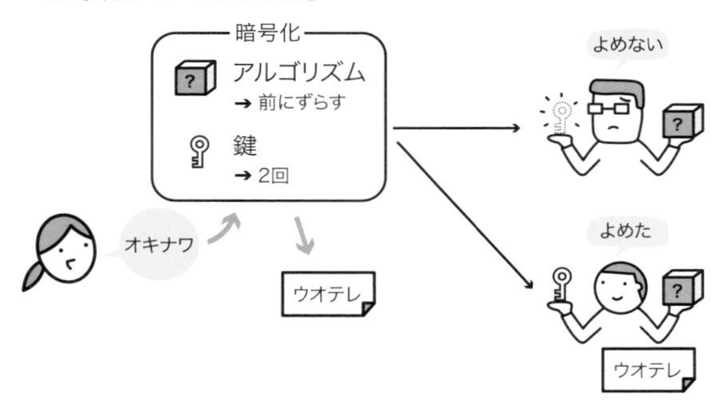

個々の情報を守るためには、鍵(キー)をいかに秘匿するかということが問題になります。そのための方式によって、暗号化は大きく共通鍵暗号方式と公開鍵暗号方式の二種類に分類することができます。

COLUMN

CRYPTREC暗号リスト

CRYPTREC は暗号技術検討会の名称です。この検討会が安全性を確認した暗号方式が、CRYPTREC 暗号リスト（電子政府推奨暗号リスト）です。CRYPTREC 暗号リストは、安全性と実装時の性能、利用実績などを加味して、推奨できる暗号が列記され、総務省と経済産業省によって公表されています。また、「政府機関等の情報セキュリティ対策のための統一基準」では、このリストを参照した上でシステムで利用する暗号方式を決めるよう促しています。

1-4-3 共通鍵暗号

— MEMO —

「復号」は暗号化の対義語です。情報処理技術者試験では復号化とはいわないので注意が必要。

共通鍵暗号方式

共通鍵暗号方式は、コンピュータシステムの初期段階から用いられてきた暗号化方式で、暗号化と復号に同一の鍵（秘密鍵）を用いる点が特徴です。

互いの鍵が同一であることは暗号システムの負荷を軽減します。したがって、共通鍵暗号方式では暗号化処理に必要なCPU資源や時間を節約することができます。

共通鍵暗号方式のしくみ

共通鍵暗号方式では、送信者と受信者が同じ秘密鍵をもっています。共通鍵暗号方式でシステムを構築する際の重要な留意点は、この鍵の配布です。

秘密鍵は送信側、受信側どちらで作成しても構いませんが、通信相手に伝達しなければ利用できません。秘密鍵をメールなどで配布するとそれ自体に盗聴の危険が発生しますし、郵送は処理時間がネックになります。

共通鍵暗号

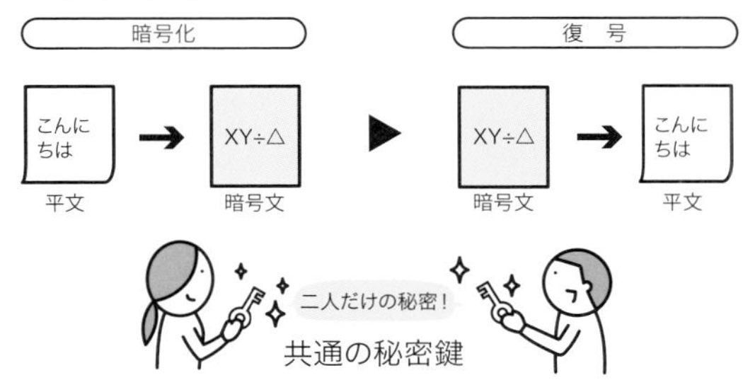

秘密鍵の管理鍵数

共通鍵暗号方式では通信のペアごとに異なる鍵を用意しなければなりません。

例えば、次の図で鍵Aと鍵Bに同じ鍵を使用すると、他のペア（Aから見たB-Cペアなど）の通信を解読できるため、盗聴のリスクが発生します。

このため、n人が参加するネットワークで相互に通信する場合、n(n－1)／2個の鍵が必要になります。

秘密鍵の管理鍵数

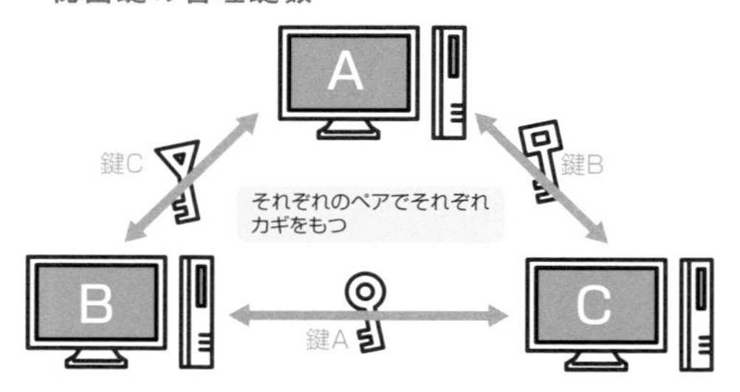

▶ **NIST**
米国商務省標準技術局。

スペル

▶ **DES**
Data Encryption Standard

共通鍵暗号方式の実装技術

共通鍵暗号方式の中でもさまざまな実装方式があります。ここでは、それぞれの方式の特徴を示します。

DES

秘密鍵暗号方式で最も代表的な暗号化方式です。IBMが開発し1977年にNISTが標準暗号として採用したことから普及しました。

DESでは平文を64ビットごとのブロックに分割して転置と換字を行います。

ブロックに分割された平文は、ブロック内でさらに32ビットごとに分割され、転置、換字など複雑な処理を16回繰り返します。

この手順がブロックごとに反復され、平文全体が暗号化されます。

DESのイメージ

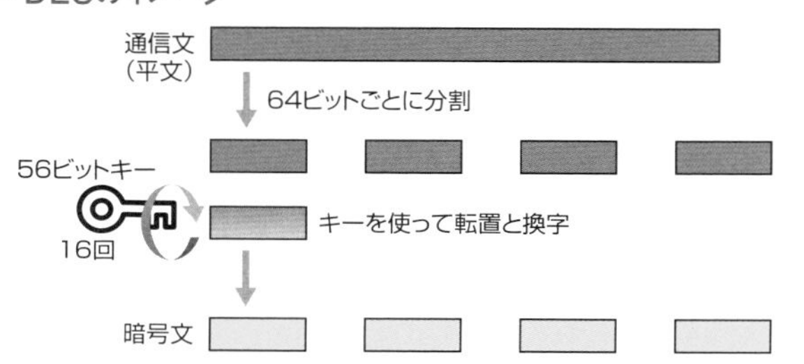

用語

▶ **転置**
文字の位置を置き換えて意味のない文字列を作ること。

▶ **換字**
文字を別の文字に置き換えて意味のない文字列を作ること。

▶ **ストリーム暗号**
平文の先頭から順に暗号化処理を行う。

▶ **ブロック暗号**
平文をある単位のブロックに分割し、ブロックごとに暗号化処理を行う。

▶ **CBC**
ブロック暗号の作り方には、いくつかのモードがあるが、その一つがCBC(暗号文ブロック連鎖モード:Cipher Block Chaining)である。

鍵の数

DESは秘密鍵として56ビットのデータ列を用います。この場合、鍵のバリエーションは2の56乗＝約7京です。

DESが開発された当初はこれを現実的な時間内にすべて試すことは不可能でしたが、CPUパワーが飛躍的に向上すると総当たりによる解読速度は短縮されます。現在ではDES用に特化させた解読マシンを用いれば数十時間で解読が可能だといわれています。このように、技術の進歩により暗号強度が低下してしまうことを**危殆化**（きたいか）といいます。NISTはDESにかわる新たな暗号化方式として**AES**の仕様を定めています。

▼暗号化技術の危殆化

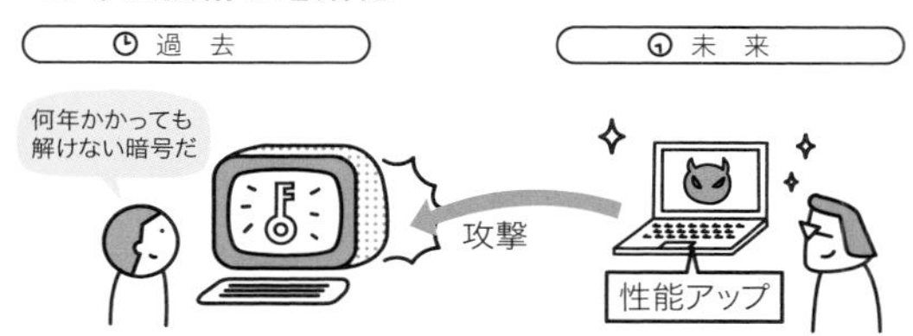

TripleDES

DESの脆弱性が次第に指摘されるようになったことを受けて開発された暗号化方式です。

DESの暗号化アルゴリズムをそのまま利用し、鍵を二つ用意して暗号化、復号、暗号化という手順を踏みます。

— MEMO —

TripleDESには、本文中の図のように2種類の鍵を利用するTripleDES-EDE2の他に、3回の暗号化／復号処理すべてで異なる3種類の鍵を使うTripleDES-EDE3方式もある。

▼TripleDESのイメージ

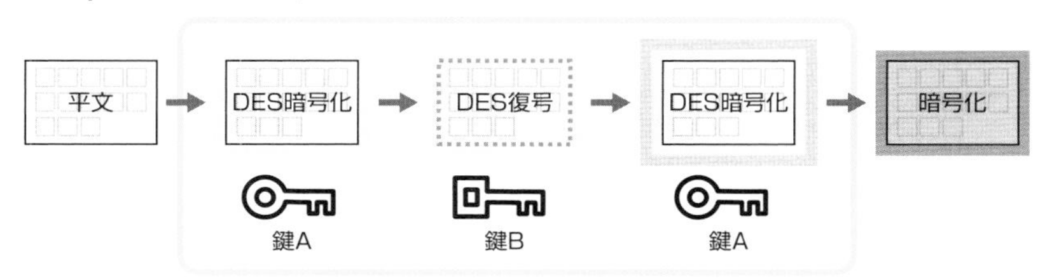

結果的にTripleDESを解読するためには二つのDES鍵と、48回の暗号化処理を復元しなければならず暗号解読の難易度を上げています。

ただし、暗号アルゴリズム的な弱点はDESのそれをそのまま引き継いでいるため注意が必要です。

AES

NISTがDESにかわる次世代暗号化方式として採択した標準です。公募によって定められました。

AESもDESと同様のブロック化暗号方式ですが、ブロック長、鍵長ともに128ビット、192ビット、256ビットの中から任意に設定でき、仕様的にはさらに長いビット長も利用可能です。また、DESと比較して処理効率がよいので、少ないメモリのマシンでもサポートできる特徴があります。

▶ **AES**
Advanced Encryption Standard

— MEMO —

その他の暗号化アルゴリズムとしては、RC2、RC4、RC5などがある。

秘密鍵の管理

秘密鍵の管理は原則として、利用するユーザ本人に任されるべきです。プライバシー保護の観点、あるいはデジタル署名を利用する場合の真正性の確保に大きく関わってくるからです。しかし、ユーザのセキュリティリテラシが低いと、秘密鍵の管理を任せきれないケースがあります。特に問題になるのが鍵の紛失です。秘密鍵を紛失するとすべての暗号化データが復号できなくなり、業務継続に大きな障害となります。

— MEMO —

秘密鍵の管理の原則はパスワード管理の考え方と同様である。

本来であれば十分なリテラシ教育を行い、ユーザの知識水準を底上げするべきですが、その段階までの対応としてセキュリティ管理部門(システム部門)がバックアップ等の鍵管理を一括代行するのはある程度容認しなければならないでしょう。

その場合でも、1人の管理者がすべての鍵をコントロールするのではなく、複数の管理者が相互監視しながら鍵管理業務を遂行することで、人的なセキュリティインシデントが発生するリスクを軽減できます。

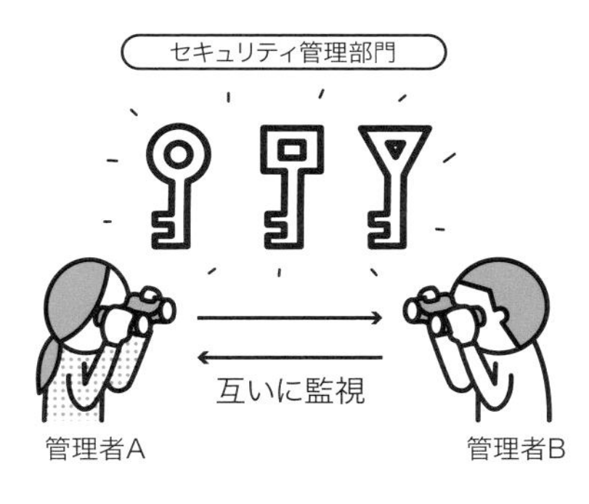

1-4-4 公開鍵暗号

公開鍵暗号方式

共通鍵暗号方式は一対一で通信を行うことを念頭に設計されました。したがって、複数のユーザと通信する必要がある場合、急速に管理すべき鍵数が増加します。また構造上、不特定多数との通信には利用できません。そこで、暗号化鍵と復号鍵を分離した方式である**公開鍵暗号方式**が考えられました。

公開鍵暗号方式のしくみ

まず、一対の鍵ペアを作成します。鍵ペアのうち、一方で暗号化したものは、もう一方で復号できますが、ここで、どちらかを暗号化鍵とし、もう一方を復号鍵と決めます。

公開鍵暗号方式では、この暗号化鍵を一般に公開します。これを**公開鍵**といい、暗号化のみに利用されるため、公開しても問題ありません。

それに対して、暗号化された文書を復号するための鍵は、受信者が秘密に管理します。これを**秘密鍵**といいます。

公開鍵は誰でも利用できるものの、その公開鍵を使って暗号化された文書を復号できるのは、秘密鍵をもっているユーザだけになります。受信者は、自分あての文書が他人に解読されないように、秘密鍵を厳重に管理しなければなりません。

▼公開鍵暗号

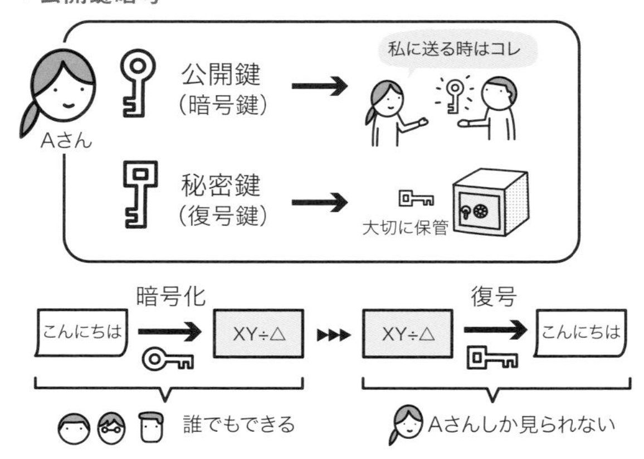

公開鍵暗号方式の管理鍵数

公開鍵暗号方式は鍵管理負担の増大も解決します。

共通鍵暗号方式ではn人のネットワークで暗号をやり取りするのにn(n－1)／2個の鍵が必要だったのに対して、公開鍵暗号方式では2n個の鍵で済みます。ネットワークに参加するユーザの数が増加するほど、両者で管理しなければならない鍵の数に開きが出るため、公開鍵暗号方式は大人数間通信用途に適しています。

ただし、公開鍵暗号方式は一般的に処理に必要なCPUパワーが同じ鍵長の共通鍵暗号方式の数百〜数千倍といわれています。このため、暗号化処理、復号処理に多くの時間がかかるデメリットがあります。

— MEMO —

共通鍵暗号方式のn(n－1)／2個の鍵、というのは、n人が参加するネットワーク全体で必要な鍵の数。1人が管理する鍵の数はn－1個である。

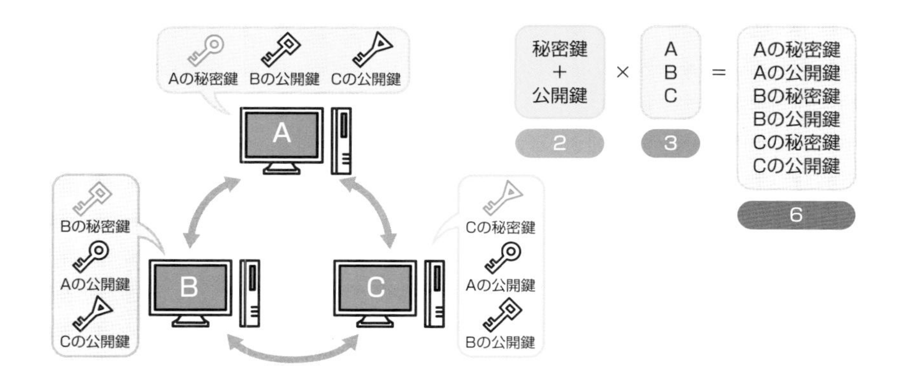

公開鍵暗号の実装技術

公開鍵暗号方式にも共通鍵暗号方式同様にさまざまな実装方式があります。

RSA

RSAは最も普及している公開鍵暗号方式です。開発者であるRivest、Shamir、Adlemanの3人の頭文字をとって命名されました。

RSAは大きな数値の素因数分解に非常に時間がかかることを利用した暗号化方式です。

以下の鍵ペアを用意した場合、a、c、dを決定できれば、bを導いて秘密鍵を得ることができますが、cとdを計算することが非常に困難であるため、bを決定できないという原理に基づいて設計されています。

公開鍵(a、N)

秘密鍵(b、N)

N＝素数c×素数d

Nを導くために必要な計算量は表のとおりです。

RSAの計算量

Nのサイズビット	MIPS×年
512	3×10^{4}
1024	3×10^{11}
2048	3×10^{20}

注）数体ふるい法を使用した場合の計算量

RSAは計算量に依存したアルゴリズムであるため、将来的にコンピュータの計算能力が飛躍的に増大した場合には解読されてしまう危険性があります。増加するコンピューティング能力（コンピュータの処理能力）に対して相対的なセキュリティレベルを維持するため、RSAは年々鍵長を増大させており、クラッカーとのいたちごっこになっています。

MEMO

数体ふるい法は離散対数問題の解法に利用されるアルゴリズムで、最も効果的にRSAを解読できるといわれている。

用語

▶ **ムーアの法則**
「半導体の集積密度は18か月で倍になる」という経験則。

楕円曲線暗号

米国の数学者、ニール・コブリッツとビクター・ミラーによって1985年に考案された暗号化方式です。楕円曲線上の演算規則を利用して鍵を生成します。

例えば、Y=aX mod p において、Xが秘密鍵、Y、a、pが公開鍵となります。通常、Y、a、pからXを求めるためにはRSAにも適用される数体ふるい法を用いますが、楕円曲線暗号はこうした離数対数問題の解法アルゴリズムに対して強固であるといわれています。

ハイブリッド方式

公開鍵暗号方式は、鍵配布時のセキュリティ、管理鍵数の増加問題を解決しますが、暗号化、復号に必要な演算量が大きく処理に多くの時間がかかります。特に大容量データの暗号化に公開鍵暗号方式を利用すると、処理上のボトルネックになる可能性が高くなります。

そのため、折衷案として、多くのシステムがハイブリッド方式を採用しています。共通鍵暗号の鍵の配布は公開鍵暗号方式を利用し、データ本文のやり取りは共通鍵暗号方式を用います。

用語

▶ **ボトルネック**
システムの構成要素のうち、処理能力が低く全体の性能の向上を妨げる部分。

これにより、処理速度と利便性の両方を確保することができます。

▼ハイブリッド方式による暗号化

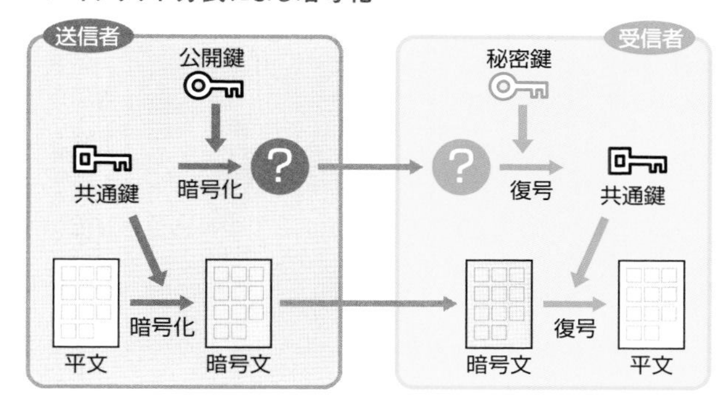

▼暗号化方式の特徴

	長所	短所	主な方式
共通鍵暗号	機器への負荷が小さい	不特定多数との通信が苦手（鍵数の増大、配送の困難）	AES
公開鍵暗号	不特定多数との通信が可能	機器への負荷が大きく、通信速度が遅くなる	RSA

COLUMN

量子暗号

量子力学における不確定性原理を利用した暗号化技術です。量子を送信した場合、伝送中に盗聴者が量子を観測すると、量子状態が変化して元の情報が破壊されます。これを応用することで、原理的に盗聴が不可能な暗号を作れます。

盗聴者が存在した場合、量子暗号は必ずそれを検出します。しかし、通信機器などをクラッキングされれば、結果的に通信の秘匿性は保持できません。万能の処方箋ではないことに注意してください。

試験問題を解いてみよう

令和元年度秋期　情報セキュリティマネジメント試験　午前問17

PCとサーバとの間でIPsecによる暗号化通信を行う。通信データの暗号化アルゴリズムとしてAESを使うとき、用いるべき鍵はどれか。

ア　PCだけが所有する秘密鍵
イ　PCとサーバで共有された共通鍵
ウ　PCの公開鍵
エ　サーバの公開鍵

平成30年度春期　情報セキュリティマネジメント試験　午前問26

暗号アルゴリズムの危殆化を説明したものはどれか。

ア　外国の輸出規制によって、十分な強度をもつ暗号アルゴリズムを実装した製品が利用できなくなること
イ　鍵の不適切な管理によって、鍵が漏えいする危険性が増すこと
ウ　計算能力の向上などによって、鍵の推定が可能になり、暗号の安全性が低下すること
エ　最高性能のコンピュータを用い、膨大な時間とコストを掛けて暗号強度をより確実なものにすること

平成27年度秋期　基本情報技術者試験　午前問38

Xさんは、Yさんにインターネットを使って電子メールを送ろうとしている。電子メールの内容を秘密にする必要があるので、公開鍵暗号方式を使って暗号化して送信したい。そのときに使用する鍵はどれか。

ア　Xさんの公開鍵　　イ　Xさんの秘密鍵
ウ　Yさんの公開鍵　　エ　Yさんの秘密鍵

平成31年度春期　情報セキュリティマネジメント試験　午前問28

OpenPGPやS/MIMEにおいて用いられるハイブリッド暗号方式の特徴はどれか。

ア　暗号通信方式としてIPsecとTLSを選択可能にすることによって利用者の利便性を高める。
イ　公開鍵暗号方式と共通鍵暗号方式を組み合わせることによって鍵管理コストと処理性能の両立を図る。
ウ　複数の異なる共通鍵暗号方式を組み合わせることによって処理性能を高める。
エ　複数の異なる公開鍵暗号方式を組み合わせることによって安全性を高める。

解説 1

暗号の基本的な分類として、共通鍵暗号と公開鍵暗号があります。AESが共通鍵暗号方式であることを覚えていれば、ウとエは即座に排除できます。共通鍵暗号の場合、送信者と受信者は同じ秘密鍵(共有鍵)を持っていなければなりません。

答:**イ** (→関連:p.81)

解説 2

暗号は最終的には必ず解読されます。すべての暗号は解読されるまでの時間稼ぎをしているわけです。現実的な時間やコストで解読できないから、私たちは暗号を使うわけですが、技術やアルゴリズムの進歩で簡単に暗号が解けるようになることがあります。これが暗号の危殆化で、危殆化した暗号は使用を停止しなければなりません。

答:**ウ** (→関連:p.83)

解説 3

公開鍵暗号方式では、受信者(この場合は、Yさん)が秘密鍵と公開鍵のペアを作ります。このうち、秘密鍵は自分だけで厳重に管理し、公開鍵を送信者(Xさん)に渡します。共通鍵暗号方式では、この「渡す」ことが難しかったわけですが、公開鍵は暗号化を行うことしかできない鍵なので、仮に第三者に漏れても安全というわけです。

答:**ウ** (→関連:p.85)

解説 4

ハイブリッド暗号とは共通鍵暗号と公開鍵暗号を組み合わせたものです。共通鍵暗号は速度の点で有利で、公開鍵暗号は鍵管理コストと鍵の配送の点で有利です。二つを組み合わせることで、その両立をはかります。

答:**イ** (→関連:p.88)

1-5 認証

重要度：★★★

アクセスコントロールを行うために、ユーザの本人確認を行うのが認証システムである。多くはパスワードが使われるが、現在ではチャレンジレスポンス認証やワンタイムパスワードなどで弱点をカバーする。また、生体認証やPKIなどの技術もおさえておこう。

POINT

- 識別＝どのユーザか。認証＝そのユーザは本物か。認可（権限管理）＝そのユーザに何をさせていいか
- ハッシュ値を使うことで、パスワードや鍵を送信せずに認証できる。ハッシュ関数は一方向関数
- PKI＝デジタル署名の公開鍵の真正性を、第三者機関が裏付けるしくみ

1-5-1 認証の基本

アクセスコントロールと認証システム

参照
▶ 不正アクセス禁止法
→p.265

ユーザの**識別**、**認証**、**権限管理**を行うことを**アクセスコントロール**とよびます。アクセスコントロールを行っているかどうかが、不正アクセス禁止法の保護対象になるかどうかを決める要素になっているなど、現在では非常に重要な概念です。

このアクセスコントロールを実装したシステム構成を**認証システム**といいます。

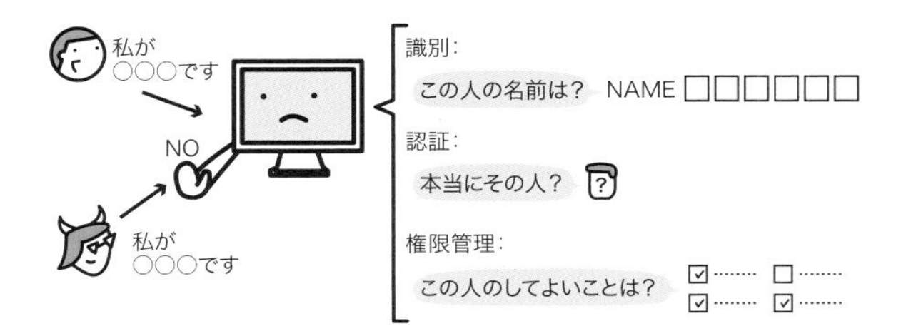

識別

どのユーザがアクセスしようとしているか認識するこ

とです。ユーザを識別することによって、そのユーザのシステム利用の可否、機能やデータの使用に際しての権限を判断することができます。通常、**ユーザID**を用いて確認します。

認証

ネットワークシステムを利用するユーザが、確かにその本人であり、正当な利用権限を保持しているか否かを確認するための行為です。それ自体は特に新しい概念ではありませんが、ネットワーク上の認証は相手を確認するための方法に工夫が必要です。

認証の方法には、ユーザがパスワードなどの本人にしか知りえない情報を知っているかどうかで本人であることを確認する**知識による認証**や指紋や声紋などの本人に固有の生体情報をもって本人確認する**バイオメトリクス認証**などがあります。

認可

識別されたユーザがアクセスしてよいデータとそうでないデータを区分けし、アクセスしてはいけないデータにはアクセスできないように**ユーザの権限**(**アクセス権**)**を設定してコントロールする**ことを指します。ユーザ一人一人について権限を設定する以外にも、ユーザの所属するグループごとに権限を設定することで効率よく権限管理を行うこともできます。

アクセス権の設定例

ユーザ ディレクトリ	営業部員	総務部員	管理者
営業部	読、書	権限なし	読、書、消
総務部	権限なし	読、書	読、書、消
社内掲示板	読、書	読、書	読、書、消

読=読込み可、書=書込み可、消=消去可

参照

▶ バイオメトリクス認証
→p.105

— MEMO —

認証は、それがどこで行われるかによってディレクトリサーバ認証方式とスタンドアロン認証方式に分けることができる。ディレクトリサーバ認証方式では、パスワード情報などはディレクトリサーバで集中管理されており、ここにアクセスして認証を行う。スタンドアロン認証方式はパソコンなどのクライアントにパスワード情報があり、ネットワークのない環境でも認証を行える。

パスワード認証

ユーザIDとパスワードを組み合わせたパスワード認証は最も基本的な認証技術です。システムへの実装も簡易なため、多くのマシン、システムで利用されています。

用語

▶ **ログイン**
認証を行いシステム資源へアクセスする手順。

クリアテキスト認証（パスワード認証）

古くからあるパスワード認証方法です。ログインする際にサーバに対して平文でユーザIDとパスワードを送信します。PPPにおけるPAP254などがこの方式を採用しています。

もともとは、一台のコンピュータにおいてローカルノード内のプロセス間通信で行われていたモデルをクライアントサーバ方式に拡張したものです。そのため、ネットワーク上の盗聴に対しての配慮がありません。

次の図からもわかるように、クリアテキスト認証ではブロードキャストドメインの中に存在するノードは、他ユーザのユーザIDとパスワードをスニファすることが可能です。

現在のネットワーク環境下ではセキュリティ強度の低いモデルであるといえます。

用語

▶ **ローカルノード**
通信回線を使用せずにユーザのシステムから直接アクセスできるデバイス、ファイル、またはシステム。

用語

▶ **スニファ**
ネットワーク上を流れるパケットをキャプチャして内容を解読すること。特定のハードウェアやソフトウェアを指す場合もある。

クリアテキスト認証

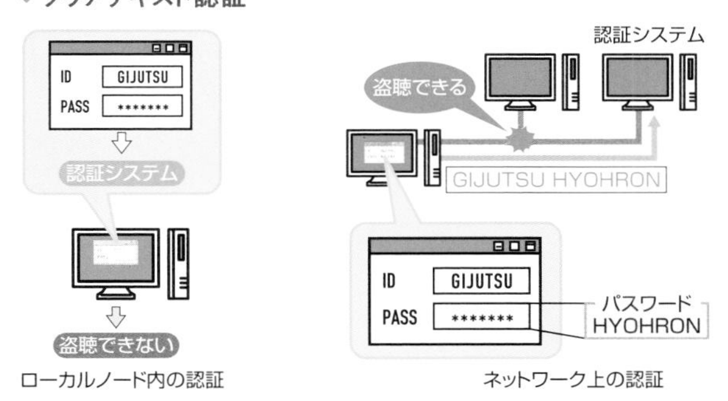

チャレンジレスポンス認証

パスワード認証がネットワーク上で利用されるようになったのを受けて、クリアテキスト認証の脆弱性を解消したのが**チャレンジレスポンス認証**です。

チャレンジレスポンス認証では、次の3段階の手順を踏んで認証が行われます。

①クライアントがユーザIDを送信する
②サーバはチャレンジコードをクライアントに返信する
③クライアントはハッシュ値をサーバに返信する

この手順中で**パスワードがネットワーク上を流れないこと**に注意してください。

次の図のように、サーバでは**チャレンジコード**を生成しクライアントに返信します。

クライアントとサーバは互いに保存しているパスワードとこのチャレンジコードから**ハッシュ値**を生成し、今度はクライアントがサーバにハッシュ値を返信します。

サーバは自分が計算したハッシュ値と、クライアントから送られたハッシュ値を突き合わせることでユーザ認証を行います。

用語
▶ **チャレンジコード**
使い捨ての乱数。

用語
▶ **ハッシュ関数**
あるデータをもとに一定長の擬似乱数を生成する計算手順。生成した値を**ハッシュ値**、もしくは**メッセージダイジェスト**という。生成したハッシュ値からもとのデータを復元できないことから、一方向関数ともよばれる。

▼ **チャレンジレスポンス認証**

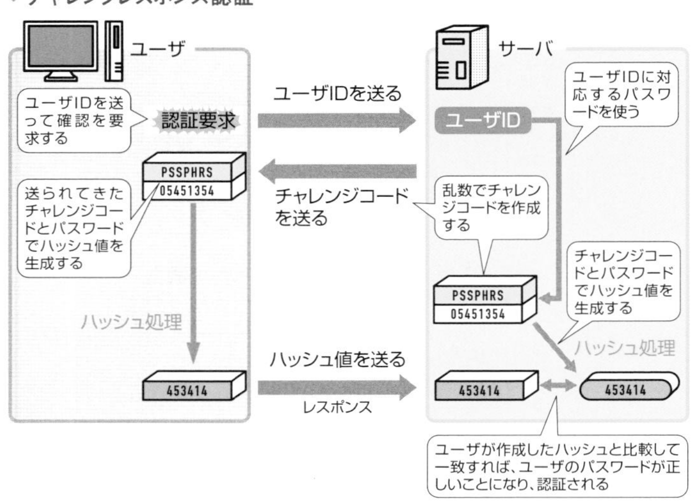

チャレンジレスポンスの利点

この方法ではチャレンジコードとそれによって生成されるハッシュ値しかネットワーク上を流れません。チャレンジコードは使い捨てにされるため、仮に盗聴されたとしても次回のログイン時にはチャレンジコードが変わり、クラッカーは不正なアクセスを実行することができません。

最初に登録するパスワードが漏れないように、実際にはチャレンジコードやハッシュ値を暗号化して送受信することでさらにセキュリティ強度を高めて運用します。チャレンジレスポンス認証を採用した実装技術としてCHAPがあります。

リスクベース認証

利便性を保ちつつ、セキュリティ水準を高めようとする手法を**リスクベース認証**といいます。例えば、普段と異なるパソコンや普段と異なる場所からログインしようとすると、通常はパスワードだけでログインさせてくれるのに、スマホにメッセージとして送られてくるリンクを踏まねばならないことがあります。こうした追加の認証を求める手法がリスクベース認証にあたります。「普段と異なる通信経路からログインしようとする」ことをリスクが高いとみなしているわけです。

= KYC

何らかのサービスにおいて、メールアドレスの実在性を確認してからそのサービスを提供し始めるのは一般的なことです（アドレスにメールを送ってちゃんと届けば確認完了）。しかし、ここで行われているのはいわゆる「当人認証」です。「当人認証」では、今パソコンの前で作業をしている人が、そのメールアドレスを運用している人であることが確認できるだけです。

ここで覚えておきたい用語が**KYC**です。KYCはKnow Your Customerの略語で、本人確認の意味です。本人確認には、「当人認証」だけでなく、身分証などで住所や氏

用語

▶ **ゼロ知識証明**
チャレンジレスポンス認証のように、パスワードそのものを送信せずに認証を行うことをゼロ知識証明という。

用語

▶ **EAP**
Extensible Authentication Protocol（拡張認証プロトコル）の略。CHAPを拡張した認証プロトコル。運用性を重視しているため多くの認証方式に対応しており、拡張も柔軟に行える。たとえば、TLSを使うEAP-TLSなどがある。EAP-TLSはサーバとクライアントを、デジタル証明書を使って相互認証する。

用語

▶ **eKYC**
KYCをオンラインで行うしくみ。従来のビジネスでは、オンラインの身元確認は脆弱であると捉えられがちだったが、適切な技術と手順を用意すれば、むしろより強固なセキュリティを構築できるケースもある。オンラインとオフライン、二つの本人確認を状況に応じて使い分け、適切な業務プロセスを構築することが重要。

名を確かめる「身元確認」もあります。KYCは、当人認証だけ行うのが適切な場合、身元確認のみでよい場合、両方行わなければならない場合があり、状況に応じてそれぞれ使い分けます。

COLUMN

アクセス権限

認可（権限管理）の最小単位はファイルです。あるファイルに対してすべての操作を許可する／閲覧のみ可能／閲覧不可などの権利を設定し、ユーザのファイルに対するアクセスをコントロールします。よく知られているのがUNIXのファイルシステムです。情報処理技術者試験での出題もあります。

権限管理の例

作成者	同一グループ	それ以外
rwx	r-x	---

rは閲覧可能、wは変更可能、xは実行可能を表します。

上記のファイルに対して、作成者はすべての操作が可能、作成者と同一グループ（部署など）に属しているユーザは閲覧と実行が可能（変更は不可）、赤の他人は閲覧すら不可能であることがわかります。

UNIXの場合chmodというコマンドでファイルに権限を設定しますが、権限の組合せを短縮した数値で表すので注意が必要です。r = 4、w = 2、x = 1として3桁の8進数を生成します。上記の例では、本人は7、同一グループは5、それ以外は0で、750という数列になります。

chmod 750 ファイル名

のように指定します。

Windowsでは GUI でこれらの権限を指定します。アクセス権の種類もフォルダのスキャン／ファイルの実行、属性の書き込みなどきめ細かくなっているのが特徴です。

1-5-2 ワンタイムパスワード

ワンタイムパスワード

ログインするごとにパスワードを変更する認証方式です。チャレンジレスポンス方式では、使い捨てのチャレンジコードを利用しましたが、ワンタイムパスワードはパスワードそのものを使い捨てにします。

盗聴などにより、パスワードが漏えいした場合でも、そのパスワードを使った不正利用ができません。

S/Key

UNIXで採用されているため、ワンタイムパスワードの実装例としては普及している部類に入ります。基本的な手順としてはチャレンジレスポンス方式を応用します。

S/Key方式ではシードとパスフレーズの他に**シーケンス番号**を利用している点に特徴があります。

シーケンス番号の回数だけ、シードとパスフレーズからハッシュ処理をしてワンタイムパスワードを生成します。このとき、クライアント側では**(シーケンス番号−1)回**しか演算せず、最後の1回をサーバ側で行うことでさらに構成を複雑化してセキュリティ強度を向上させています。また、通信ごとにシーケンス番号を減じてゆき、これが0になるとシステムを利用できなくなるため、パスフレーズの再登録が必要になり、強制的にパスフレーズを変更させるという点で優れています。

ただし、最初に登録したパスフレーズがローカルノードやユーザから直接漏れるような場合はセキュリティが破綻する点は、チャレンジレスポンス方式と変わりません。

用語

▶ **シード**
Seed。チャレンジレスポンスのチャレンジコードに相当する使い捨ての乱数。

S/Key

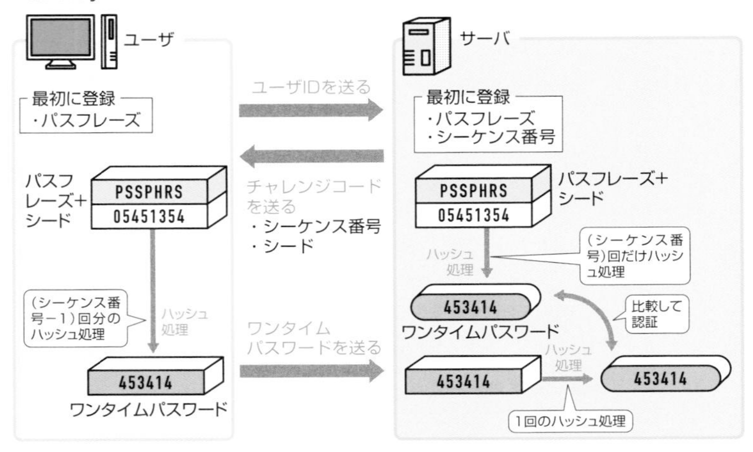

時刻同期方式

S/Key方式では、認証に先んじてチャレンジコードをやり取りする必要がありましたが、時刻同期方式ではチャレンジコードの代わりに時刻をトリガ(きっかけ)にしてワンタイムパスワードを生成します。

クライアント側では、時刻からパスワードを生成するトークンとよばれるパスワード生成機構を使用します。トークンはスティック型のUSB機器などのハードウェアで提供される場合や、クライアントノードにインストールするソフトウェアとして提供される場合があります。

クライアントからは、生成されたトークンコードとあらかじめ与えられた固有の個人情報番号(PIN)をパスワードとしてサーバに送信し、サーバでも同じ時刻をもとにパスワードを生成し、突き合わせることで認証を行います。

ネットワーク上に余分な情報を流さないという意味においてはS/Keyより一歩考え方を推し進めた認証方式です。しかし、時刻を要素にしてパスワードを生成する以上、各サーバ、各クライアントともに時刻の同期がとれていなければ運用することができません。

▶ ノード
→p.198

— MEMO —

トークンコードのことをパスワードと表現する製品もある。

▼時刻同期方式

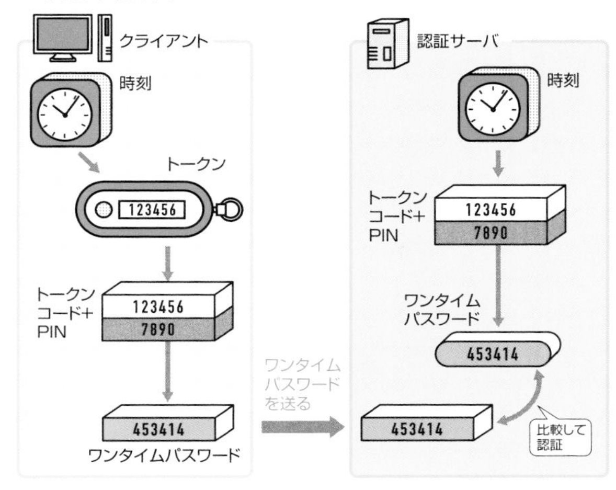

用語

▶ **NTP**
ネットワークに接続された機器間で時刻を同期させるためのプロトコル。p.240参照。

一般的な時刻同期方式では、暗号化されるとはいえPINがネットワーク上に送信されます。これは脆弱性になる可能性があるため、PINをトークンに入力させてPINと時刻からトークンコードを生成する方法も考えられています。この場合、トークンコード＝ワンタイムパスワードです。

いずれの方法を使うにせよ、トークンを紛失したりPINが流出したりしてはセキュリティレベルを維持できません。便利なハードウェアを導入した際の心の隙がセキュリティ対策を行う上で非常に大きな障害になる点は理解しておく必要があります。

1-5-3 パスワードの欠点

パスワード認証の運用

パスワード認証では知識という実体のないものを利用して認証を行うため、管理が困難である特徴があります。

そのため、パスワードでは以下のようなリスクに注意しなければなりません。

＊ユーザの不注意によりパスワードが漏えいする。
＊辞書攻撃などにより、利用されやすいパスワードを推定される。
＊ブルートフォース攻撃（総当たり攻撃）によりすべてのパスワードをチェックされる。

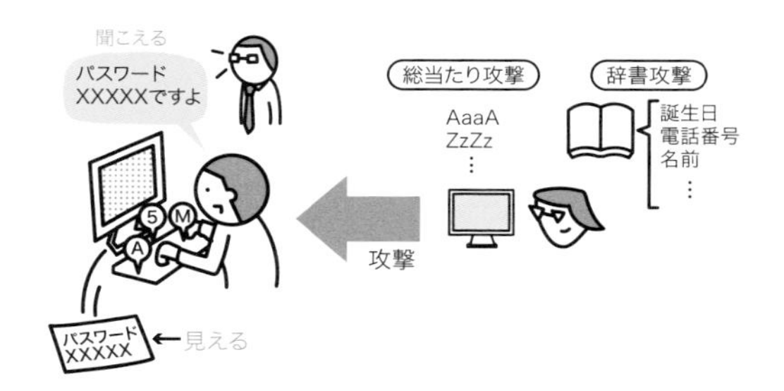

パスワード作成上の要件と限界

こうしたリスクに対処するため、パスワード認証システムは基本的に以下の要件を満たして運用する必要があります。

＊漏えいを防ぐため、メモなどに書き残さない。
＊漏えいや盗聴の被害を最小限に留めるため、頻繁に変更する。
＊辞書攻撃などの対象になりそうな簡単なパスワードは採用せず、長大で複雑なパスワードを用いる。
＊総当たり攻撃に対処するため、数回パスワードを間違えたら当該ユーザIDを利用不能にする。
＊ショルダーハッキングに対処するため、ユーザは素早くパスワードをタイプする。

これらを遵守して運用すれば、パスワード認証システムは有効に機能します。しかし、これらの各事項が互いに背反する要素をもっていることも事実です。

推測困難な長大で複雑なパスワードを頻繁に変更しつ

参照

▶ **辞書攻撃**
→p.50

▶ **ブルートフォース攻撃**
→p.49

用語

▶ **リバースブルートフォース攻撃**
パスワードではなく、ユーザを次々と変えていくタイプのブルートフォース攻撃。ブルートフォース攻撃では、パスワードを何回か間違えるとアカウントがロックされて、攻撃が遮断される。そのため、よく使われそうなパスワードを固定して、ユーザを変えることでこれを回避する。

用語

▶ **ショルダーハッキング**
肩越しにパスワードを覗き見ること。

つ利用すれば、ユーザは記憶が困難になりメモに書かなければ運用できない、パスワードの入力が遅くなるなどの弊害があります。

パスワードを利用した認証システムはこれらの要素の妥協点を探りながら運用することになりますが、現在のように、セキュリティの確保が要求される局面が多い環境ではパスワード認証には限界があることも理解しておく必要があります。

MEMO

パスワードを安全に運用する工夫としては、以下が挙げられる。
・少しでも長くする
・たくさんの文字種を混ぜる
・使い回しをしない
・定期的に変更する
・前のパスワードと明らかに異なるものにする
・個人情報や一般名詞を含まない

パスワード管理ツール

多くのユーザが大量のパスワードを使うようになり、管理負担とリスクが大きくなっています。パスワード管理ツールは、サイトごとのパスワードを記録し、自動ログインを行うことで、これらのリスクに対応します。パスワードの強度のチェックや、セキュリティインシデントが発生したサイトのパスワードの強制変更といった機能もあります。

ただし、パスワード管理ツールのパスワードが漏洩した場合、すべてのパスワードがリスクに晒されることは言うまでもありません。

パスワードリマインダ

パスワードリマインダは、パスワードを忘れた場合に、復旧させるためのしくみです。「秘密の質問」などの形で、利用者に代替認証を促し、それに成功すればパスワードをリセットするなどの措置をとります。

パスワードを忘れる人は多いので便利ですが、クラッカーにつけいる隙を与えるしくみでもあります。もし利用する場合は、あらかじめ登録されたメールアドレスに使い捨てURLを発行し、そこでパスワード再発行処理を行うなど、慎重な運用が必要です。

ユーザID発行上の注意

パスワードによる本人認証は、ユーザIDとパスワードのペアをマッチングさせることで機能します。通常はパスワードの秘匿に神経を使いますが、ユーザIDもユニークなものを指定することでセキュリティレベルを上げることができます。

ユーザ ID の決め方

ユーザIDは管理しやすくするために、一定の法則にしたがって作成されることがほとんどです。例えば、部署名と連番を組み合わせたりすること(eigyo123、soumu654 など)がこれに当たります。あるいは社員名をそのままローマ字変換する方法などがとられます。こ

COLUMN

cookieによる認証

HTTP は 1 回で完結する単発性の通信をサポートします。ショッピングサイトのように何枚ものページを行き来しながら、認証、購買、支払いを行わなければならないサイトでは、その履歴を保存しなければなりませんが、HTTP の機能ではこれを実現できません。

こうした場合に利用される代表的な技術が cookie（クッキー）です。cookie ではサーバが情報を生成してクライアントに送信します。情報を受け取ったクライアントはテキストファイルの形でこれを保存し、サーバからの要求に応じて認証情報や履歴情報を送信します。サイトを 2 回目以降に訪れた際に認証が不要なケースや、自分専用のカスタマイズページが表示されるようなケースでも cookie が使われます。

cookie はテキストファイルであるため、コンピュータを共有している場合には、他のユーザに保存された自分の cookie 情報を読まれるなどの脆弱性が考えられます。そのため、マイクロソフト社の Edge などの主要ブラウザでは cookie を明示的に削除する機能や、デジタル署名のないサイトでは cookie を使用しない機能などが実装されています。

▼cookieの受け入れ可否設定

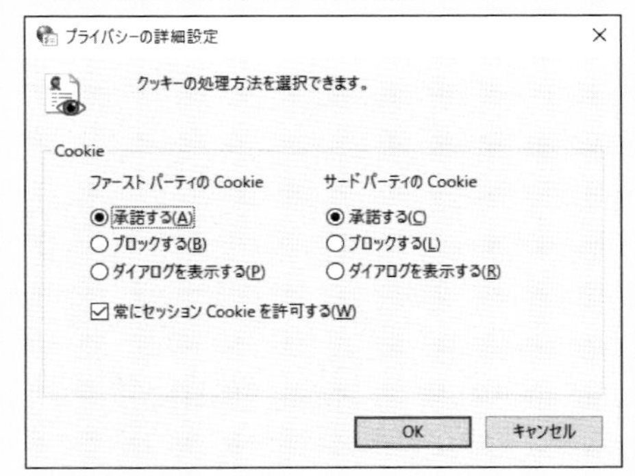

れはクラッカーによって容易に推測されますが、ランダムな規則でユーザIDを生成すれば、クラッカーはパスワードクラックに先立ってユーザIDを特定しなければなりません。

もっとも、複雑なユーザIDにするほど社内での管理もしにくくなるため、バランスを考えることが重要です。少なくとも、管理者権限をもつユーザIDはadmin、rootといったデフォルトでよく使われるIDを避けるべきです。

ユーザ ID の管理

ユーザIDは適切にライフサイクルコントロールします。すなわち、申請時には申請者の本人認証を行い、異動、退職時には確実にユーザIDを回収します。退職者のIDを新規ユーザのIDとして使い回すことは極力避けます。運用時には、ユーザIDをもとにアクセス権の管理を行いますが、個々のユーザIDごとにファイルアクセス権を指定することは煩雑なので、通常は営業部、総務部などのグループを作成し、グループごとにアクセス権を割り当てます。

また、ログインの成功、失敗などはログを記録して監査します。特に一定回数以上のログイン失敗時には、そのユーザIDをロックして使用不能にすることでパスワードクラッキングを防止することができます。

1-5-4 バイオメトリクス

バイオメトリクス認証

— MEMO —

IDカードなどを使った認証は、本人ではなく、カードをもっている事実を認証するため、盗難に弱いという構造的な問題がある。

バイオメトリクス認証（生体認証）では、複製が困難な人間の生体情報を用いて本人認証を行います。指紋などの生体情報は個々人ごとに特徴があり、本人を識別できることが知られています。また、これらの情報は置き忘れや盗難の心配がないため、パスワードにかわる認証技術として普及が進んでいます。以前にはコスト面の問題がありましたが、普及により低廉化が加速しています。ただし、一度漏れた指紋は変更できないなど、バイオメトリクスならではの考慮事項もあるので、注意が必要です。

▼バイオメトリクス認証

指紋

指紋の形をトポロジ（位相）として認識し、個人を識別します。犯罪捜査などで古くから利用されていますが、近年に入りコンピュータでも高い精度で識別が可能になり、普及しました。

しかし、指紋パターンだけでは樹脂素材などによるコピーなどの方法でセキュリティシステムが突破されるため、体温レベルや皮脂成分なども併用して認証する方法が検討されています。

虹彩

虹彩（アイリス）とは、眼球の角膜と水晶体の間にある輪状の薄い膜のことですが、虹彩も個々人ごとに特異であり、識別に利用できることが知られています。コピーのしにくさという観点では指紋よりも優れている点があるため、今後の普及が期待されています。実装製品としては、ゴーグル状の識別装置を覗き込むものが多く、指紋よりもユーザの拒否反応が少ないという報告もあります。

用語

▶ **FRR（本人拒否率）**
本人なのに、本人でないと判断されてしまう確率。

▶ **FAR（他人受入率）**
他人であるのに、本人だと判断されてしまう確率。

眼の構造と虹彩

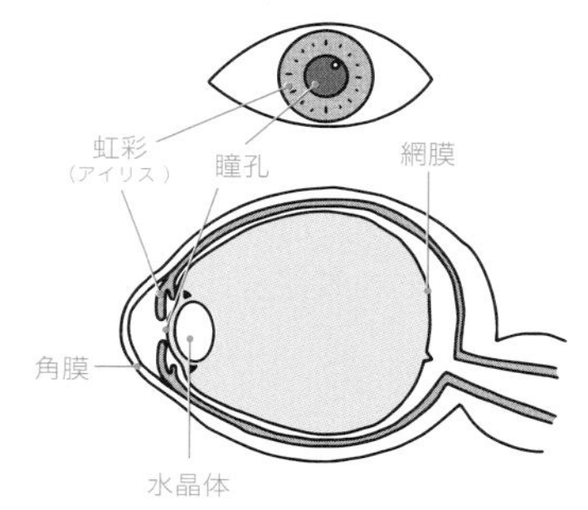

— MEMO —

その他のバイオメトリクス認証技術として、顔の形を照合する「顔形照合」、人の署名の筆跡や筆圧等の情報を照合する「筆跡照合」などがある。

— MEMO —

相手の電話番号を事前に登録しておき、かけ直すことによって本人確認を行うコールバックや、発信者番号情報を要求し、電話番号によって本人確認を行う発信者番号通知なども認証の一種である。

声紋

人の声から得られる個人に特有な波形を利用して個人識別に利用します。

指紋や虹彩よりも採取に際して、ユーザの拒否反応が小さいことが報告されています。しかし、風邪や加齢などで本人であっても認証エラーが発生することがあり、識別能力の点で他のバイオメトリクスに劣ります。

静脈パターン

静脈のパターンを赤外線によって読み取り、個人の識別に利用します。ATMなどで経験のある方も多いでしょう。血管は体内を通っているため、シリコンで偽造実績のある指紋などに比べると偽造しにくい利点があります。血流や体温も併用すればより安全です。

多要素認証

パスワードは漏れたら終わりなので、複数の認証要素を組み合わせて、安全性を高めるのが多要素認証です。互いの欠点を補完するために、知識による認証（パスワードなど）、所持品による認証（スマートフォンへのPIN送信など）、生体認証（指紋など）を組み合わせるのが一般的です。

パスワードと第二パスワードによる二要素認証なども存在しますが、どちらも知識による認証を用いているため、厳密な意味では多要素認証とは言えません。

1-5-5 デジタル署名

デジタル署名とは

暗号化が盗聴リスクへの対策であったのに対し、デジタル署名はなりすましと改ざんリスクへの対策です。

デジタル署名と暗号化

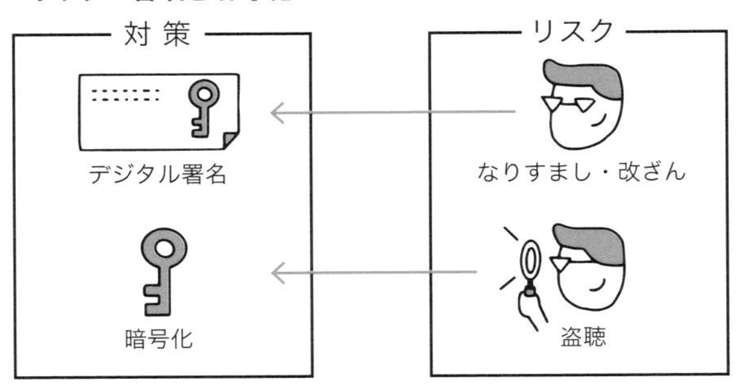

デジタル署名は、公開鍵暗号の技術を応用することでなりすましと改ざんを検出します。

公開鍵暗号では、一対の暗号化鍵と復号鍵を用いて、暗号化鍵を公開鍵、復号鍵を秘密鍵とします。送信者が公開鍵を用いて平文を暗号化して送付し、受信者は秘密鍵を使って復号していました。

これとは逆に、デジタル署名は平文に秘密鍵を適用してデジタル署名を生成します。

— MEMO —

なりすましと改ざんを防ぐことと同時に、本人が電子文書を送信したにも関わらず「送った覚えがない」「他人になりすまされた」「改ざんされた」と主張する事後否認も防止する。

デジタル署名と公開鍵暗号の比較

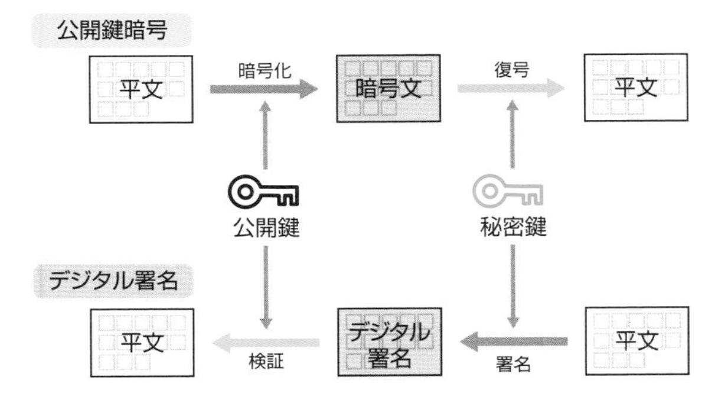

デジタル署名のしくみ

デジタル署名を受信したユーザは、公開鍵を用いてデジタル署名を検証して、これと別途送られた平文とを比較します。

両者が一致すれば、署名を行ったのは秘密鍵を所持しているユーザ本人であることと、途中で改ざんが行われていないことが証明されます。

▼デジタル署名

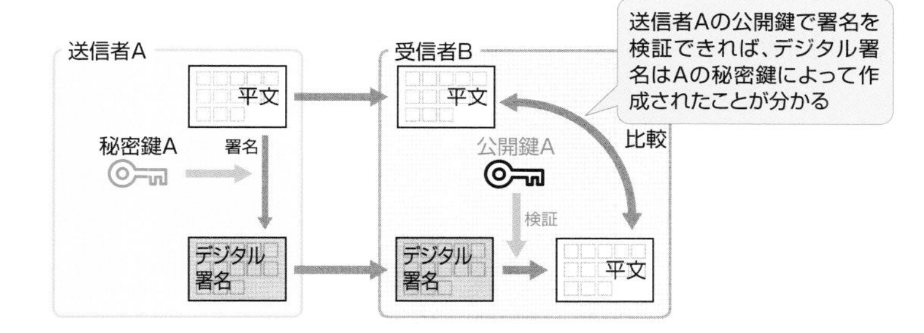

用語

▶ XML署名
デジタル署名の標準書式の一つ。XML形式で記述し、可読性が高いことが特徴。基本的にはXML文書に対して適用する。署名対象のXML文書から独立したデタッチ署名、署名対象のXML文書に署名を埋め込むエンベロープ署名、逆に署名の中に対象文書を埋め込むエンベローピング署名の三つに分類できる。また、文書の一部に対する署名（部分署名）や複数の署名を重ねる多重署名も可能。

デジタル署名はあくまでなりすましと改ざんに対する処置である点に注意してください。上記のモデルでも、平文を別途送信しているため盗聴リスクには対処できません。デジタル署名を運用する場合には、暗号化と組み合わせて利用します。

また、デジタル署名は実際にはハッシュ関数を用いて生成したメッセージダイジェストから作成されます。平文にそのまま署名するのは処理速度の点で非効率であること、ハッシュ関数の不可逆性によってさらに改ざんの抑止につながることが理由です。

メッセージダイジェスト

デジタル署名において平文から直接デジタル署名を生成するモデルは処理時間が多くかかることと、署名のサイズが平文ごとに異なることから敬遠されます。そこで、平文に対してハッシュ演算を行い、メッセージの要約（メッセージダイジェスト）を得てデジタル署名を生成します。メッセージダイジェストを利用することで、デジタル署名の長さを統一し、署名にかかる処理負荷を軽減します。

また、ダイジェストに利用するハッシュ関数（メッセージダイジェスト関数）は不可逆関数であるため、仮にネットワーク上で盗聴されてもそこから平文を復元することができません。

メッセージダイジェスト関数では、異なる平文から同じダイジェストを生成してしまう（衝突）ことがないように留意しなくてはなりません。

用語

▶ **不可逆関数**
関数処理されたデータから元データを復元できないモデル。一方向関数。

デジタル署名作成方法の比較

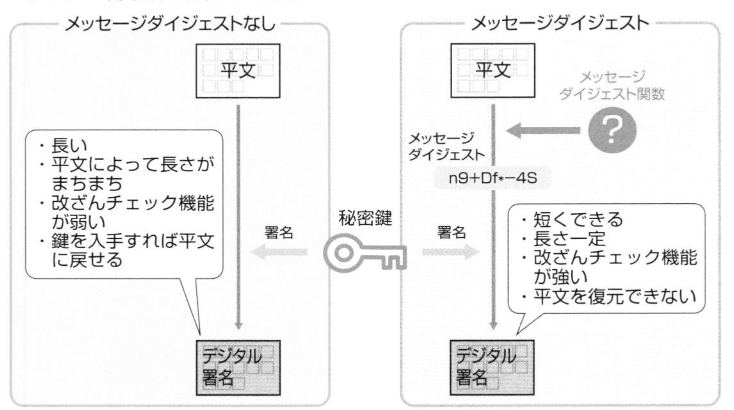

SHA-2

米国政府が標準として採用してきたメッセージダイジェスト生成関数であるSHA-1が、技術進歩により安全な強度を保てなくなったことにより、後継として登場した規格がSHA-2です。

同じアルゴリズムであれば生成するハッシュ値が長い方が攻撃に対して強固です。SHA-1は160ビットのハッシュ値を生成しますが、SHA-2とよばれる関数は224ビット、256ビット、384ビット、512ビットのハッシュ値を生成します（いずれもまとめてSHA-2と表現します）。

▶ **SHA**
Secure Hash Algorithm

▼メッセージダイジェストを利用したデジタル署名

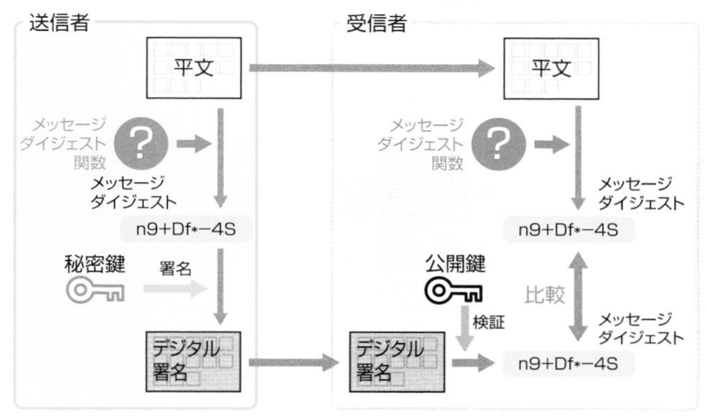

メッセージ認証符号（MAC）

　メッセージダイジェストを用いても、送信した本文とメッセージダイジェストが整合するように改ざんが行われた場合、改ざんを検出することはできません。

　そこで、**メッセージ認証符号**（MAC）では用意したMAC鍵と本文を足したデータに対してメッセージダイジェストを作成します。MAC鍵は共通鍵が使われます。

参照

▶ **共通鍵**
→p.81

▼メッセージ認証符号

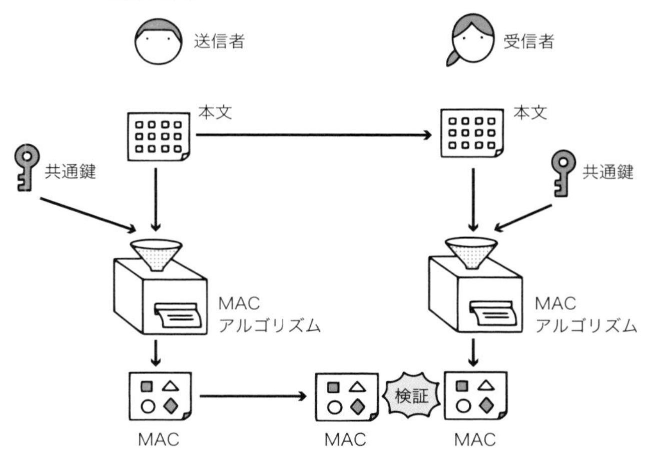

デジタル署名と公開鍵暗号方式の複合

より強固なセキュリティを施すために、デジタル署名を公開鍵暗号方式によって暗号化してから、送信するという方法がとられています。

具体的にデジタル署名と暗号化通信を組み合わせた例を次ページの図で示します。送信者はメッセージダイジェストを自分の秘密鍵で署名することで、メッセージの真正性を確立します。また、送信に際しては、メッセージ本文（平文）とデジタル署名を受信者の公開鍵で暗号化して盗聴リスクに対応します。手順は複雑になりますが、盗聴となりすまし／改ざんを同時に対策できます。

参照
▶ **公開鍵暗号**
→p.85

参照
▶ **盗聴**
→p.52

▶ **なりすまし**
→p.56

COLUMN

暗号とハッシュ値とメッセージ認証符号の違い

暗号、ハッシュ値、メッセージ認証符号は混同しがちです。整理して覚えておきましょう。

暗号＝第三者に情報が漏れても、意味がわからない状態にする

- 共通鍵暗号：秘密鍵を使う。1 対 1 の通信で使う。暗号化と復号が高速。
- 公開鍵暗号：公開鍵と秘密鍵のペアを使う。不特定多数との通信に使える。

ハッシュ値＝情報の改ざん発見や照合に使う

- ある情報をハッシュ関数にかけると得られる、ただ一つに定まる要約値。もとには戻せない＝もとの情報を推測できない。
- パスワードからハッシュ値を作れば、ネットでパスワードを送受信しなくても認証ができる……など使い方はさまざま。

メッセージ認証符号（MAC）＝情報の改ざん発見に使う

- ある情報＋共通鍵で MAC を作る。作り方はハッシュ関数をはじめ複数ある。
- MAC が一致するなら、もとになっている「ある情報」も一致する。
- ハッシュ値は誰でも作れるが、MAC は共通鍵がないと作れない。

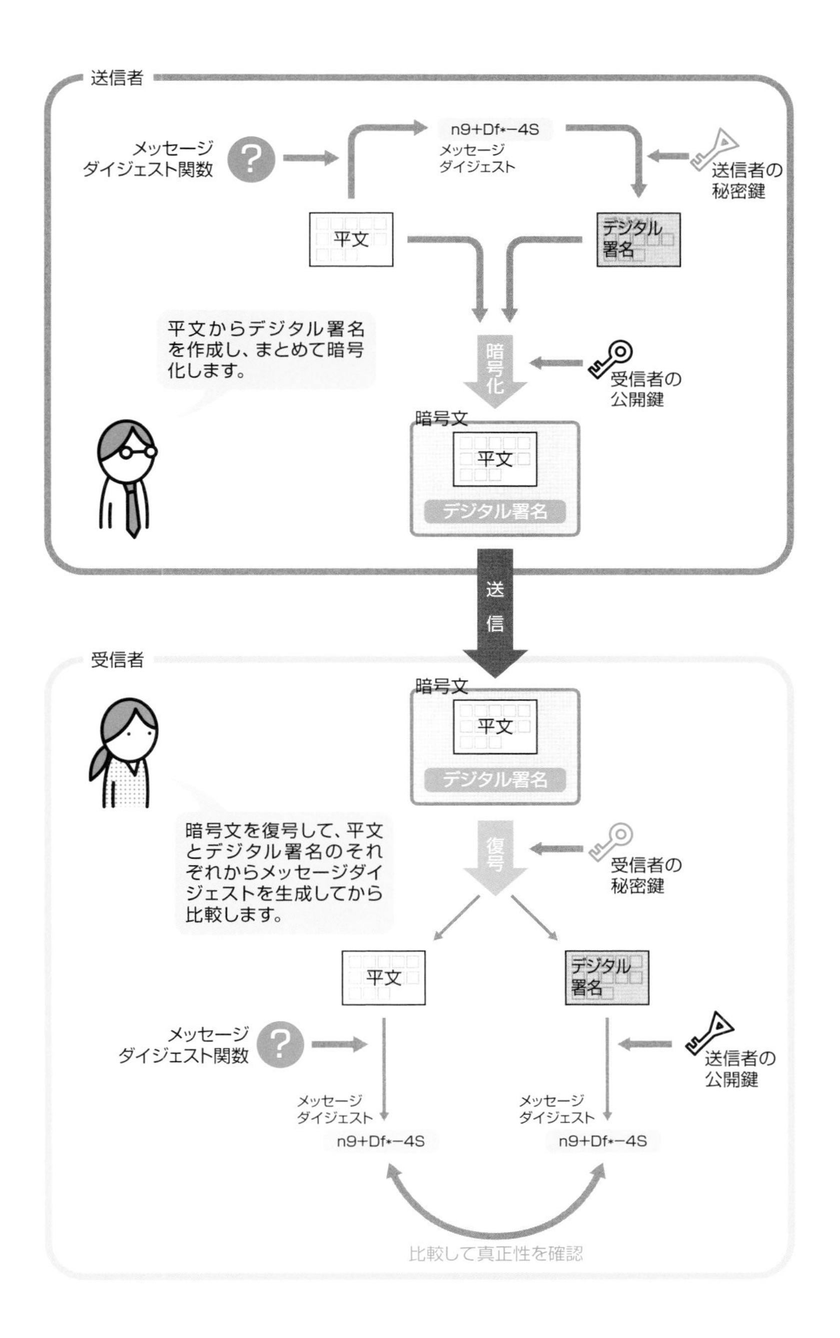
送信者
メッセージ
ダイジェスト関数
n9+Df*−4S
メッセージ
ダイジェスト
送信者の
秘密鍵
平文
デジタル
署名
平文からデジタル署名を作成し、まとめて暗号化します。
暗号化
受信者の
公開鍵
暗号文
平文
デジタル署名
送信
受信者
暗号文
平文
デジタル署名
暗号文を復号して、平文とデジタル署名のそれぞれからメッセージダイジェストを生成してから比較します。
復号
受信者の
秘密鍵
平文
デジタル
署名
メッセージ
ダイジェスト関数
送信者の
公開鍵
メッセージ
ダイジェスト
n9+Df*−4S
メッセージ
ダイジェスト
n9+Df*−4S
比較して真正性を確認

1-5-6 PKI

デジタル署名の弱点

デジタル署名は、メッセージ送信者が、受信者のもつ公開鍵とペアになる秘密鍵をもっていることを証明します。しかし、この秘密鍵をもっている人物が必ずしも本人ということにはなりません。そもそも秘密鍵もそれとペアになる公開鍵も最初から偽造された可能性があります。

PKI

ネットワーク上で利用される公開鍵や秘密鍵が本人と結びつけられた正当なものであることは、第三者機関の介入により効率的に証明されます。そのために利用されるモデルが**PKI**（**公開鍵基盤**）です。

PKIでは、当事者同士の間に第三者機関を介在させることによって、公開鍵の真正性を証明します。第三者機関への登録には運転免許証など公的な身分証明書が必要であるため、対面で取引をするのと同等の信頼性が保証されます。

▶ **PKI**
Public Key Infrastructure

デジタル署名とPKI

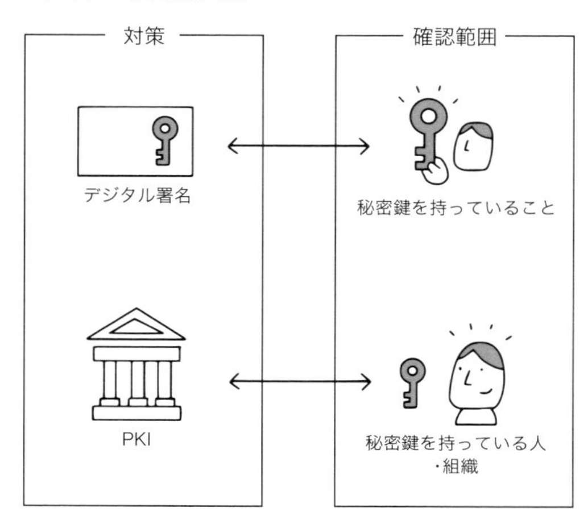

デジタル証明書の発行

この第三者機関のことを**認証局**（**CA**）とよびます。認証局は厳密には、デジタル署名の登録作業を行う**登録局**（**RA**）と発行を行う**発行局**（**IA**）に区分されますが、現在PKI業務を行っているベンダはRA、IA両方の業務をつかさどることがほとんどです。また、認証局は政府機関がその業務を行う場合もありますが、現状ではベリサイン社などの民間企業がサービスを先行させています。

認証局は公開鍵を受け取ると、公開鍵に加えて被認証者の情報と認証局自身のデジタル署名を施したデジタル証明書を発行します。

▼デジタル証明書の発行

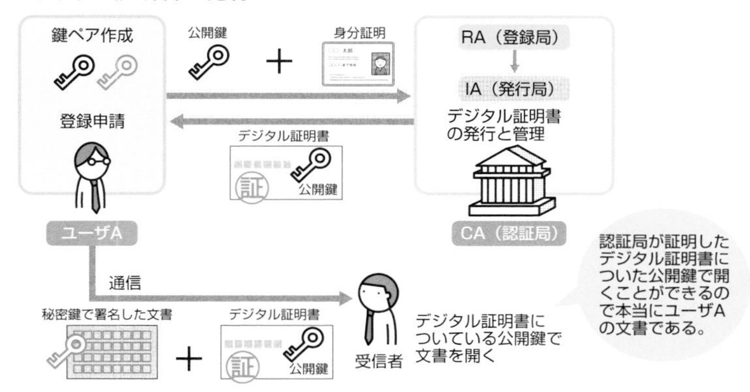

認証局の階層構造

認証局は階層構造になっているのが一般的です。例えば、ブラウザなどにあらかじめ信頼できる認証局をインストールするとき、世界中すべての認証局を登録するのは現実的ではありません。そこで、大規模な上位CAを設定し、中小規模の下位CAは上位CAに認証してもらい、信頼関係を継承します。こうすれば、ブラウザには上位CAの情報しかインストールされていなくても、上位CAに認証された下位CAの発行するデジタル証明書が正当なものであると判断できます。

では最上位のCAはどうなるかのでしょうか。たとえばブラウザにはあらかじめ主な認証局のデジタル証明書がインストールされており、その認証局が発行するデジタル証明書が信用できるということを証明しています。

また、社内文書のように公的なデジタル署名が不必要なケースでは、社内のサーバにプライベートCAを構築することもできます。社内にプライベートなCAを構築する場合などにも、階層構造は有効です。プライベートCAをいずれ公的なCAにする必要が生じた際には、プライベートCAを上位CAに認証してもらうだけで手続きが完了します。いままでのしくみを作り替える必要はありません。

▼認証局の階層

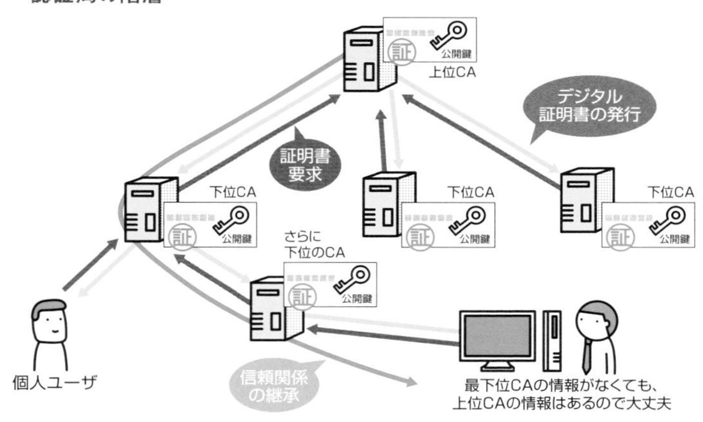

デジタル証明書の失効

デジタル証明書は常に有効であるとは限りません。信頼できる認証局が発行したデジタル証明書であっても、誤発行であったり、発行後に被発行主体がセキュリティインシデントを起こして証明が無効になっていたりする場合があります。また、無期限で効力を発揮する証明書は通常ありません。周囲の環境変化に対応するために、一定の有効期限が設定されています。これらの理由で失効した証明書は証明能力をもちません。デジタル証明書を利用する場合は、そのデジタル証明書が本当に有効で

— MEMO —

X509v3拡張により、デジタル証明書の発行者が独自の情報（メールアドレスなど）を追加できるようになった。

あるかをチェックして運用することが重要です。有効期間内に何らかの理由で失効させられたデジタル証明書のリストをCRL（証明書失効リスト）とよび、認証局が管理し発行します。CRLを閲覧することでデジタル証明書の有効性を確認できます。

また、デジタル証明書の有効期限は証明書自身に記載されています。

▶ CRL
Certificate Revocation List

用語

▶ OCSP
デジタル証明書の失効を簡単に確認するためのプロトコルがOCSP（Online Certificate Status Protocol）。OCSPを利用することで、CRLの照合を自動化することができる。利用するためには、認証局にOCSPレスポンダ（OCSPサーバ）があり、自社コンピュータがOCSPクライアントとして機能している必要がある。なお、OCSPはあくまでもCRLとの照合を自動化するプロトコルであり、デジタル証明書の有効期限はチェックしないことに注意が必要。

デジタル証明書が証明できないもの

ただし、認証局が証明するのは鍵の真正性であることに注意してください。認証局は取引相手の経営状況や業務内容は保証しません。

また、公的なデジタル署名が不必要な社内文書のようなケースでは、社内のサーバにプライベートCAを構築することもできます。

COLUMN

タイムスタンプ(時刻認証)

電子文書を安心して使うためには、ある時刻における存在証明と、完全性証明（それ以降、書き換えられていないこと）がとても重要です。そこで使われる技術がタイムスタンプです。

タイムスタンプでは電子文書に時刻情報を挿入して、その時点で電子文書が存在していたことを証明します。時刻認証局（TSA）と時刻配信局（TA）の二つの第三者機関を使うことで、改ざんや事後否認を検出できるようになっています。

デジタル証明書と同様に、タイムスタンプにも有効期限が設定されています。長期利用する場合はタイムスタンプの更新が必要になることがあります。

試験問題を解いてみよう

平成29年度秋期　情報セキュリティマネジメント試験　午前問18

パスワードを用いて利用者を認証する方法のうち、適切なものはどれか。

ア　パスワードに対応する利用者IDのハッシュ値を登録しておき、認証時に入力されたパスワードをハッシュ関数で変換して比較する。
イ　パスワードに対応する利用者IDのハッシュ値を登録しておき、認証時に入力された利用者IDをハッシュ関数で変換して比較する。
ウ　パスワードをハッシュ値に変換して登録しておき、認証時に入力されたパスワードをハッシュ関数で、変換して比較する。
エ　パスワードをハッシュ値に変換して登録しておき、認証時に入力された利用者IDをハッシュ関数で変換して比較する。

令和元年度秋期　情報セキュリティマネジメント試験　午前問24

リスクベース認証に該当するものはどれか。

ア　インターネットバンキングでの取引において、取引の都度、乱数表の指定したマス目にある英数字を入力させて認証する。
イ　全てのアクセスに対し、トークンで生成されたワンタイムパスワードを入力させて認証する。
ウ　利用者のIPアドレスなどの環境を分析し、いつもと異なるネットワークからのアクセスに対して追加の認証を行う。
エ　利用者の記憶、持ち物、身体の特徴のうち、必ず二つ以上の方式を組み合わせて認証する。

平成30年度春期　情報セキュリティマネジメント試験　午前問22

バイオメトリクス認証システムの判定しきい値を変化させるとき、FRR（本人拒否率）とFAR（他人受入率）との関係はどれか。

ア　FRRとFARは独立している。
イ　FRRを減少させると、FARは減少する。
ウ　FRRを減少させると、FARは増大する。
エ　FRRを増大させると、FARは増大する。

平成30年度秋期　情報セキュリティマネジメント試験　午前問25

アプリケーションソフトウェアにデジタル署名を施す目的はどれか。

ア　アプリケーションソフトウェアの改ざんを利用者が検知できるようにする。
イ　アプリケーションソフトウェアの使用を特定の利用者に制限する。
ウ　アプリケーションソフトウェアの著作権が作成者にあることを証明する。
エ　アプリケーションソフトウェアの利用者による修正や改変を不可能にする。

令和元年度秋期　情報セキュリティマネジメント試験　午前問20

デジタル署名に用いる鍵の組みのうち、適切なものはどれか。

	デジタル署名の作成に用いる鍵	デジタル署名の検証に用いる鍵
ア	共通鍵	秘密鍵
イ	公開鍵	秘密鍵
ウ	秘密鍵	共通鍵
エ	秘密鍵	公開鍵

平成30年度春期　情報セキュリティマネジメント試験　午前問29

デジタル証明書をもつA氏が、B商店に対して電子メールを使って商品を注文するときに、A氏は自分の秘密鍵を用いてデジタル署名を行い、B商店はA氏の公開鍵を用いて署名を確認する。この手法によって実現できることはどれか。ここで、A氏の秘密鍵はA氏だけが使用できるものとする。

ア　A氏からB商店に送られた注文の内容が、第三者に漏れないようにできる。
イ　A氏から発信された注文が、B商店に届くようにできる。
ウ　B商店からA氏への商品販売が許可されていることを確認できる。
エ　B商店に届いた注文が、A氏からの注文であることを確認できる。

平成31年度春期　情報セキュリティマネジメント試験　午前問26

メッセージ認証符号の利用目的に該当するものはどれか。

ア　メッセージが改ざんされていないことを確認する。
イ　メッセージの暗号化方式を確認する。
ウ　メッセージの概要を確認する。
エ　メッセージの秘匿性を確保する。

平成30年度春期　情報セキュリティマネジメント試験　午前問30

PKI（公開鍵基盤）において、認証局が果たす役割の一つはどれか。

ア　共通鍵を生成する。
イ　公開鍵を利用してデータを暗号化する。
ウ　失効したデジタル証明書の一覧を発行する。
エ　データが改ざんされていないことを検証する。

平成26年度春期　情報セキュリティスペシャリスト試験　午前Ⅱ問1

特定の認証局が発行したCRL（Certificate Revocation List）に関する記述のうち、適切なものはどれか。

ア　CRLには、失効したデジタル証明書に対応する秘密鍵が登録される。
イ　CRLには、有効期限内のデジタル証明書のうち破棄されているデジタル証明書と破棄された日時の対応が提示される。
ウ　CRLは、鍵の漏えい、破棄申請の状況をリアルタイムに反映するプロトコルである。
エ　有効期限切れで無効になったデジタル証明書は、所有者が新たなデジタル証明書を取得するまでの間、CRLに登録される。

解説 1

パスワードを暗号化して保存するのは危険です。秘密鍵が漏れたり推測されると解読されてしまうからです。そこでパスワードはハッシュ値にして保存します。ハッシュ関数は不可逆関数ですから、ハッシュ値が漏れても元のパスワードは復元できません。同じデータからは必ず同じハッシュ値が生成されるので、利用者がパスワードを入力したときの同一性確認も問題なく可能です。利用者がサーバに送信するのもハッシュ値になりますから、ネットワーク上で（たとえ暗号化されていても）パスワードがやり取りされる事態も防止できます。

答：**ウ**（→関連：p.95）

解説 2

「ふだんと違う」を検出して、そのときだけ追加の認証を行う認証方法がリスクベース認証です。多要素認証などを行うとセキュリティ水準は高まりますが、そのぶん利用者の負担も増加します。そこでふだん通りなら最低限の認証で済ませ、使っている機材、場所、時間、アドレスなどがふだんと違うときに追加の認証を行います。ふだんの状態を知っている必要があるため、ログの収集・蓄積・分析が不可欠です。

答：**ウ**（→関連：p.97）

解説 3

しきい値と本人拒否率、しきい値と他人受入率は連動しています。したがって、本人拒否率と他人受入率も連動します。しきい値を緩く設定すると、本人拒否率は減少して利便性は高まりますが、他人受入率が増大してしまいます。

答：**ウ**（→関連：p.106）

解説 4

デジタル署名を施す目的は、発行元が確かにそのアプリケーションを配信していることと、配信の経路などでアプリケーションに改ざんが加えられていないことの証明のためです。簡易な方法として、アプリケーションのハッシュ値などを記すサイトがありますが、改ざんの有無しかわかりません。

答：**ア**（→関連：p.108）

解説 5

デジタル署名には公開鍵暗号が使われます。公開鍵暗号方式では秘密鍵と公開鍵のペアを用いますが、デジタル署名を作るのは秘密鍵（その署名を作成できるのはただ1人）、デジタル署名の検証を行うのは公開鍵（だれでも署名の検証ができる）であることに注意してください。

答：**エ**（→関連：p.108）

解説 6

デジタル署名は、送信者の真正性を確認するための技術です。したがって、正解は**エ**です。アは暗号化で防護すべき内容です。**イ**は通信の信頼性の問題、**ウ**は契約上の問題で、デジタル署名とは関係ありません。

答：**エ**（→関連：p.108）

解説 7

メッセージ認証符号（MAC）は、メッセージが改ざんされていないことを証明する技術です。ハッシュ値でも同じことができますが、メッセージもハッシュ値も改ざんされると対応できません。MACでは共有鍵を利用するため、第三者が両方を作ることはできません。

答：**ア**（→関連：p.111）

解説 8

認証局は利用者の公開鍵の真正性を確認して、デジタル証明書を発行する機関です。その機能として見落としがちなのが、ここで問われているCRL（証明書失効リスト）の配布でしょう。デジタル証明書には有効期限が明記されていますが、秘密鍵の紛失、虚偽記載の判明、会社の倒産などさまざまな理由で有効期限前に失効させる場合があります。失効になったデジタル証明書の一覧がCRLで、アプリケーションはこれを見て証明書が有効かどうかを調べます。

答：**ウ**（→関連：p.114）

解説 9

ア　発行者のデジタル証明書（発行者の公開鍵）が添付されています。

イ　正解です。

ウ　定期的に発行されます。即時発行することも可能ですが、いずれにしてもタイムラグは生じます。

エ　あくまで有効期間中に失効したデジタル証明書のリストです。

答：**イ**（→関連：p.116）

情報セキュリティ管理

2-1 リスクマネジメント

重要度：★★★

リスクをコントロールする手法を学習する。リスクの識別からアセスメント、対応に至る一連のプロセスをリスクマネジメントという。体系化されたリスクマネジメントシステムの構築には政府も力を入れており、試験への出題が予想される。

POINT

- リスクマネジメントの流れは、特定→分析→評価→対応→残留リスク受容承認
- リスクはゼロにできないのでどこかで受容水準を決める。これはマネジメント層の仕事
- リスク対応は、回避、移転、保有、低減の4種類

2-1-1 リスクマネジメントとは

リスクとは

リスクは脅威と脆弱性から発生しますが、その危険度は個別のリスクによって変化します。危険度の高いリスクには、重点的に経営資源を投入し、危険度の低いリスクにはあまり経営資源を配分しないなど、メリハリのある投資を行うことで、効率的なセキュリティ管理を行うことができます。

リスクの3要素

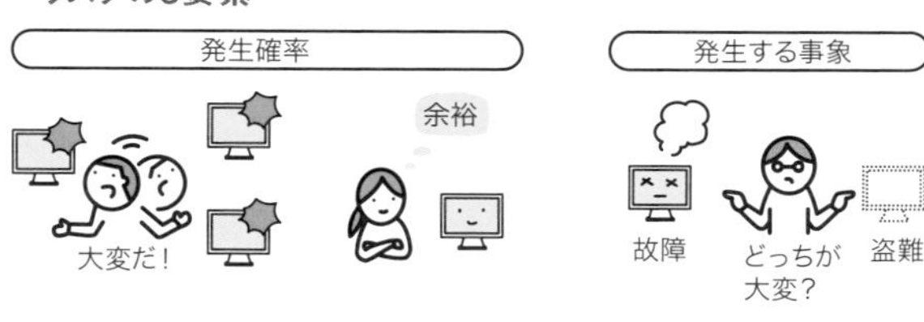

CHECK!

動画で

リスクマネジメント

— MEMO —

リスク＝情報資産＋脅威＋脆弱性

用語

▶ JIS Q 31000
リスクマネジメントについての標準規約。リスクを識別、管理していくためのプロセス（リスクマネジメントプロセス）と、それを行っていくための組織作りや継続的改善の方法（フレームワーク）が示されている。

リスクの危険度は次の3要素によって求めることができます。

発生頻度

一般的に発生確率が高いほどリスクが大きいといえます。要因が同じリスクが週に1回発生するのと、年に1回発生するのとでは前者の方が高リスクです。

予想被害額

データの入力ミス、情報の漏えい、不審者の侵入などのインシデントによって生じる被害額です。発生頻度よりも具体的な数値が出しにくいため、ある程度定性的な評価がまざります。たとえば、データの喪失をどのくらいの被害額とするかは、評価者の主観で変わってきます。

発生から導かれる結果

インシデントによって引き起こされる2次的な被害を指します。往々にして2次被害の方が損害額が大きい場合があります。例えば、直接のインシデントが情報漏えいである場合、直接的には損害賠償などのコストがかかりますが、それによって生じる企業ブランドの失墜など間接的な被害額の方が大きくなりがちです。

リスクの危険度の3要素

発生頻度	高いほど高リスク
予想被害額	大きいほど高リスク
発生から導かれる結果	広範囲であるほど高リスク

リスクマネジメントの体系

リスクマネジメントは、主にリスクの評価を行う**リスクアセスメント**と、リスクアセスメントによって評価されたリスクに対してどのような対策を講じるかを決める**リスク対応**によって構成されます。

用語

▶ **インシデント**
事件、事故などの意味だが、情報処理技術者試験ではセキュリティ事故のことを指すと考えてよい。

用語

▶ **TR Q 0008:2003**
リスクマネジメントシステムに関する用語定義。

— MEMO —

リスクは、そのリスクが利益を生む可能性に隣接して存在するリスク（投機リスク）なのか、単にデメリットしか生まないリスク（純粋リスク）なのかという視点でも分類することができる。

— MEMO —

リスク当事者、意思決定者と他の利害関係者との間で行われる情報共有や情報交換のことをリスクコミュニケーションという。

リスクマネジメント体系

```
リスクマネジメント
  ├ リスクアセスメント
  │    ├ ・リスク特定
  │    ├ ・リスク分析
  │    │    ├ ・リスク因子の特定（予測されるリスクの識別）
  │    │    └ ・リスク算定（損失の発生頻度と強度（大きさ）の推定）
  │    └ ・リスク評価（損失の財務的影響度の評価）
  ├ リスク対応（リスク処理の優先順位の決定）
  │    ├ ・リスク回避
  │    ├ ・リスク低減
  │    ├ ・リスク移転
  │    └ ・リスク保有
  ├ 残留リスクの受容と承認（リスクの処理方法の費用対効果の分析）
  └ リスクコミュニケーション
```

2-1-2 手法の決定

リスクアセスメントとは

情報資産に対して、脅威や脆弱性が存在することでリスクは顕在化します。経営活動を安全に行うためには、次の三つの手続きが不可欠です。

① 現存するリスクを評価できる
② 組織として許容できるリスクの水準を知る
③ ①と②の間にギャップが存在する場合、それを埋めるための対策をとる

①と②が**リスクアセスメント**、③がいわゆるセキュリティ対策に他なりません。一般的にセキュリティ対策として有効といわれているものでも、きちんとしたリスクアセスメントのもとに適用しないと、自社組織にとっては無効であったり、有害であったりする場合があります。

▶ **受容水準**
組織が受容できるリスクの水準。本文囲み中の②。

▶ **アセスメント**
assessment。評価、査定。

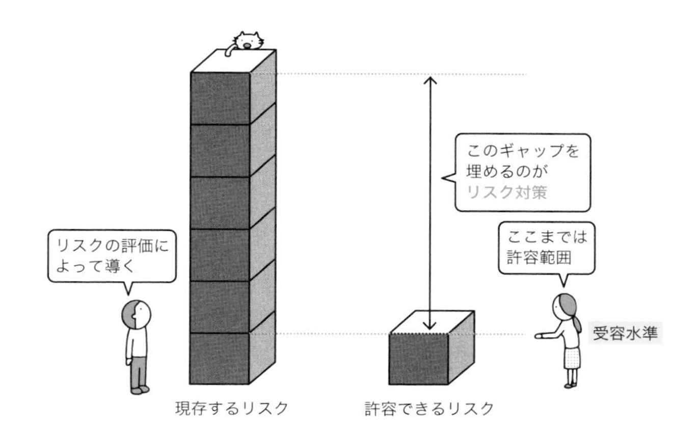

取組み方法の種類

リスクアセスメントはセキュリティ対策に不可欠のものですが、その取組み方法は、ベースラインアプローチと詳細リスク分析に大別することができます。これらのリスク分析を行う結果、**リスクによる損失の大きさと発生頻度を得る**ことができます。

— MEMO —

ベースラインアプローチを簡易リスク分析とよぶ場合もある。

— MEMO —

ISMSではベースラインアプローチを採用している。

ベースラインアプローチ

ベースラインアプローチは、標準化された手法やツールを使って自社リスクを評価する方法です。低コストで素早く実施することができます。また、多くの人が開発に携わり確立してきた手法であるため、比較的安定した結果が得られるという特長もあります。

ただし、こうした標準化手法やソフトウェア、ツールは多くの企業や組織で利用してもらうことを前提にした最大公約数で作成されているため、自社組織特有のリスクなどに十分に対応できない欠点があります。

用語

▶ **ベースラインアプローチの種類**

・JRAM
JRAM質問票に基づいたインタビューにより、脆弱性を評価する。

・ALE
予想発生頻度と予想損失額から、受容できる対策コストやリスク対応方法を定める。

・CRAMM
質問票に沿ってリスクに関するインタビューを行い、脅威と脆弱性を5段階評価する。対応策はリストの中から選択する。

詳細リスク分析

詳細リスク分析は、自社組織の業態、業務フローに適合した形で、情報資産の洗い出しや脅威の把握、脆弱性の検証、そこから導かれるリスクの度合いなどを算出する方法です。完全な形で詳細リスク分析を行うためには、自社オリジナルのリスク分析手法を開発する必要があるでしょう。
　うまく運用することができれば、詳細リスク分析は自社のリスクを網羅的に誤差なく算出できる可能性があります。ただし、その実施のためには高度なスキルをもった人員やそれなりの分析期間が必要になり、コスト面でベースラインアプローチに劣ります。

ベースラインアプローチと詳細リスク分析の比較

	長所	短所
ベースラインアプローチ	標準化手法 導入が容易 分析結果のぶれが少ない	最大公約数的で、自社業務に完全に合致した手法はない
詳細リスク分析	企業ごとの個別開発 完全に自社に合致した分析手法 精緻な分析結果が得られる可能性がある	高コスト・長期間の分析 高いスキルの分析要員が必要 オリジナル手法のため失敗の可能性もある

複合アプローチ

　最近では複合アプローチ（組み合わせアプローチ）を採用する企業が多くなってきています。最初に簡単なアセスメントを行い、重要な業務は詳細リスク分析を、一般的な業務にはベースラインアプローチを用いる方法です。
　いずれにしても、最初にどのような手法でリスクアセスメントを実施するかを明確化しなければなりません。

2-1-3 リスク評価

リスクの識別

　リスクアセスメントに先立ってリスクの識別を実施します。リスクの分析を行うためには、リスクが識別されている必要があります。識別されないリスクは分析から漏れるため、リスク識別は網羅的に行います。
　リスクの識別も含めてリスクアセスメントという場合があるため、注意が必要です。

資産価値の算出

リスクを識別するために資産の特定と資産価値の算出を行います。洗い出された資産について、機密性、完全性、可用性の観点から資産の重要度を判定します。

参照

▶ 機密性、完全性、可用性

→p.24

— MEMO —

例では、一元的に点数を付与しているが、機密性、完全性、可用性といった項目ごとに点数を分けたり、項目ごとに傾斜配点を行ったりする場合もある。

資産価値の算出例

1. 情報資産	資産価値
1) 顧客データ	3
2) 業務ノウハウ	3
3) 業務手順書	2
2. 紙文書	**資産価値**
1) 他社との契約書	1
2) 外部委託契約書	1
3. ソフトウェア資産	**資産価値**
1) ワードプロセッサ	0
2) 図版作成ソフト	1
3) DTPソフト	1

点数化の基準例

3点	緊急	企業の存続に関わる重大なダメージ
2点	重大	長期間の業務停止をともなう
1点	注意	短時間の業務停止をともなう
0点	軽微	処理効率が悪化する

例えば、顧客データや業務ノウハウは企業の生命線であるため、喪失や漏えいは企業の存続に関わる可能性があります。一方でソフトウェア資源は重要な資産ですが、再購入などで対応することが可能で、処理効率の悪化や短時間の業務停止に影響範囲を留めることができそうです。

— MEMO —

頻度だけでなく、被害額なども脅威評価の基準として利用される。

脅威の特定と重要度の算出

保護すべき資産を特定できれば、それに対する脅威も明確になります。発生頻度や業務への影響によって重要度を評価します。

脅威の特定と重要度の算出例

1. 顧客データに対する脅威	危険度
1) 火災による紛失 2) 盗難によるもの 3) モバイル機器の置き忘れ	L M H

点数化の基準例

H点	月に1回など、頻繁に発生する
M点	半年〜年に1回程度の発生頻度
L点	数年に一度発生する

ここでは算出を簡単にするために点数化の基準を発生頻度で設定しました。火災は発生すれば大きな被害をもたらしますが、そうそう起こるものではないので危険度が低くなっています。モバイル機器の置き忘れは、社員数にもよりますが頻発する可能性があります。

脆弱性の特定と重要度の算出

脅威に対する脆弱性を明らかにします。脆弱性についても発生頻度や業務への影響を勘案して重要度を評価します。

脆弱性の特定と重要度の算出例

1. 顧客データに対する脆弱性	危険度
1) データを入れるロッカーに鍵がない	H
2) データを入れるロッカーは喫煙室の隣	M
3) データを入れるロッカーが汚い	L

点数化の基準例

H点	脅威が発生した場合、リスクに直結する
M点	脅威が発生した場合、リスクとして顕在化する可能性がある
L点	脅威が発生してもリスクに発展する可能性は小さい

データが紙で存在する場合、その保管場所に鍵がなけ

れば悪意のある侵入者や内部犯が存在した場合、盗難に直結します。一方で、ロッカーが汚いことにより「盗難に気づかない」「データが汚れて可読性が落ちる」などの影響が考えられますが、リスクに直結するとは必ずしもいえません。したがって、ここではロッカーの掃除よりも鍵をかけることの方が重要であると点数化できます。

リスク評価

このようにリスク因子を特定し、リスクの大きさを算定した上でそのリスクが会社の業務にどの程度の影響を与えるか評価します。リスクの評価にはマトリクスチャートなどが利用されます。

用語

▶ **マトリクスチャート**
本文のようにいくつかの要素間の関係を表すために利用される。

リスク評価マトリクスチャートの例

脅威レベル		L			M			H		
脆弱性レベル		L	M	H	L	M	H	L	M	H
資産価値	0	0	1	2	1	2	3	2	3	4
	1	1	2	3	2	3	4	3	4	5
	2	2	3	4	3	4	5	4	5	6
	3	3	4	5	4	5	6	5	6	7

リスク評価の例

ここまでの例ででてきた顧客データに潜在するリスクについて分析してみます。まず「盗難」に関するリスクです。盗難自体は半年～年に1回程度の発生頻度と考えられるので、脅威レベルは「M」です。それに対して、データを保管しているロッカーに鍵がないという脆弱性があるため、脆弱性レベルは脅威が発生した場合にリスクに直結する「H」です。顧客データを失ったとなれば企業の存続に関わる重大なダメージを負いますから、資産価値評価は「3点」です。これをプロットするとリスク評価は「6点」になります。

評価例①顧客データの盗難

脅威レベル		L			M			H		
脆弱性レベル		L	M	H	L	M	H	L	M	H
資産価値	0	0	1	2	1	2	3	2	3	4
	1	1	2	3	2	3	4	3	4	5
	2	2	3	4	3	4	5	4	5	6
	3	3	4	5	4	5	6	5	6	7

一方で、火災についてのリスクも算出してみます。火災はそうそう発生するものではないので、数年に一度発生する脅威レベルである「L」が該当します。しかし、データを入れるロッカーが喫煙室の隣にあるということは、火元になりそうな箇所に隣接しているため、脅威が発生した場合、リスクとして顕在化する可能性があります。したがって脆弱性レベルは「M」です。資産価値評価は同様に「3点」ですから、これをプロットするとリスク評価は「4点」となります。

評価例②顧客データの火災

脅威レベル		L			M			H		
脆弱性レベル		L	M	H	L	M	H	L	M	H
資産価値	0	0	1	2	1	2	3	2	3	4
	1	1	2	3	2	3	4	3	4	5
	2	2	3	4	3	4	5	4	5	6
	3	3	4	5	4	5	6	5	6	7

このマトリクスチャートでは、リスク評価を0～7点の8段階で行っているため、どちらも高いリスクであることがわかります。早急に対処する必要がありますが、例えば、予算の都合などで段階的に対策を行わなければならないような状況では、6点である盗難リスクへの対応がより緊急の課題であると判断します。

リスク評価の方法

リスク評価は重要なプロセスであるため、さまざまな組織がいろいろなリスク評価手法を研究しています。体系的、客観的にリスク評価を行うためには、詳細リスク分析であっても標準化されたリスク評価方法を参考にする、一部導入する、といった措置をとるのが現実的です。

定量的リスク評価

リスクを数値で表す評価方法です。予想損失と発生確率について評価を行います。ただし、リスクの損失を正確に分析することは非常に難しく（例：ブランドイメージの失墜がどの程度の金銭的損失になるか）、完全に確

— MEMO —

損失には大きく分けて三つの類型がある。
・直接損失：被害にあったシステムを復旧するための費用
・間接損失：業務の中断による機会損失や損害賠償費用
・対応費用：代替手段の利用コストや、復旧作業の人的コスト

立された分析手法はまだありません。
評価者の主観が入る余地が少ないため、客観的な評価を行いやすい利点があります。

定性的リスク評価

リスク評価は、明確に金額に変換することが困難であり、また、テロの発生確率などは統計値などから導き出すのが難しいため、評価者の経験や知識で行わなければならない場合があります。これを定性的なリスク評価とよびます。定性的リスク評価では、情報資産の重要性、脅威、脆弱性などから評価を行います。
定量評価と定性評価を組み合わせて使うケースもあります。

参照

▶ **リスク対応**
→p.136

— MEMO —

リスクは完全にゼロにしなければならない、という記述は誤答選択肢としてよく出題される。

リスクの受容水準

評価されたリスクは、**リスク対応**によって低減させていくことになります。しかし、リスクを完全にゼロにすることは不可能であったり、非常に高額な費用がかかったりします。したがって、健全な経営の範囲内でリスクをコントロールするためには、リスク対応方法の費用対効果についても考慮しなければなりません。その結果、ある程度の水準でリスクを受容する必要も出てきます。
どの水準までリスクを受容するかは、経営方針、業務形態などにより異なります。リスク対応の結果得られたリスク水準が、リスクの受容水準をまだ上回っていた場合は、さらなるリスク対応が必要になります。このとき、経営陣、セキュリティ担当者、他のステークホルダの間で適切なリスクコミュニケーションを行い、情報の交換と共有をすることが重要です。

— MEMO —

一般的にセキュリティ対策に費用を投じると、予想されるリスク費用は減少する。その逆についても同様のことがいえる。企業にとってはどちらもコストなので、全体(対策費用+リスク費用)として最小コストに抑制すればよいことになる。単にリスク費用が小さければよい、というわけではない(p.28参照)。

用語

▶ **ステークホルダ**
利害関係者のこと。p.144参照。

■ リスクの受容水準

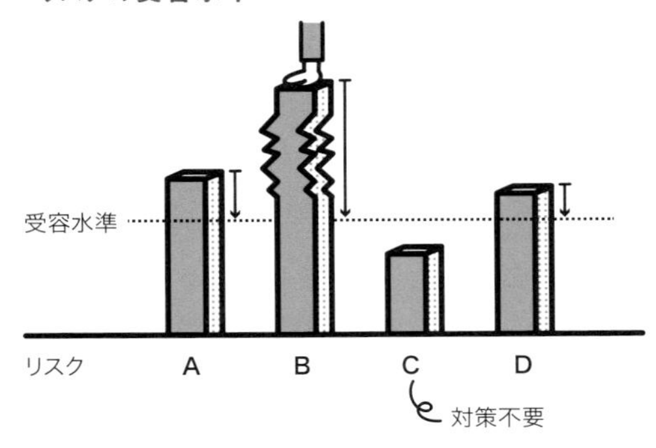

2-1-4 リスク対応

■ リスク対応の手段

リスク分析によって得られた結果（潜在的なリスク）を顕在化させないために、リスク回避、リスク低減（最適化）、リスク移転、リスク保有などの手段が講じられます。これらを総称して**リスク対応**とよびます。また、リスク回避とリスク低減は**リスクコントロール**ともよばれます。

リスク対応で重要なことは、**リスクアセスメントの結果を確実に反映させる**ことです。

リスク回避

リスク因子を排除してしまう措置がとられます。リスク因子をもつことによって得られるプロフィット（利益）に対して、リスクの方が大きすぎる場合などに採用されます。

例えば、Webサイトの運営を行うことでホームページ改ざんのリスク因子が発生している場合は、Webサイトの運用をやめてしまう、というケースです。

リスク低減（最適化）

リスクによる被害の発生を予防する措置をとったり、仮にリスクが顕在化してしまったりした場合でも被害を最小化するための措置です。バックアップの取得やアクセスコントロールの実施など、一般的にセキュリティ対策とよばれている行為が該当します。

— MEMO —
リスク低減には、予防保守などによる損失予防、バックアップの取得などによる損失軽減、情報資産の分散によるリスク分離、脆弱性をDMZに集中させるなどのリスク集中といった方法がある。

リスク移転

業務運営上のリスクを他社に転嫁することでリスクに対応する方法です。リスクに対して保険をかける、リスク因子の業務をアウトソーシングするなどの手法があります。

リスク保有

リスクが受容水準内に収まる場合や、軽微なリスクで対応コストの方が損失コストより大きくなる場合、あるいはリスクが大きすぎてどうしようもない場合(戦争など)にはリスクをそのままにするケースが考えられます。意思決定のもとにリスクを保有するのは立派なリスク対応です。リスクに気づかずに放置するケースとの違いに注意してください。

— MEMO —
PMBOK(第6版以降)では、リスク回避、低減、移転、保有のことを、それぞれ回避、軽減、転嫁、受容と呼び、これらにエスカレーションを加えた五つの方法がリスク対応として記載されている。

リスク対応の特徴

	概要	主な手法	適用するリスク
リスク回避	リスク要因をなくす	市場からの撤退	発生頻度大、被害額大
リスク低減	技術的な対策などでリスクを軽減	バックアップ、冗長化	発生頻度大、被害額小
リスク移転	リスクを他社に転嫁する	保険、アウトソーシング	発生頻度小、被害額大
リスク保有	リスクを持ち続ける	対応資金の確保	発生頻度小、被害額小

— MEMO —
リスク移転とリスク保有は、資金を手当てすることで対処するため、リスクファイナンシングと分類されることもある。

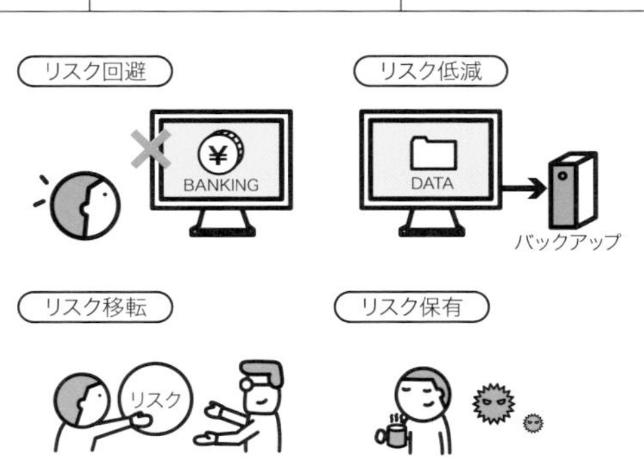

リスク対応の選択

リスク対応には大きく分けて以上の四つの類型がありますが、これを漫然と選択するわけではなく、あるリスクに対して最適な対応を考える必要があります。その際、一つの目安として利用できるのが次の図です。

これは発生頻度も高く、その被害額も大きいリスクであれば回避する。その逆であればリスク保有を選択する、ということを表しています。それぞれの選択肢の境界は明確ではありませんが、覚えておくと役に立つでしょう。

もちろん、これは大まかな目安であり企業ごとのポリシによっても選択するリスク対応方法は変化します。

— MEMO —

流行のセキュリティ製品を利用したいがために、自社で実施したリスクアセスメントの結果とリスク対応が齟齬を生じた、などのケースが多々ある。

▼リスク対応の選択

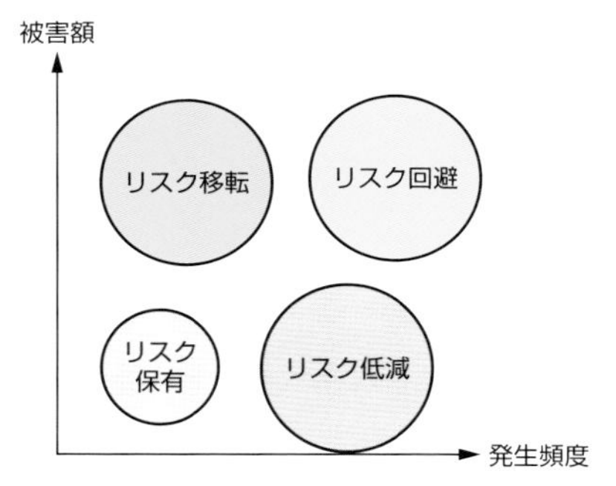

リスク対応のポイント

リスク対応を行ったことよって生じる問題にも対処しなければなりません。

新たなリスクの発生

リスクに対応するということは、新たな業務手順が発生することでもあります。そのことにより、新しいリスクが発生する場合があるので注意が必要です。

例えば、入退室管理を実施するために入退室管理台帳を作成したら、入退室管理台帳の紛失リスクが発生した、などのケースです。

— MEMO —

こうした緊急事態を想定して策定する対応策のことをコンティンジェンシープランとよぶ。災害発生時の情報伝達経路や業務復旧方法、バックアップセンタなどの予防措置が盛り込まれるのが一般的で、国内では金融機関を中心に整備が進められている。

このようにリスク対応のプロセスにおいて発生した新たなリスクを評価し忘れないようにすることが重要です。

業務継続性の視点

リスク対応を決定する場合は、業務継続性の視点を取り入れることが最近のトレンドになっています。企業の多国籍展開や、ITによる経営の加速化が進んでいる現在、例えば、戦争やテロ、大規模災害などによる予測不可能な事象でも対応しなければならない場合があります。それに対して迅速に業務が復旧できなかった企業は倒産などに至った事例が数多くあります。そこで、従来は回避したり、保有したりしていた希有なリスクにもバックアップセンタの開設などで対応する場合が増加しています。

こうしたバックアップセンタは中小企業にはコスト負担が大きくなりますが、IDCなどの発展により徐々に導入が進んでいます。

用語

▶ **IDC**
Internet Data Center。強固な社屋と冗長化されたネットワーク、電源などをもち、24時間監視体制でデータの保存やアプリケーションサービスも提供する。規模の経済が働くため、コスト削減効果がある。

COLUMN

BCP、BCM

災害などが発生すると、企業も社会も大混乱に陥ります。その場で、復旧手順などを考える余裕はないと覚悟しておかなければなりません。そこで、BCP（事業継続計画：Business Continuity Plan）を策定しておき、何をすればよいかを明確に示しておくわけです。

また、BCPを確実に実行するためには、それに応じた組織や運用体制が確立されていなければなりません。これをBCM（事業継続管理：Business Continuity Management）と呼びます。

試験問題を解いてみよう

平成29年度秋期　情報セキュリティマネジメント試験　午前問5

a〜**d**のうち、リスクアセスメントプロセスのリスク特定において特定する対象だけを全て挙げたものはどれか。

〔特定する対象〕

a　リスク対応に掛かる費用
b　リスクによって引き起こされる事象
c　リスクによって引き起こされる事象の原因及び起こり得る結果
d　リスクを顕在化させる可能性をもつリスク源

ア　**a、b、d**　　イ　**a、d**　　ウ　**b、c**　　エ　**b、c、d**

平成29年度春期　情報セキュリティマネジメント試験　午前問6　一部改変

JIS Q 31000:2019において、リスクマネジメントは、“リスクについて組織を指揮統制するための調整された活動”と定義されている。そのプロセスを構成する活動の実行順序として、適切なものはどれか。

ア　リスク特定→リスク対応→リスク分析→リスク評価
イ　リスク特定→リスク分析→リスク評価→リスク対応
ウ　リスク評価→リスク特定→リスク分析→リスク対応
エ　リスク評価→リスク分析→リスク特定→リスク対応

令和元年度秋期　情報セキュリティマネジメント試験　午前問3　一部改変

JIS Q 27001:2023（情報セキュリティマネジメントシステム—要求事項）において、リスクを受容するプロセスに求められるものはどれか。

ア　受容するリスクについては、リスク所有者が承認すること
イ　受容するリスクを監視やレビューの対象外とすること
ウ　リスクの受容は、リスク分析前に行うこと
エ　リスクを受容するかどうかは、リスク対応後に決定すること

平成30年度春期　情報セキュリティマネジメント試験　午前問2

リスク対応のうち、リスクの回避に該当するものはどれか。

ア　リスクが顕在化する可能性を低減するために、情報システムのハードウェア構成を冗長化する。
イ　リスクの顕在化に伴う被害からの復旧に掛かる費用を算定し、保険を掛ける。
ウ　リスクレベルが大きいと評価した情報システムを用いるサービスの提供をやめる。
エ　リスクレベルが小さいので特別な対応をとらないという意思決定をする。

解説 1

リスクアセスメントプロセスには、リスク特定、リスク分析、リスク評価のサブプロセスがありますが、リスク特定はリスクそのものの発見と認識を行うプロセスです。これに関係する選択肢は**b**、**c**、**d**です。

答:**エ**(→関連:p.126)

解説 2

リスクマネジメントのプロセスは、リスクアセスメント(リスク特定→リスク分析→リスク評価)→リスク対応と進んでいきます。ただし、仮にこの知識がなくても、特定しなければ分析ができないし・・・とやっていけば、思考によって正解を導くことは可能です。

答:**イ**(→関連:p.128)

解説 3

残留リスクとは、リスク対応を行ったのちに、なお残ったリスクのことをいいます。リスクを0にすることは現実的ではないため、受容水準を下回るリスクについてはリスク所有者の承認を得た上で保有します。リスクを保有するという意思決定が行われている点に注意してください。

答:**ア**(→関連:p.135)

解説 4

ア リスク低減の説明です。

イ リスク移転の説明です。

ウ 正解です。リスクの原因を根本から絶ってしまう方法です。一方で、その要素から得られていた利益もなくなります。

エ リスク保有の説明です。

答:**ウ**(→関連:p.136)

2-2 情報セキュリティポリシ

重要度：★★★

情報セキュリティポリシは、本試験でも最頻出の語句の一つである。その意味について正確に知る必要がある。特に情報セキュリティマネジメントシステム（ISMS）との関係について把握しておかないと、関連する出題に対応できない。

POINT

- 情報セキュリティポリシは基本方針、対策基準、対策実施手順の3階層
- 情報セキュリティマネジメントシステムでPDCAサイクルをまわす。作りっぱなしのポリシはダメ
- 残留リスクは、受容するかを必ず確認する。放置では対策してないのと一緒

2-2-1 情報セキュリティポリシ

情報セキュリティポリシとは

情報資産に対するリスクは、脅威と脆弱性が結びつくことによって発生します。リスクを適切な水準でコントロールするためには、脅威を把握し、脆弱性をなくす必要があります。

これらの行為は個々の担当者レベルでも行われていますが、それぞれの社員によってセキュリティ意識やスキルにばらつきがあるのが実情です。また、情報セキュリティはその要素のどれか一つだけでも弱点があると、全体のセキュリティレベルがそれに沿ってしまう特徴があります。

— MEMO —

セキュリティは網羅性、統一性が重要。セキュリティの専門家だけでなく、経営層が参画する必要がある。

セキュリティレベル

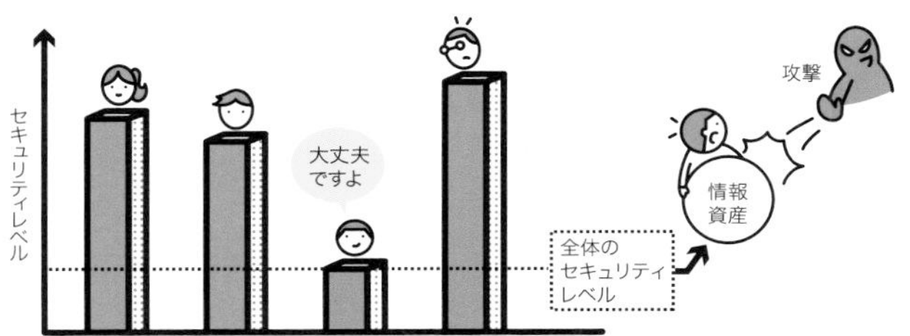

したがって、セキュリティ対策は全社レベルで実施しなくてはあまり意味をなさないことになります。また、全体の実施レベルを揃えることも重要です。

そこで、全社的な意志の統一、セキュリティ対策手順の明確化をするために情報セキュリティポリシを策定します。つまり、情報セキュリティポリシとは**文書の形で明確に示される、その企業のセキュリティへの取組みビジョン、取組み基準、罰則規定などの総称**です。

また、情報セキュリティポリシをうたうことで取引を行う他社や顧客から信用されるという効果もあります。セキュリティ意識の高まりから、こうしたセキュリティへの取組みをアピールすることが企業にとってプラスになる環境が整っています。

法律との違い

一般的に企業や個人を守る方法として、法律や条令の制定が考えられます。もちろんセキュリティ分野でも、不正アクセス禁止法などの法案が整備されつつあります。しかし、ことセキュリティに関しては、守るべき情報資産、脅威の種類、脆弱性の種類などが企業や組織ごとに異なるため、一元的な法律などで保護できる範囲には限界があります。

そこで、各企業、各組織が自社の事情を勘案して情報セキュリティポリシを策定することになります。公的機関やセキュリティコンサルタントは、情報セキュリティポリシ作成のための助言やガイドラインの提言を行うことはできますが、最終的にポリシの作成に責任を負えるのは自組織以外にないのです。

— MEMO —

ISMS認証の取得やプライバシーマークの取得でその企業ブランドに安心感を付与することができる。

用語

▶ **ステークホルダ**
ある企業に対する利害関係者のことで、顧客や株主の他に、社員や地域社会を含めた概念である。セキュリティポリシを策定することは、ステークホルダの満足度を向上させる上でも重要である。

参照

▶ **不正アクセス禁止法**
→p.265

情報セキュリティマネジメントシステムとの関係

情報セキュリティポリシは、文書の形で示されます。これによって社員等、組織の構成員はその組織内のセキュリティに対するビジョン、守らなければならない手順、違反した場合の罰則などを理解できます。

しかし、多くの文書がそうであるように、作成されたポリシはいつか古くなります。少し前まで罰金がxx銭と規定された法律がありましたが、今の時代1円に満たない罰金が犯罪の抑止力になるとは思えません。このように規定文書が効力を失ってしまうことを**死文化**、空文化とよびます。

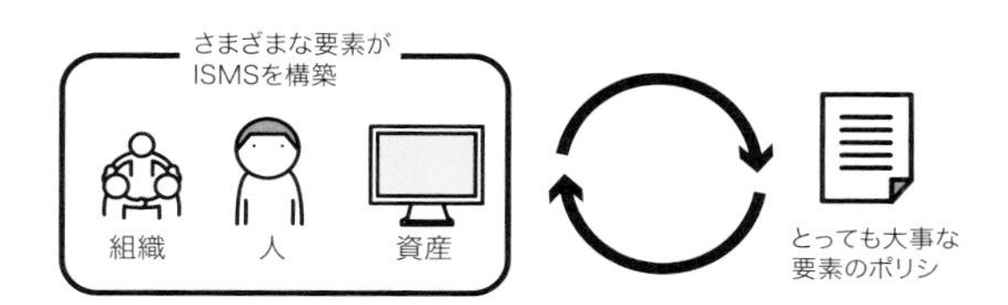

このような死文化を防ぎ、作成された情報セキュリティポリシを100%活用するためのしくみが**情報セキュリティマネジメントシステム**（**ISMS**）です。

例えば、文書に有効期限や見直し期限を設けたり、見直しのきっかけとなる事柄（トリガ）を定めたりといった措置をあらかじめ規定文書中に盛り込んでおくことで、文書の見直しや情報セキュリティマネジメントのアップデートを強制します。こうすることで、情報セキュリティポリシやその実施組織、実施形態を常に最新の事情にあった形に適合させることができるのです。

— MEMO —

文書化は、必ずしも紙の文書で行う必要はない。電子文書でもよい点に注意。

▶ **PDCAサイクル**

Plan（計画）、Do（実施）、Check（点検）、Action（見直し改善）のサイクル。このサイクルをたどり、常にマネジメントシステムを見直すことで、組織とプロセスを成熟させる。実務では下流工程（点検と見直し改善）が軽視されがちだが、実は下流工程が非常に重要。

スペル

▶ **ISMS**

Information Security Management System

— MEMO —

組織改編があった、新しいソフトウェアを導入した、一定の期間が経過した、新入社員が入社した、などが見直しの契機となる。

情報セキュリティマネジメントシステムの役割

情報セキュリティマネジメントシステム
- ・情報セキュリティポリシの策定
- ・ポリシに則った業務運用
- ・ポリシの見直し
  ・情報セキュリティマネジメント自体の見直し
- ・情報セキュリティ監査

情報セキュリティポリシの種類

情報セキュリティポリシを策定する場合、規定される文書は情報セキュリティ基本方針、情報セキュリティ対策基準、情報セキュリティ対策実施手順の3階層に分類されるのが一般的です。

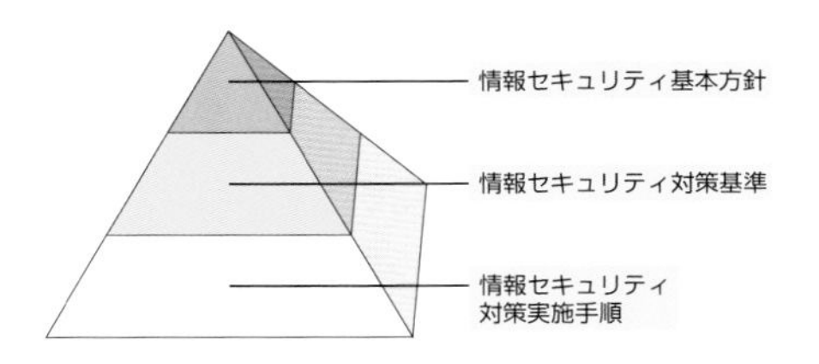

— MEMO —

本文中のピラミッドの各層の体積が文書の量を表す。

情報セキュリティ基本方針

経営層レベルが策定する、会社としてのセキュリティへの取組み指針、ビジョンを示す文書です。対外的なアピールもこの文書によって行われることから、冗長である必要はありません。通常1～2枚程度の文書から構成され、社長の名前で公表されます。

あくまで基本方針であるため、詳細なセキュリティ手順などには踏み込みません。5年程度のスパンで見直します。

— MEMO —

情報セキュリティ基本方針と情報セキュリティ対策基準の二つを合わせて情報セキュリティポリシとする場合もある。また、情報セキュリティ実施対策手順は名前のとおり手順を示しているので、セキュリティプロシジャともよばれる。プロシジャ(procedure)は手順、手続きなどの意味。

情報セキュリティ対策基準

基本方針は会社としての目標を示す文書ですが、これをもう少し現実的なレベルに書き下したのが対策基準です。

基本方針よりも抽象度が低下し、具体的な記述が多くなるのが特徴です。業務領域の変更などに対応するため見直し期間は3年程度に設定します。

— MEMO —

大企業の場合、情報セキュリティ対策基準は各部の事情を反映するために、部署ごとに異なるものが作成される例もあります。

情報セキュリティ対策実施手順

担当者レベルの社員が実際にどのような手順を踏めば、セキュリティを維持できるかを示す文書です。対策基準でも末端の社員にはまだ抽象的です。また、守るべき対象などが示されても、スキルのない社員であればその方法がわからない場合もあります。そこで、詳細な業務手順を文書化することでセキュリティを維持できるようにします。

詳細手順に言及しているので、一般的に文書量が多くなるのが特徴です。情報技術は進展・陳腐化が激しいため、1年程度で見直す必要があります。

— MEMO —

情報セキュリティ対策実施手順は各部署の業務の進め方や独自のシステムなどを反映するため、部署間で互換性のない文書になることがある。ISMSを構築すると社内文書ばかりが増えるという批判もある。

情報セキュリティポリシのまとめ

文書	内容	有効期限(目安)
基本方針	社長クラスが会社のビジョンを示す	5年
対策基準	部長クラスが部署ごとの事情を加味して具体化	3年
実施手順	上位の内容を実現するためのマニュアル	1年

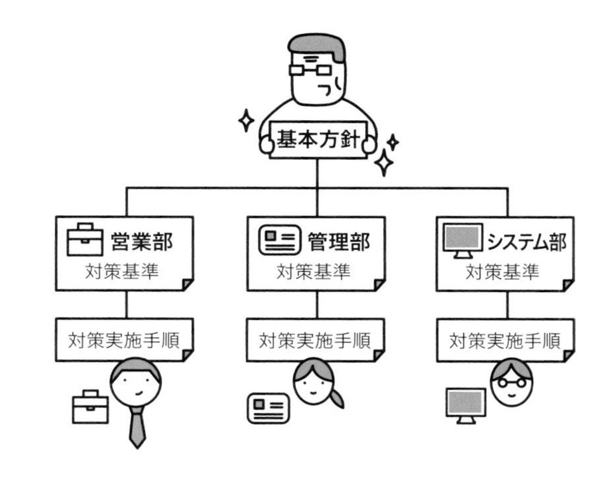

他の社内文書等との整合性

情報セキュリティポリシは他の社内文書などと競合するものではありません。基本方針の立案は会社の業務理念に適合していなければなりませんし、就業規則などの利用できる既存の社内規定類は積極的に活用すべきです。また、セキュリティ施策は法令などにも拘束されま

用語

▶ **就業規則**
労働時間や賃金をはじめ、人事、服務規程などを明文化したもの。

す。それぞれ個別に存在している規定や手順を有機的に連携させて、統一されたマネジメントシステムを構築することが重要です。

≡ 情報セキュリティポリシの連携

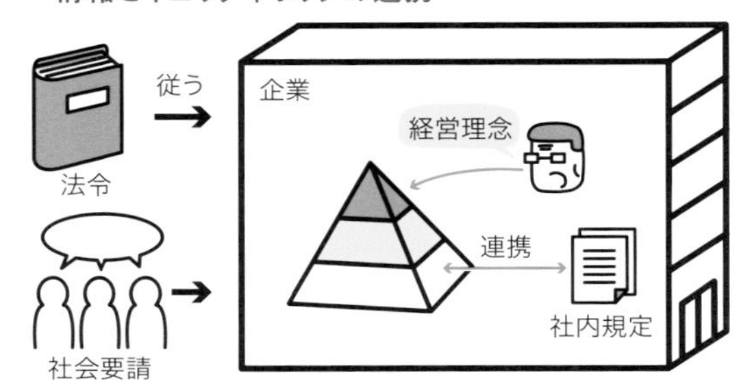

用語

▶ **中小企業の情報セキュリティ対策ガイドライン**

各種リソースが限られる中小企業で、セキュリティ対策の必要性を説くテキスト。段階的に対策を進められる工夫もしてある。

2-2-2 適用範囲

＝ 適用範囲はIT部門に限らない

情報セキュリティポリシを策定するには、その適用範囲を明確化する必要があります。適用範囲で注意すべきなのは、情報セキュリティで保護する対象はIT部門のみに限定されない点です。

さらにいえば、取引先や業務提携先から情報が流出する可能性もあります。他社のセキュリティレベルを考慮するなど、適用範囲の設定に際してはこれらの要因も考慮します。

— MEMO —

他社のセキュリティポリシには干渉できないが、守秘義務契約などで対処する。

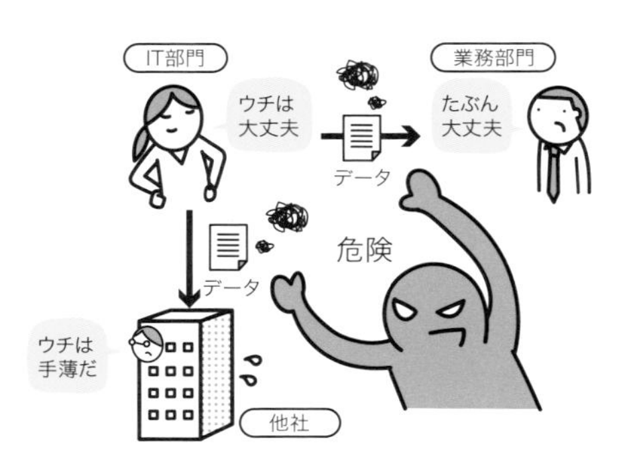

さまざまな脅威を考慮する

紙の文書によっても重要な情報はやり取りされますし、口頭で情報の伝達が行われる場合もあります。情報セキュリティポリシはこうした範囲を包含した統合的なセキュリティマネジメントシステムを構築する必要があります。

例えば、ウイルスに関する規定だけを作っても、他の脅威の発生によって情報資産にリスクが発生するかも知れません。セキュリティマネジメントシステムを構築しておけば、新たな脅威や脆弱性の発生にも対応できます。

情報セキュリティポリシはまさにこのようなマネジメントのしくみを規定するために作成される文書です。

適用範囲の決定

適用範囲は情報セキュリティポリシを策定する会社の事業特性、組織特性、所在地、資産、使用技術の観点から決定します。

事業上の必要性が加味されるのは当然ですが、他社や顧客との契約事項、法令などにも整合した適用範囲を定めなければなりません。

適用範囲の例

会社名	株式会社　P出版社
所在地	〒XXX-XXXX
適用組織	総務部、人事部、出版事業部、書籍編集部、書籍販売部
適用業務	出版事業および、人事部における社員情報の処理および管理業務、書籍販売部における顧客情報の処理および管理業務

適用範囲で意外に見落としがちなのが、自社社員の個人情報です。物理的な情報資産や顧客情報の保護は報道などにより意識が高まっていますが、社員の個人情報が有用な情報であるという認識はまだあまり高くありません。

情報資産の洗い出し

適用範囲を適切に設定するためには、自社が保有している情報資産を完全に掌握する必要があります。自社社員の個人情報の例など、意外に知られていない有価値資産がある場合があるので、この洗い出しのプロセスは非常に重要です。

通常は情報資産管理台帳を作成して、保有資産を明確化します。

情報資産の例

狭義の情報資産	データベース、業務ノウハウ、マニュアル、電子文書フォーマット、社員個人情報、顧客個人情報など
紙の文書	契約書、財務諸表など
ソフトウェア資産	OS、アプリケーション、開発環境など
物理資産	パソコン、サーバ、スマホ、記憶媒体、建屋施設、オフィス備品など
人的資産	社員、顧客など
無形資産	ブランドイメージなど
サービス	通信サービス、ライフラインサービス(電源など)

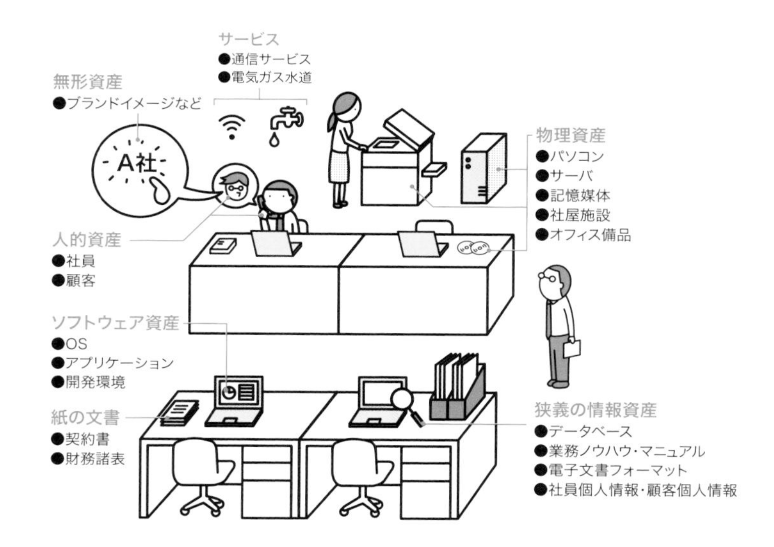

2-2-3 情報セキュリティ基本方針

基本方針の特徴

情報セキュリティ基本方針は、最上位に位置して下位の文書を制約する性質のものです。また、対外的なアピールにも利用され、マスコミに発表される可能性などもあります。したがって、そのライフサイクルはある程度長く見込む必要があります。最上位の文書が頻繁に変更されては、社員も顧客も戸惑う可能性があります。

これらのことから、基本方針にはあまり詳細な規定は記述しません。会社が目指すべきセキュリティ施策の方向性および行動指針を述べ、組織の取組みを明確にできる最低限の文書に留めます。

— MEMO —

文書策定の順番：下位の文書は上位文書を受けて作られるため、策定の順番は「基本方針」→「対策基準」→「対策実施手順」である。

— MEMO —

基本方針は、事業の特徴、組織、その所在地、資産及び技術を考慮して策定する。

基本方針を遵守させるためのポイント

せっかく作った基本方針も社員がそれを遵守しなければ意味がありません。死文化した情報セキュリティポリシは何も定めていないのと同じです。

社員に積極的にポリシを守らせるためにはセキュリ

参照

▶ 死文化
→p.145

ティ教育の実施などが有効です。また、罰則規定を盛り込んで、ポリシを守らなかった場合のデメリットをイメージしてもらうのも効果があります。

〔社員に基本方針を遵守させるポイント〕
①経営層が参加して定めていることを明確にする
②ポリシの中に罰則規定を盛り込む
③セキュリティ教育の実施規定を盛り込む

また、実行可能な基本方針を作成することも非常に重要です。コストや人員の点から実行が不可能である基本方針を作成してもすぐに運用が形骸化します。

基本方針の雛形

情報セキュリティ基本方針の典型的なスタイルは、情報セキュリティポリシーに関するガイドラインなどに雛形が存在します。

これらの雛形を自社に合わせて上手に活用することで、迅速に効果的なポリシを作成することができます。

参照
▶ 情報セキュリティポリシーに関するガイドライン
→p.164

2-2-4 情報セキュリティ対策基準

対策基準の策定

基本方針を現実の業務プロセスにあわせて具体化したセキュリティ対策基準を策定します。対策基準の策定で重要なのは、リスクアセスメントの結果を反映させることです。きちんとしたリスクアセスメントの結果に基づけば、効率的にリスクに対応することができます。

反対にリスクアセスメントの結果を取り込まないと的はずれな対策基準になる可能性があります。

雛形の活用

対策基準では、部署ごとの事情を勘案して基本方針を事業組織に合わせる形で具体化します。抽象的で憲法のような基本方針に対して、実際の運用を規定する法令のような位置づけになります。

具体性が増大する結果、文書量は基本方針より多くなります。記述漏れのリスクが増大するため、雛形の積極的な活用が推奨されます。

JIS Q 27001ではこうした雛形集が管理目的及び管理策として定められています。定められた基本方針に則して、必要と思われる管理目的及び管理策を選択し、対策基準を策定していきます。この手法では、評価の漏れによる対策基準の不備を防止することができます。こうした手法を**ベースラインアプローチ**とよびます。もちろん、会社個々の事情があるため、ベースラインアプローチだけで対策基準を策定することはできませんが、策定の大きな手助けになります。

また、ISO 9000シリーズやISO 14000シリーズを導入済みの企業では、**文書管理規定**などがすでに制定されている場合があります。そうした規定が存在する場合は、それをそのまま活用するか、基本方針に不適合な部分がある場合は修正して利用するとよいでしょう。セキュリティ基本方針や対策基準は他の社内規定と排他的な関係ではなく、むしろ補い合う関係であることを理解することが重要です。

用語

▶ **文書管理**

発行される文書について承認が行なわれ、適切なタイミングで見直しがなされ、必要な場合に最新版が常に入手できる状態にあるようコントロールすることを指す。廃止された文書を適切に保管もしくは廃棄することも含まれる。

2-2-5 情報セキュリティ対策実施手順

情報セキュリティ対策実施手順の策定

対策基準が策定された後に、各部署の中間管理職や担当者などが実際の業務に関する**情報セキュリティ対策実施手順**を策定します。これは業務マニュアル的な文書で、セキュリティリテラシのない社員が業務を行ったとしても、このマニュアルに沿って作業をしていれば、セキュリティを維持できるというレベルにまでブレイクダウンする必要があります。

情報セキュリティ対策実施手順は各機器や各業務の

参照

▶ **セキュリティリテラシ**

→p.34

用語

▶ **ブレイクダウン**

具体的にかみ砕いた記述にすること。

手順書であるため、非常に文書量が多くなります。また、業務の変更や機器の更新に伴って、常に変更される可能性があるため、文書管理が非常に重要になります。必要な時に必要な要員が、最新版を閲覧できる体制を整えることが非常に重要です。また、古くなった手順書もさかのぼって閲覧できる**リビジョン管理**を行うことが推奨されています。

用語

▶ **リビジョン管理**
バージョン管理、世代管理。

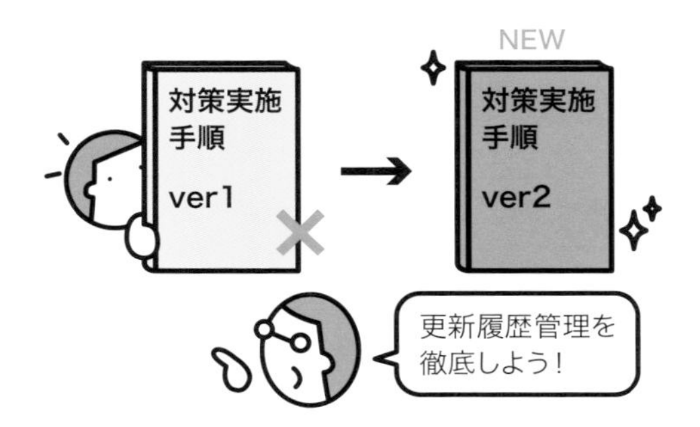

残留リスク

リスクアセスメントを実施し、対策基準や対策実施手順などのリスク対応によってリスクを軽減させても、完全にリスクをゼロにすることはできません。

対策にも関わらず残ってしまったリスク、あるいは放置したリスクのことを**残留リスク**とよびます。残留リスクが存在すること自体は構いませんが、残留リスクが受容水準の範囲内にとどまっていることと、残留リスクが経営層の承認を受けていることについては確認しておく必要があります。これらを受けていないリスクはコントロールされていないリスクであり、大きなインシデントとして顕在化する可能性が高くなります。

試験問題を解いてみよう

令和元年秋期　ITパスポート試験　問84

内外に宣言する最上位の情報セキュリティポリシに記載することとして、最も適切なものはどれか。

ア　経営陣が情報セキュリティに取り組む姿勢
イ　情報資産を守るための具体的で詳細な手順
ウ　セキュリティ対策に掛ける費用
エ　守る対象とする具体的な個々の情報資産

平成30年度秋期　情報セキュリティマネジメント試験　問9

IPA"中小企業の情報セキュリティ対策ガイドライン（第2.1版）"に記載されている、基本方針、対策基準、実施手順から成る組織の情報セキュリティポリシに関する記述のうち、適切なものはどれか。

ア　基本方針と対策基準は適用範囲を経営者とし、実施手順は適用範囲を経営者を除く従業員として策定してもよい。
イ　組織の規模が小さい場合は、対策基準と実施手順を併せて1階層とし、基本方針を含めて2階層の文書構造として策定してもよい。
ウ　組織の取り扱う情報資産としてシステムソフトウェアが複数存在する場合は、その違いに応じて、複数の基本方針、対策基準及び実施手順を策定する。
エ　初めに具体的な実施手順を策定し、次に実施手順の共通原則を対策基準としてまとめて、最後に、対策基準の運用に必要となる基本方針を策定する。

解説 1

　情報セキュリティポリシは階層化された文書です。どんな階層化文書でもそうですが、最上位に位置するものは抽象的で量が少なくなります。上位で方針を決めて、下位に行くほどそれを具体化するからです。したがって、「具体化」と明記されているものや「費用」（具体的です）は除くことができます。

答：**ア**（→関連：p.146）

解説 2

ア　情報セキュリティポリシは全体がすべてのステークホルダに有効な文書です。

イ　正解です。3階層に分けるのが基本の考え方ですが、ビジネスの規模が小さい中小企業の場合は実態に合わせて簡略化することで、コスパの良い、有効な措置をとれます。

ウ　部署ごとに使っているシステムやサービスが異なるときに、実施手順は違うものになる可能性があります（マニュアルですから）。しかし、対策基準は原則として一つです。

エ　情報セキュリティポリシはトップダウンで基本方針から作っていきます。法律で、条例に合わせて憲法を後から作らないのと同じです。

答：**イ**（→関連：p.146）

2-3 各種管理策

重要度：★★☆

覚えるべき事項は決して多くないが、基本的な国際標準や国内のガイドラインの制定目的、標準がもつ性質などは理解しておく必要がある。標準同士が互いに関連している（引用している）場合があるので注意。

第2章 情報セキュリティ管理

POINT

- ISMS認証でマネジメントシステムの適格性を確認できる
- 監査基準は監査人の行動規範、管理基準は監査判断の尺度
- プライバシーマーク制度＝JIS Q15001に則って個人情報を取り扱っていることを認定する制度

2-3-1 情報セキュリティマネジメントシステム

情報セキュリティマネジメントシステム

＝情報セキュリティマネジメントシステムとは

情報セキュリティにまつわるリスクは、漏れなく、かつ永続的に対策しないと受容水準内に収め続けることが難しいのは、これまでに学んできたとおりです。それは、とても一人でやり続けられる仕事ではありません。多くの人の知恵を集める必要がありますし、きっちりとした管理システム（マネジメントシステム）を作って、人の欠勤や異動があったとしても持続的・安定的に取り組みが続くようにしないといけません。

現在、どんな仕事でもマネジメントシステムが作られることが増えました。情報セキュリティ分野でのそれは、情報セキュリティマネジメントシステム（ISMS）と呼ばれます。管理システムは漫然と作っても意味がありません。多くの人が関わりますから、誰が担当しても同じセキュリティ水準を維持できないといけません。そのためにマネジメントシステムを作り、運用するためのドキュメントを作ります。このドキュメントのことを、情報セキュリティポリシと言います。

参照
▶ 情報セキュリティポリシ
→p.143

情報セキュリティマネジメントシステムと情報セキュリティポリシは、どちらも欠かせないセキュリティ対策

の両輪です。マネジメントシステムだけでは担当者ごとに言うことが違って、正しく運用されないかもしれないので、拠り所となる情報セキュリティポリシが必要です。情報セキュリティポリシだけでは、ビジョンややることが謳ってあるだけで実行する力がともないません。情報セキュリティマネジメントシステムがあってはじめて、具体的なセキュリティ施策が進んでいきます。この二つをかみ合わせることが重要です。

また、技術の進歩や業務環境の変化にともなって、どんなによくできた情報セキュリティマネジメントシステムや情報セキュリティポリシであっても、必ず陳腐化します。これを防ぐために、あらかじめポリシの中に情報セキュリティマネジメントシステムと情報セキュリティポリシを定期的に更新することを盛り込みます。

情報セキュリティマネジメントシステムの標準化

情報セキュリティマネジメントシステムの体系で大きな影響力を持っているのが、情報セキュリティマネジメントシステムを導入する組織に対して、よくできているかどうかの適合性を評価するための認証基準であるISO/IEC 27001と、情報セキュリティマネジメントシステムを構築する際のベストプラクティス（理想型）を記載したガイドライン（実態としては、そのままセキュリティポリシの一部にできるような文書）であるISO/IEC 27002です。

認証基準とは、ある組織を第三者機関が評価する際に利用するガイドラインです。日本では、日本情報処理開発協会（JIPDEC）が、ISMS適合性評価制度を運用しています。

— MEMO —

ISMS適合性評価制度の運用はJIPDEC（日本情報処理開発協会）。

情報セキュリティマネジメントシステム関連規格

	国際標準	国内標準
認証基準	ISO/IEC 27001	JIS Q 27001
ガイドライン	ISO/IEC 27002	JIS Q 27002

用語

▶ **JIS Q 27017**
具体的なセキュリティ管理策のお手本としてはJIS Q 27002がある。それにクラウドサービスに関する内容を追加したもの。

認証の手順

情報セキュリティマネジメントシステムを構築した組織が認証を受けるには、審査登録機関の審査を受け、その結果をもとに、認定機関による認証を受けます。

審査登録機関や実際に審査に携わる審査員もそれぞれの認定を受けなければなりません。

情報セキュリティマネジメントシステムの認定・認証

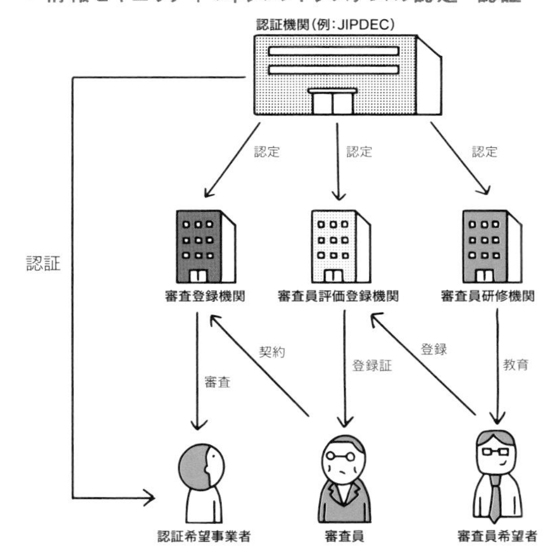

JIS Q 27001

JIS Q 27001は10章から構成されています。認証取得を希望する事業者は、この基準が定めるマネジメントプロセスを確立しなければなりません。JIS Q 27001のISMSで重要なのは、個別技術の対策ではないということです。

用語

▶ ISO/IEC 27701

ISMSのもとになるISO/IEC 27001(認証基準)とISO/IEC 27002(ガイドライン:実践規範)を拡張したもの。プライバシー保護のための認証基準とガイドラインが定められている。

〔JIS Q 27001の構成〕

序文
①適用範囲
②引用規格
③用語及び定義

④組織の状況
⑤リーダーシップ
⑥計画
⑦支援
⑧運用
⑨パフォーマンス評価
⑩改善

JIS Q 27001では、経営者のマネジメントシステムに対する責任の明確化やPDCAモデルの明確化が図られています。その結果、ISO 9001やISO 14001との整合性が高まり、これらの規格ですでに認証を取得している事業者にとっては、文書管理規定などを流用してISMSに組み込むことができるなど、認証を取得しやすいしくみとなりました。

用語

▶ **ISO 9001**
品質管理に関する国際標準。

▶ **ISO 14001**
環境管理に関する国際標準。

JIS Q 27001

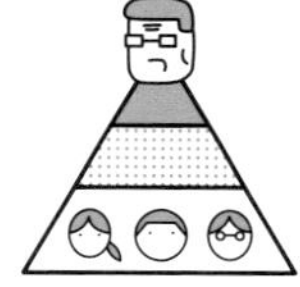

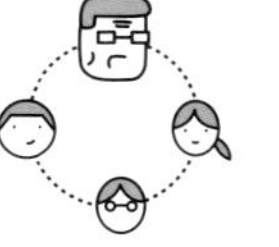

組織の状況　リーダーシップ　パフォーマンス評価　改善

ISMSの構築

ISMSの構築では、適用範囲の定義から経営陣の運用許可までの9ステップを踏みます。

〔ISMS構築の9ステップ〕
①ISMSの範囲を定義する。
　特に適用対象の境界を明確にする。
②ISMSの基本方針を策定する。
　ISMSの方向性と行動指針を示す。
　組織の取組みを明確にする。
　経営陣の参画を明確にする。
③リスクアセスメントの体系的な取組み方法を策

▶ リスクアセスメント
→p.128

定する。
リスクアセスメント方法及びリスク評価基準を定める。
④リスクを識別する。
情報資産、脅威、脆弱性を明確にする。
⑤リスクアセスメントを実施する。
リスクへの対応と受容を決定する。
⑥リスクに対応した選択肢を明確にし、評価する。
リスクに対応するための選択肢を決定する。
⑦リスクに対応した管理目的及び管理策を選択する。
リスクアセスメントの結果を反映する。
⑧適用宣言書を作成する。
選択した管理策と選択しなかった管理策を提示し、理由を説明する。
⑨経営陣から残留リスクの承認並びにISMS導入及び運用の許可を得る。

— MEMO —

ISMSのアプローチの仕方はベースラインアプローチである。

— MEMO —

「管理目的及び管理策」とはJIS Q 27002のことを指す。

ISMSは管理体制を構築した後、経営陣の承認を得て運用を開始します。ISMSでは経営陣の参加は重要な要件になっています。全社を横断するセキュリティマネジメントシステムは経営陣の承認と参加なくして十分に運営することができないからです。

なおISMS自体はセキュリティマネジメントシステムを構築するものですが、マネジメントシステムを効果的に運用するためには各種の規定文書（例：情報セキュリティポリシ）の確立が不可分です。このため、ISMSの構築とセキュリティポリシの作成は切り離せないものになっています。

適用宣言書

JIS Q 27001に掲げられている管理目的及び管理策は、JIS Q 27002から引用したものです。リスクの識別を行った後、そのリスクに対する対応を個々の組織が一から考えるのは大変ですが、管理目的及び管理策の中から自社業務に適応する項目を選択してそのまま対応策として利用すれば、リスク対応が簡単になります。

管理目的及び管理策は箇条5～15によって構成されています。その中から自社が適用する管理策を選択しますが、どの項目を選択したかは適用宣言書として明文化しなければなりません。項目によって選択をしないこともありますが、その理由は適用宣言書に明記します。

— MEMO —

文書に忠実に作業すれば誰がやっても同じ結果が得られるようにすることが重要。

ISMS認証審査では、適用宣言書で適用した管理策が適切に実現されているかがチェックされます。例えば、物理的安全対策として「オフィス、部屋及び施設のセキュリティ」(7.3)という管理策が適用されているならば、部屋やキャビネットが施錠されているかといった点がチェック対象です。

▼適用宣言書の例(日本規格協会発行JIS Q 27001附属書Aより)

管理策の項目	管理目的	管理策	適用理由	適用しない理由
5.2	情報セキュリティに対する経営陣の責任	経営陣は、情報セキュリティの責任に関する明りょうな方向付け、自らの関与の明示、責任の明確な割当て及び承認を通して、組織内におけるセキュリティを積極的に支持しなければならない。	経営陣の責任と取りくみを明確にするため適用する	—

2-3-2 国際基準のガイドライン

JIS Q 27014

JIS Q 27014は情報セキュリティガバナンスとは何かを定義し、その目的や使い方を確立するためのドキュメントです。JIS Q 27000シリーズの一角を占めますが、出題ポイントとしてITガバナンスとの違いを知っておきましょう。どちらもコーポレートガバナンスに含まれますが、ITガバナンスと情報セキュリティガバナンスは独立していて、一部重複するイメージです。

ITガバナンス
コーポレートガバナンスの一環で、IT戦略の策定と実行に関わる意識と取組をコントロールする
情報セキュリティガバナンス
コーポレートガバナンスの一環で、情報セキュリティに関わる意識と取組をコントロールする

＝OECDプライバシーガイドライン

個人のプライバシーを保護することを目的として、OECD（経済協力開発機構）が採択したガイドラインです。基本8原則については個人情報保護法にもとり入れられているため、概要を把握しておく必要があります。

— MEMO —
OECDのガイドラインにはセキュリティガイドラインも存在する。項目は次のとおり。
1. 認識
2. 責任
3. 対応
4. 倫理
5. 民主主義
6. リスクアセスメント
7. セキュリティの設計及び実装
8. セキュリティマネジメント
9. 再評価

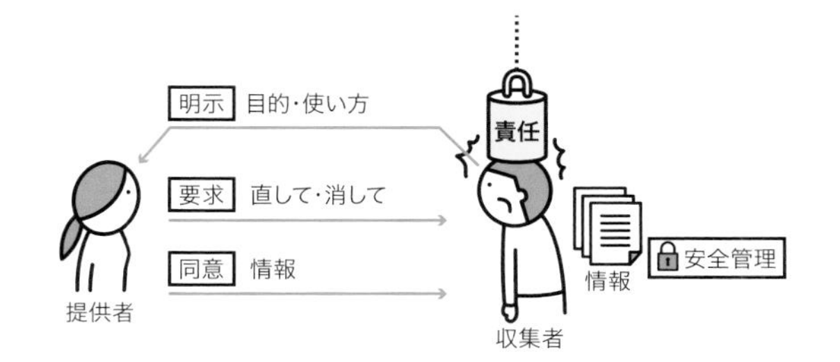

〔基本8原則〕
①収集制限の原則（同意を得ること）
②データ内容の原則（正確で最新に保つこと）
③目的明確化の原則（収集目的を明確にすること）
④利用制限の原則（同意した目的にのみ利用すること）
⑤安全保護の原則（データを安全に保護すること）
⑥公開の原則（運用方法を公開すること）
⑦個人参加の原則（データの修正や消去に応じること）
⑧責任の原則（情報収集者は責任を負うこと）

2-3-3 国内のガイドライン

情報セキュリティポリシーに関するガイドライン

中央省庁へのクラッキング行為を受けて、2000年に情報セキュリティ対策推進会議が「情報セキュリティポリシーに関するガイドライン」を示しました。したがって、基本的には各省庁の情報システムにおけるセキュリティ対策を構築することが目的の文書です。しかし、民間でも利用できる汎用的な内容になっているため、セキュリティポリシ作成の際の参考にすることがあります。

このガイドラインの特徴は、PDCAサイクルの採用、リスク分析のフローや例が示されている点です。

参照

▶ **PDCAサイクル**
→p.145

情報セキュリティ監査制度

情報セキュリティ監査制度は経済産業省によって2003年4月1日から運用が開始された情報セキュリティ監査の普及促進のための制度です。これは、情報セキュリティマネジメントシステムを早期に日本に根付かせることを視野に入れた措置ですが、監査対象は公的機関、企業の別を問いません。多分に啓蒙的な性質を含むため、付帯する多くのガイドラインが公開されています。

〔情報セキュリティ監査制度のガイドライン〕

* 情報セキュリティ管理基準
* 個別管理基準（監査項目）策定ガイドライン
* 電子政府情報セキュリティ管理基準モデル
* 情報セキュリティ監査基準
* 情報セキュリティ監査基準実施基準ガイドライン
* 情報セキュリティ監査基準実施報告ガイドライン
* 電子政府情報セキュリティ監査基準モデル

用語

▶ **財務報告に係る内部統制の評価及び監査の基準**
内部統制を実現するためのガイドラインの一つで、金融庁が策定した。書いてあることは最小権限の原則など、一般的なセキュリティの考え方と相違ありません。統制環境、リスクの評価と対応、統制活動、情報と伝達、モニタリング、ITへの対応の六つを基本的要素と定めている点が特徴。

情報セキュリティ監査制度はISO 17799に準拠した体系として作られています。ISMSとの違いは、助言型監査から保証型監査まで広く扱うことです。セキュリティ意識の浸透していない企業では、簡単で限定的な助言型監査から開始することができます。

◆**助言型監査**

被監査組織の情報セキュリティマネジメントを推進、向上させる目的で行う監査。改善点を助言します。

◆**保証型監査**

被監査組織の情報セキュリティマネジメントが一定の水準に達しているか確認するために行う監査。規定水準を適切に満たしていることを保証します。セキュリティインシデントにあわないことを保証するものではありません。

徐々にセキュリティのレベルが上がっていくと、保証型監査に移行し、最終的にはISMS認証取得レベルに達することができます。

情報セキュリティ監査制度

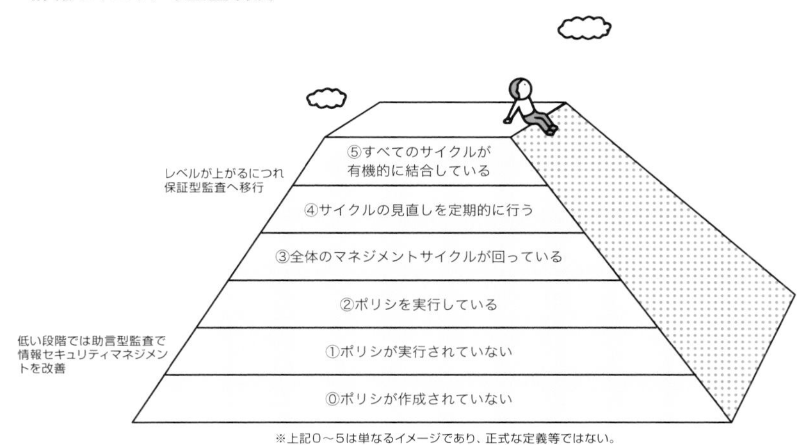

※上記0〜5は単なるイメージであり、正式な定義等ではない。

情報セキュリティ監査制度の基準

情報セキュリティ監査制度の中で、よく出題される基準として情報セキュリティ監査基準と情報セキュリティ管理基準を覚えておく必要があります。

二つの基準

基準名	対象	ポイント
情報セキュリティ監査基準	監査企業、監査人	監査人の行為規範を示す
情報セキュリティ管理基準	被監査企業、被監査組織	監査においてどのような点が評価されるかを示す

情報セキュリティ監査基準は、監査人の行動規範です。監査人に必要な資質や監査の方法が書かれています。

情報セキュリティ管理基準は、組織が情報セキュリティのマネジメントシステムを構築する場合のガイドラインです。監査人はこれに組織がきちんと適合しているかどうかをチェックします。

システム監査基準

システム監査基準は2023年に改訂された監査基準です。監査の前提となる監査人の倫理（誠実、客観、能力、秘密保持）が最初に述べられ、監査の属性に係る基準、監査の実施に係る基準、監査の報告に係る基準の3部構成になっています。システム監査は、情報システムを信頼性、安全性、効率性の観点から総合的に点検・評価し、関係者に助言・勧告するものです。これは、セキュリティ対策の実効性を担保しシステムの有効活用を実現する上

— MEMO —

システム監査は、あくまで助言・勧告であって命令はできない点は設問ポイント。

— MEMO —

会計監査のように、公認会計士でないとできない、ということはない（独占業務ではない）。

で、極めて有効な手段であるといわれています。

プライバシーマーク制度

プライバシーマーク制度はJIPDECが制定した個人情報の取扱いに対する認定制度です。個人情報の取扱いに対する体制を適切に整備している民間事業者を認証し、その事業者に対してプライバシーマークを交付します。事業者とその社員は、名刺にプライバシーマークを印刷することなどが許され、プライバシーへの積極的な取組みをアピールして事業を有利に進めることができます。個人情報保護法の施行で、今後増加傾向に拍車がかかる可能性もあります。

プライバシーマークの付与を希望する事業者は指定機関に申請して監査を受け、その結果によってプライバシーマークを得ることができます。指定機関を認定するのはJIPDECです。JIPDECに直接申請をすることもできます。

認定を得るためには、個人情報保護に関するコンプライアンス・プログラムの要求事項（JIS Q 15001）に準拠したコンプライアンス・プログラム（CP）を確立していることが必要です。CPに基づき実施可能な体制が整備され、個人情報の適切な取扱いが行われていることが確認されて初めて、プライバシーマーク認定がおりることになります。

プライバシーマークの有効期間は2年間です。また、個人情報の漏えいなど、セキュリティインシデントを起こした企業については、期限満了前にプライバシーマークが剥奪される場合があります。

— MEMO —

プライバシーマーク登録番号の構成は次のとおり。
Annnnnn (mm)
A…
指定機関を示すコード
nnnnnn…
民間事業者に付与する番号
mm…更新回数

参照

▶ 個人情報保護法
→p.261

— MEMO —

CPとはマネジメントシステムとほぼ同義である。プライバシーマークは個人情報を守るためのマネジメントシステムで、ISMSはセキュリティを守るためのマネジメントシステムである。

▼プライバシーマーク

個人情報保護に関するコンプライアンス・プログラムの要求事項(JIS Q 15001)

JIS Q 15001は個人情報保護に関するマネジメントシステムを認定するものです。ISMSなど、他のマネジメントシステムと同様、個人情報保護方針の作成、計画、実施・運用、監査、見直しといったPDCAサイクルを確立することになります。また、策定された個人情報保護方針は外部に対して公開しなければなりません。

個人情報の注意事項

個人情報保護を導入する際には、利用者の利益を保護することを優先して考えることがポイントです。

「利用者の利益を守る」というと、会社が損をするように思えて難色を示す経営者も存在しますが、利用者の利益と会社の利益は必ずしも相反するものではありません。その企業の個人情報保護方針の確認は8割の利用者が、プライバシーマークの取得については6割の利用者が関心をもっていると最近の調査でわかっています。

政府機関等の情報セキュリティ対策のための統一基準

「政府機関等の情報セキュリティ対策のための統一基準」はサイバーセキュリティ戦略本部が出している文書です。他に統一規範、運用指針、対策基準策定のためのガイドラインといった姉妹文書があります。統一基準は統一規範を受けて、すべての機関が守るべき事項(遵守事項)を具体的に定めています。

— MEMO —

たとえば、情報を機密性について3段階に、完全性と可用性について2段階に区分することを定義している。

COLUMN

サイバー・フィジカル・セキュリティ対策フレームワーク

経産省が策定した文書で、サプライチェーン全体のセキュリティ確保が目的です。コンセプト(モデル)、ポリシー(リスクの整理と対策要件)、メソッド(対策例)の３部からなります。「サイバー空間とフィジカル空間が高度に融合しつつある(Society5.0)」という現状認識のもと、サプライチェーンを価値創造過程(バリュークリエイションプロセス)と定義し、何を守るのか、どう対策するのかを明らかにしました。

試験問題を解いてみよう

平成31年度春期　情報セキュリティマネジメント試験　午前問8　一部改変

JIS Q 27001:2023（情報セキュリティマネジメントシステム—要求事項）において、情報セキュリティ目的をどのように達成するかについて計画するとき、"実施事項"、"責任者"、"達成期限"のほかに、決定しなければならない事項として定められているものはどれか。

ア　"必要な資源"及び"結果の評価方法"
イ　"必要な資源"及び"適用する管理策"
ウ　"必要なプロセス"及び"結果の評価方法"
エ　"必要なプロセス"及び"適用する管理策"

平成31年春期　情報セキュリティマネジメント試験　午前問40

経済産業省"情報セキュリティ監査基準 実施基準ガイドライン（Ver1.0）"における、情報セキュリティ対策の適切性に対して一定の保証を付与することを目的とする監査（保証型の監査）と情報セキュリティ対策の改善に役立つ助言を行うことを目的とする監査（助言型の監査）の実施に関する記述のうち、適切なものはどれか。

ア　同じ監査対象に対して情報セキュリティ監査を実施する場合、保証型の監査から手がけ、保証が得られた後に助言型の監査に切り替えなければならない。
イ　情報セキュリティ監査において、保証型の監査と助言型の監査は排他的であり、監査人はどちらで監査を実施するかを決定しなければならない。

ウ　情報セキュリティ監査を保証型で実施するか助言型で実施するかは、監査要請者のニーズによって決定するのではなく、監査人の責任において決定する。

エ　不特定多数の利害関係者の情報を取り扱う情報システムに対しては、保証型の監査を定期的に実施し、その結果を開示することが有用である。

⊢平成31年度春期　情報セキュリティマネジメント試験　午前問31　一部改変

JIS Q 15001:2023（個人情報保護マネジメントシステム—要求事項）に関する記述のうち、適切なものはどれか。

ア　開示対象個人情報は、保有個人データとは別に定義されており、保有期間によらず全ての個人情報が該当すると定められている。

イ　規格文書の構成は、ISQ 27001:2023と異なり、マネジメントシステム規格に共通的に用いられる章立てが採用されていない。

ウ　特定の機微な個人情報が定義されており、労働組合への加盟といった情報が例として挙げられている。

エ　本人から書面に記載された個人情報を直接取得する場合には、利用目的などをあらかじめ書面によって本人に明示し、同意を得なければならないと定められている。

解説 1

JIS Q 27001では、情報セキュリティ目的をどのように達成するか計画するとき、組織は実施事項、必要な資源、責任者、達成期限、結果の評価方法について決定しなければならないとしています。

答:**ア** (→関連:p.159)

解説 2

ア 助言型の監査の方がハードルが低いため、まずは助言型から始めると導入が円滑です。

イ 保証型監査と助言型監査は排他的な関係ではありません。片方から片方へ切り替えたり、併用したりすることも可能です。

ウ 監査を依頼する経営陣が、その責任においてどちらにするかを決定します。

エ 正解です。助言型監査はセキュリティ水準を高めるのに有効ですが、利害関係者への情報開示と安全性のアピールには保証型監査が効果があります。

答:**エ** (→関連:p.164)

解説 3

ア 開示対象個人情報と保有個人データは、同じものと考えて大丈夫です。

イ 他のマネジメントシステムを意識して作られています。一度マネジメントシステムを構築した経験があると、円滑に導入できるでしょう。

ウ JIS Q 15001:2006では確かに「特定の機微な個人情報の取得の制限」と書いてあったのですが、JIS Q 15001:2017から個人情報保護法にあわせて「要配慮個人情報」になりました。「要配慮個人情報」では勤労者の団結権などに触れていないので、誤りになります。

エ 正解です。書面によって取得する場合は、利用目的や取得組織を書面で明示し、書面で同意を得ないといけません。

答:**エ** (→関連:p.168)

2-4 セキュリティ評価

重要度：★☆☆

脆弱性の度合いを測ったりセキュリティの要件を定めたりする評価基準群は、数は少ないながらも意外と出題される。取りこぼしがないようにしっかり把握しておきたい。

POINT

- CVSS（共通脆弱性評価システム）＝各国が脆弱性情報を共有するしくみ。脆弱性の重大度を標準化した
- ベンダなどが脆弱性情報を出すときは、CVE（ID）とCVSS（スコア）を示すことが多い
- PCI DSS＝クレジットカード情報を安全に取り扱うための国際標準

2-4-1 セキュリティ評価基準

CVSS(共通脆弱性評価システム)

現在、脆弱性を評価したり、知識を標準化したりする枠組みはたくさんあります。それぞれに特徴があるので、頭に入れておきましょう。

〔脆弱性に関する主な枠組み〕

- ・JVN　：日本最大の脆弱性情報データベース
- ・CVE　：米国の脆弱性情報データベース。脆弱性を識別する一意な番号が各所で使われる
- ・CVSS：脆弱性の重大度の標準化
- ・CWE　：脆弱性の種類の標準化

特にCVSSは頻出です。CVSSは情報システムの脆弱性の重大度を評価する指標です。ベンダに依存せずオープンで包括的、汎用的な同一基準で評価します。

各ソフトウェアベンダが配信する脆弱性情報の、同じ脆弱性でもベンダごとに評価が異なる問題点を克服でき

用語

▶ CWE

CVSSが脆弱性の深刻度を表すのに対し、CWEは脆弱性の種類を表す。階層構造にまとめられていて、大きくはビュー、カテゴリ、脆弱性、複合要因の四つの観点で分類されるが、それらの下にはもっと細かい分類が存在する。

ます。CVSSには三つの基準があります。

基本評価基準

脆弱性の特性を評価するものです。機密性、完全性、可用性のCIAに対する影響を評価して、CVSS基本値と呼ばれる結果を出力します。脆弱性固有の深刻度がわかる基準で、固定値です。

現状評価基準

脆弱性の現在の深刻度を評価するものです。攻撃コードの有無や対策の有無などを基準に評価して、CVSS現状値を出力します。脆弱性の現状を表す基準で、対応が進むことなどにより変化する値です。

環境評価基準

最終的な脆弱性の深刻度を評価するもので、利用者の利用環境などが加味されます。対象製品の使用状況や、二次被害の大きさなどを評価して、CVSS環境値を出力します。利用者が脆弱性へどう対応するかを表す基準で、利用者ごとに変化します。

CVSSは、IPAの脆弱性対策情報データベース(JVNiPedia)でも採用されています。脆弱性の深刻さが数字で出てくるので、対応の順序や緊急度などを判断するのに便利です。

PCI DSS

PCI DSSとは、クレジットカード情報を安全にやり取りするための国際標準です。カード会員のデータと決済情報を保護するための12の要件が定められています。

— MEMO —

PCI DSSが定める情報保護の要件は以下のとおり。
1. ファイアウォール
2. パスワード
3. 会員データ保護
4. 暗号化
5. セキュリティ対策ソフトの導入
6. セキュアなシステム開発
7. 最小権限
8. ID共有の禁止
9. 物理アクセスの制限
10. アクセスの監視
11. セキュリティの定期的な監査
12. 情報セキュリティポリシの維持

試験問題を解いてみよう

平成30年度秋期　情報セキュリティマネジメント試験　午前問28

共通脆弱性評価システム（CVSS）の特徴として、適切なものはどれか。

ア　CVSS v2とCVSS v3は、脆弱性の深刻度の算出方法が同じであり、どちらのバージョンで算出しても同じ値になる。

イ　情報システムの脆弱性の深刻度に対するオープンで汎用的な評価手法であり、特定ベンダに依存しない評価方法を提供する。

ウ　脆弱性の深刻度を0から100の数値で表す。

エ　脆弱性を評価する基準は、現状評価基準と環境評価基準の二つである。

解説 1

CVSSの特徴は、ベンダに依存せずオープンで包括的、汎用的な同一基準で評価することです。脆弱性の深刻度は0～10.0の数値で表され、基本評価基準など三つの基準で評価されます。v3では大幅な改訂が行われ、コンポーネント単位で脆弱性を評価するようになりました。

答：**イ**（→関連：p.172）

2-5 CSIRT

重要度：★☆☆

CSIRTとは、国レベルや企業・組織内に設置され、コンピュータセキュリティインシデントに関する報告を受け取り、調査し、対応活動を行う組織の総称である。

POINT

- CSIRT＝インシデントが起きたときに、対応するチーム。小規模な組織から国家規模まで存在
- JPCERT/CC＝日本のCSIRTの元締め
- 企業や学校などは組織内CSIRTを置き、インシデント対応や技術サポートを行う

2-5-1 CSIRT

▶ CSIRT
Computer Security Incident Response Team

CSIRTとは

CSIRTは、情報セキュリティにまつわる何らかの事故（インシデント）が発生したときに、それに対応するチームの総称です。初動対応はもちろんのこと、情報を収集しての原因分析まで行います。

CSIRTは、企業や学校といった組織単位のものから、国際連携を行う大規模なものなど、さまざまな水準・大きさが混在しています。

日本を代表するリーダ的な存在であるCSIRTとして、JPCERT/CCというのがあり、国際連携の窓口としても機能しており、著名な人物も多く勤めています。

そのため、ついCSIRTというのは、自分には関係のないものだと考えてしまいがちです。しかし、企業内につくられるセキュリティチームも立派なCSIRTですし、自組織内のセキュリティの面倒をきめ細かくみる重要な役割を担っています。

組織内CSIRTの役割

組織（企業や学校など）内CSIRTは、まさに情報セキュ

リティマネジメント試験を受験する方の活躍の場と言えるでしょう。対象範囲で起こったインシデントへの対応や、技術的な支援を行うなどの仕事（サービスと呼ばれます）が待っています。

ここで、対象範囲に注意が必要です。組織内の情報システムや社員に対してサービスを提供するのはもちろんですが、顧客や関連企業にもサービスを提供する可能性があります。

〔組織内CSIRTの役割〕

＊インシデント対応や技術支援などのサービスを行う

＊サービス対象には、顧客や関連企業を含むこともある

組織内CSIRTの重要な役割は、利用者からの事故（インシデント）報告を受けることです。窓口を統一することで、利用者が素早く間違いなくインシデント報告をすることができます。すべてのインシデントに独力で対応する必要はありません。外部のCSIRTと適切な関係を保ち、状況に応じて依頼できる関係を構築しておきます。

インシデント情報はなりすましである場合もあります。改ざんや盗聴がない経路の確保も組織内CSIRTの仕事です。

▼CSIRT

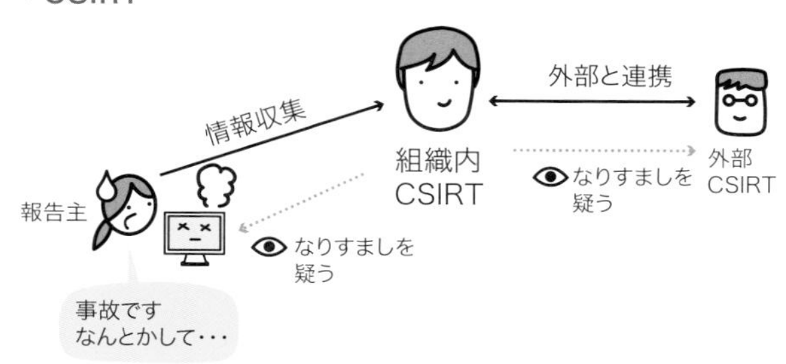

試験問題を解いてみよう

平成31年度春期　情報セキュリティマネジメント試験　午前問2

JPCERT/CC“CSIRTガイド(2015年11月26日)”では、CSIRTを活動とサービス対象によって六つに分類しており、その一つにコーディネーションセンターがある。コーディネーションセンターの活動とサービス対象の組合せとして、適切なものはどれか。

	活動	サービス対象
ア	インシデント対応の中で、CSIRT間の情報連携、調整を行う。	他のCSIRT
イ	インシデントの傾向分析やマルウェアの解析、攻撃の痕跡の分析を行い、必要に応じて注意を喚起する。	関係組織、国又は地域
ウ	自社製品の脆(ぜい)弱性に対応し、パッチ作成や注意喚起を行う。	自社製品の利用者
エ	組織内CSIRTの機能の一部又は全部をサービスプロバイダとして、有償で請け負う。	顧客

解説 1

JPCERT/CCのCSIRTガイドでは、CSIRTを「組織内CSIRT」「国際連携CSIRT」「コーディネーションセンター」「分析センター」「ベンダチーム」「インシデントレスポンスプロバイダ」の六つに分類しています。コーディネーションセンターは名前のとおり、調整役となるCSIRTです。

答:**ア** (→関連:p.175)

2-6 システム監査

重要度：★★★

システム監査の種類や、監査時に利用する基準類、システム監査人に必要な要件などについて出題が予想される。システム監査の実施手順やサイクル、監査終了時に提出する文書、報告の方法についてもおさえておこう。

POINT

- 第一者監査＝自分で行う監査。内部監査とも言う。監査人は倫理、公平、独立性、専門性、論理的思考を持つ
- 監査証跡＝判断の根拠にする証拠。監査基準と監査証跡から監査判断を導く
- 被監査部門も積極的に監査に協力する。普段から内部統制を確立しておけば大丈夫

2-6-1 システム監査

システム監査とは

システム監査とは、情報システムを運用していく上で問題となる事項を第三者的な視点からチェックする実地調査です。事業活動の安全性と社会的信頼性の確保を目的に行われます。ここではISMSの引用規格であるISO 19011に沿って監査手順の解説を行います。

セキュリティ監査という用語もあるので、違いに戸惑うかも知れませんが、そのプロセス自体は同一です。両者はお互いを補完しあう存在であって、排他的な関係でもありません。監査の範囲と目的が異なるものだと理解して下さい。

用語

▶ **ISO 19011**
ISO 9000やISO 14000で使われる監査の指針。

二つの監査

	監査範囲	監査目的
システム監査	システムに関わる事柄	経営活動全般の評価と改善
セキュリティ監査	情報資源全般	セキュリティの構築と維持

内部統制とは

監査の目的は、内部統制（コントロール）が十全に機能しているか評価することです。内部統制とは、企業の業務において、不正行為や不法行為、ミスなどが行われないよう、業務手続を定め、それを管理していくことです。試験では、監査分野でよく出題されます。不正行為やミスが生じないようにするためには、社員教育やエラープルーフなどの対策がありますが、それ以上に監査体制が整っていることが非常に重要です。

情報システムの視点からいえば、可監査性の高いシステムや、エラープルーフがきちんと備わっているシステム、アクセス管理が適切になされているシステムが、内部統制が行われている例として挙げられます。近年問題になった事件は、エラープルーフの不備など、内部統制が機能していなかった点に原因を求めることができます。

内部統制を行う目的は、企業活動の効率性向上、財務報告の透明性確保、法令遵守の徹底、セキュリティマネジメントなど、多岐に渡っています。

監査基準

監査基準は監査を実施する際の方針や手順を指します。監査では、監査基準が満たされていることを合格／不合格の形で判断したり、満たされている程度を数値で表したりします。客観的に監査を行うため、監査基準は明文化されていなければならず、また判断を行うための監査証跡は事後検証できる形で収集し、記録されなければなりません。監査基準は各企業が個別に作成したり、経済産業省の標準的な基準である情報セキュリティ管理基準を利用したりします。同じ条件であれば、誰が監査しても同じ結論が出せる、という点が重要です。

監査の種類

システム監査には監査人の立場によって三つの種類があります。

用語

▶ **監査証跡**

監査証跡はその監査結果を得るにいたった状況証拠のこと。信頼性に関するもの、安全性に関するもの、効率性に関するものの三つに分類される。

▶ **デジタルフォレンジックス**

情報システムの状態や利用履歴を記録し、公的な証拠能力を保有する水準で維持保全する体系を指す用語。ログそのものだけではなく、ログを取得する範囲や方法、分析手法も含めた概念であることに注意。

[第一者監査　自組織自身による監査
第二者監査　被監査組織の利害関係者による監査
第三者監査　独立した監査機関による監査]

第一者監査は自分自身をチェックするため、内部監査ともよばれます。第二者監査は取引先の状況をチェックする際などに行われます。第三者監査は外部の機関に監査を依頼します。

参照

▶ 情報セキュリティ管理基準
→p.166

監査の種類

第一者監査

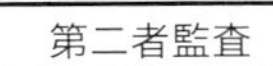

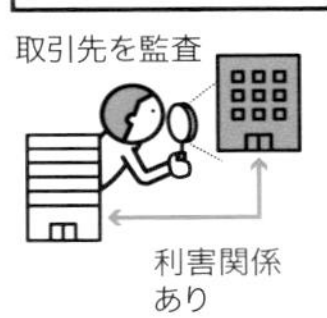

監査人の選定

監査人になるために特に必要な職位などはありませんが、次の要素をもつ人物であることが望まれます。

〔監査人としての要素〕
* 倫理的行動（誠実、実直）
* 公平／公正なプレゼンテーション（ありのままの報告、客観的な視点）
* 職務遂行における必要な力量（判断力、専門家としてのスキル）
* 独立性（組織圧力からの解放）
* 証拠に基づく客観的なアプローチ（論理的思考）

— MEMO —

監査のポイント、監査人の役割や権限、監査証跡の内容などについては出題が予想されるため、「情報セキュリティ監査基準」や「システム監査基準」に目を通しておく必要がある。

これらの要素を維持できるスキル、立場、倫理観をもつ人物であることが要求されます。

特に内部監査を行う場合は、職位の低い人物が監査人として選定されると、職位上位者が社内での立場を利用して自分に不利益な結果がでないよう要求するようなケースが発生します。このため、監査人は経営者によって独立した立場、強い立場を保証されなければ、正当な監査を行うことができません。

監査の流れ

— MEMO —

第二者監査や認証取得監査の場合は合格かどうかを決めるという目的をもつ場合もある。

監査は事業活動の安全性を維持するための活動なので、検査して合格・不合格を決めることが目的ではありません。

監査結果を反映して事業活動をより堅固なものにするために、監査はPDCAサイクルで行われます。

監査のPDCA

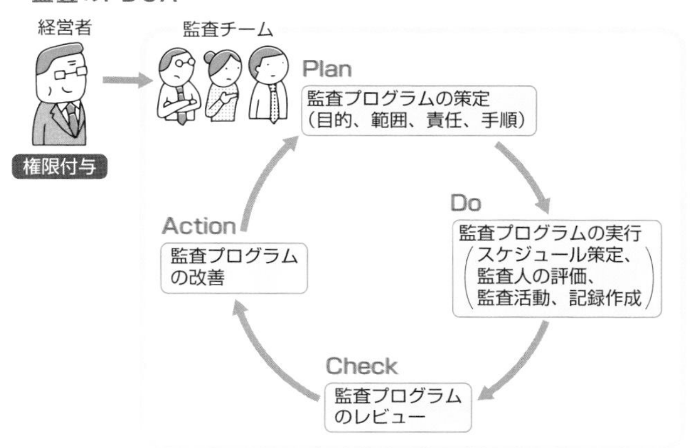

監査活動のステップ

監査の中核に位置づけられる監査活動は、一般的に7段階のステップで構成されます。

〔監査活動の7段階〕

①監査の開始
②文書レビュー
③現地監査活動の準備
④現地監査活動の実施
⑤報告
⑥監査の終了
⑦フォローアップ

監査の開始

監査はチームリーダの指名、監査目的、監査範囲、監査基準の明確化によって開始されます。この段階で監査の実施が困難であると判断された場合は、監査を中止することもあります。決定された監査目的によって監査チームが選定されます。この段階で監査計画書が作成されます。

— MEMO —

監査計画には、経営方針や情報戦略に対応した活動方針を設定する中長期計画と、中長期計画に基づく年度計画である基本計画、基本計画に基づいた個々の監査計画である個別計画がある。ここで策定する監査計画は個別計画。

文書レビュー

文書化されている範囲内で、監査基準への適合性を判断します。文書類が適切でない場合は、現地監査活動の実施を遅らせる場合があります。

ISMS監査では、採用を決めている詳細管理策に対して、提出されたセキュリティプロシジャ、実施状況報告書などが不整合を起こしていないかチェックします。

現地監査活動の準備

現地監査活動では、業務現場の責任者や担当者へのインタビューや業務状況の目視検査などが伴うため、被監査対象の業務に影響が出ることが予想されます。そのため、現地監査に先立って、スケジュールの調整や承認、インタビュー対象者のアポイントメントをとる必要があります。

また、監査漏れが生じないようチェックリストの作成などが行われます。

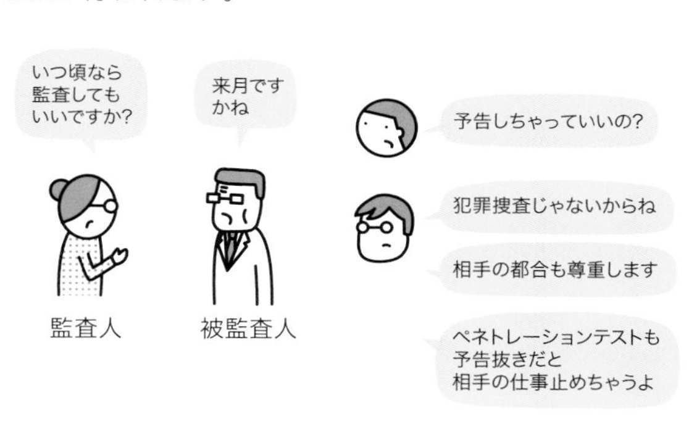

現地監査活動の実施

現地監査活動では、経営者や被監査部門の責任者、担当者との開始会議を行い、監査目的の確認などを行った後に監査を開始します。

監査活動では、システムログのサンプリングや業務手順の観察、担当者へのインタビューなどを通じて監査証拠を収集します。

第三者監査の場合などは、案内担当者がつけられることが予想されますが、案内担当者の誘導話法などによって、監査内容に影響を受けないよう留意します。

適切な監査証拠が収集できたら、それをもとに**監査調書**を作成します。監査調書は、十分な監査証拠や監査人の責任についての判断資料となるばかりでなく、次回以降の監査計画を立案する場合の参考資料としても使われます。

監査調書を監査基準と照合して監査所見を得ます。監査チームはこれをレビューして最終的な監査結論を導き、監査報告書を作成します。

監査基準に対して不適合があるとの監査結論が提出さ

用語

▶ **サンプリング**
ここではログからある部分を抜き出して監査証跡とすることを指す。ログは膨大であり、全体を監査証跡とするのは不可能な場合が多いためである。全体の傾向を反映したサンプルになるよう注意してサンプリング手法を選ぶ必要がある。こうした点を考慮した手法を統計的サンプリング法という。

れた場合は、勧告とそのフォローアップ計画を監査報告書に盛り込みます。これらの情報は終了会議で被監査者に報告されます。

フォローアップ

監査によって検出された不適合状態を除去することを**修正**とよびます。また、不適合の根本原因を除去することを**是正処置**とよびます。監査によって修正や是正処置の必要性が指摘された場合は、その実施と実施内容、実施状況の妥当性を確認します。

監査はあくまでも、監査時点に監査基準を満たしているかどうかを判定するものだという点に注意が必要です。その後の経営環境の変化などで、不適合状態が発生する可能性はいくらでもあります。監査の有効性を維持し続けるためには、継続的な監査の実施が必要です。

被監査者側が対応すべきこと

監査というと、どうしても監査人が行うべき業務、と人ごとのように捉えてしまいがちです。セキュリティマネジメント試験の合格者にしても、監査人の立場に立つ人は少数で、おそらくは被監査側のリーダになるケースが多いでしょう。

しかし、システム監査とは被監査者にとっても人ごとではなく、まして監査人との喧嘩や化かし合いではありません。会社の業務をより効率的に、安全に進めていくという目標は同じなのですから、監査人と被監査者が協調して監査に取り組む必要があります。

そこで大切なのが、監査しやすい業務運営のしくみや情報システムを確立しておくことです。監査のしやすさのことを**可監査性**といいます。可監査性の高いシステムとは、企業内に**内部統制**(**コントロール**)が存在し有効に機能していること、監査証跡を取得するためのしくみが情報システム等に組み込まれていること、などを差します。

監査証跡の種類は、信頼性に関するもの、安全性に関するもの、効率性に関するものに大別できます。これらの監査証跡が、確認したいときにいつでも確認できるようになっていること、監査証跡の改ざんなどができないようになっていることが重要です。もちろん、これ以外にも業務手順の標準化、明文化なども可監査性を高めることに寄与します。可監査性を高めることは、単に監査への対応だけでなく、業務の透明性を保ち、合理的な業務機構を整えることであると考えて下さい。

用語

▶ **監査証跡と監査証拠**

監査証跡の方がより厳密な意味で用いられる。監査証跡は必ず監査証拠になるが、逆は成立しない場合がある。

試験問題を解いてみよう

令和5年度　情報セキュリティマネジメント試験　公開問題　問9

情報システムのインシデント管理に対する監査で判明した状況のうち、監査人が、指摘事項として監査報告書に記載すべきものはどれか。

ア　インシデント対応手順が作成され、関係者への周知が図られている。
イ　インシデントによってデータベースが被害を受けた場合の影響を最小にするために、規程に従ってデータのバックアップをとっている。
ウ　インシデントの種類や発生箇所、影響度合いに関係なく、連絡・報告ルートが共通になっている。
エ　全てのインシデントについて、インシデント記録を残し、責任者の承認を得ることが定められている。

令和元年度秋期　情報セキュリティマネジメント試験　午前問40

アクセス制御を監査するシステム監査人の行為のうち、適切なものはどれか。

ア　ソフトウェアに関するアクセス制御の管理台帳を作成し、保管した。
イ　データに関するアクセス制御の管理規程を閲覧した。
ウ　ネットワークに関するアクセス制御の管理方針を制定した。
エ　ハードウェアに関するアクセス制御の運用手続を実施した。

平成30年度春期　情報セキュリティマネジメント試験　午前問40

システム監査実施における被監査部門の行為として、適切なものはどれか。

ア　監査部門から提出を要求された証憑（ひょう）の中で存在しないものがあれば、過去に遡って作成する。
イ　監査部門から要求されたアンケート調査に回答し、監査の実施に先立って監査部門に送付する。
ウ　システム監査で調査すべき監査項目を自ら整理してチェックリストを作成し、それに基づく監査の実施を依頼する。
エ　被監査部門の情報システムが抱えている問題を基にして、自ら監査テーマを設定する。

平成30年度秋期　情報セキュリティマネジメント試験　午前問39

システム監査において、電子文書の真正性の検証に電子証明書が利用できる公開鍵証明書取得日、電子署名生成日及び検証日の組合せはどれか。

なお、公開鍵証明書の有効期間は4年間とし、当該期間中の公開鍵証明書の更新や失効は考慮しない前提とする。

	公開鍵証明書取得日	電子署名生成日	検証日
ア	2012年3月1日	2014年8月1日	2018年12月1日
イ	2014年1月1日	2016年12月1日	2018年2月1日
ウ	2015年4月1日	2015年5月1日	2018年12月1日
エ	2016年8月1日	2014年7月1日	2018年3月1日

解説 1

事故の現場ではトリアージ（優先順位をつけて重要なものから処理していく）が大事です。ウの「種類や発生箇所、影響度合いに関係なく、連絡・報告ルートが共通」は一見よさそうですが、指摘すべき事項です。

正解：**ウ**（→関連：p.183）

解説 2

監査人は評価と助言を行いますが、実際の改善活動は被監査人が行わねばなりません。そのため、管理台帳の作成・保管や管理方針の制定、運用手続の実施を謳っている選択肢は誤答であると判断することができます。管理規程の閲覧をしている**イ**が正解です。

答：**イ**（→関連：p.181）

解説 3

ア　捏造です。
イ　正解です。監査というと抜き打ちのイメージがありますが、事前にスケジュールなどを入念に調整するのが一般的です。
ウ　監査部門が行う業務で、被監査部門がタッチしてはいけません。
エ　監査のテーマは依頼人が設定します。

答：**イ**（→関連：p.184）

解説 4

ア　公開鍵証明書の有効期間が4年間ですので、検証日には期限切れになっています。
イ　**ア**と同様です。
ウ　正解です。
エ　公開鍵を取得して真正性を証明できるよりも前に、電子署名を作っています。しがたって、検証はできません。

答：**ウ**（→関連：p.181）

情報セキュリティ対策

3-1 マルウェア対策

重要度：★★★

マルウェアの感染経路は、主にネットワーク経由となっている。マルウェア対策は、基本的にはウイルス対策ソフトを利用して行う。パターンファイルは常に最新に保たなければならない。感染時の初動対応項目も理解しておく必要がある。

POINT

- コンピュータウイルスの定義は自己伝染機能、潜伏機能、発病機能
- 感染経路は相変わらずメールが主体。SNSでの感染例が増加
- 対策ソフトを導入し、常に更新して使う。例外を作らないことが重要

3-1-1 マルウェアとは

マルウェアの分類

マルウェアとは、コンピュータウイルスやスパイウェアなど、悪意をもって作られたプログラムの総称です。広義のウイルスと同義ですが、以下の表のように狭義のウイルスもあってややこしいので、広義のウイルス＝マルウェアで置き換えが進んでいます。本書でも原則として、広義のウイルス＝マルウェアの用法を採用します。

マルウェアの実体は、ユーザに隠ぺいされる形式でメモリや補助記憶装置に保存されるプログラムです。

— MEMO —

ガイドラインなどでは「コンピュータウイルス対策基準」のように広義のウイルスが未だに使われている。情報処理技術者試験でも混在している。

マルウェアの分類

呼び方	定義
ウイルス(広義)	下記の3種のプログラムを包含する
ウイルス(狭義)	他のプログラムに寄生する
ワーム	他のプログラムに依存せず、独立して破壊活動を行い、自己増殖する
トロイの木馬	通常は有用なプログラムとして動作するが、きっかけが与えられると破壊活動や増殖を行う

— MEMO —

現在の主なマルウェアは、これらの機能を組み合わせたハイブリッド型で、型によって対処方法が変わることはあまりなくなっている。そのため、このような分類は無意味であるという意見もある。

ウイルス(狭義)

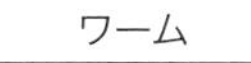

自己増殖する

トロイの木馬

不正動作を行う
プログラムが
隠されている

ウイルスの多くはファイルの破壊や個人情報の漏えい、ローカルノードを踏み台にした再感染など、システムに被害を及ぼします。こうした被害は、企業経営の要となる事業継続性に対して深刻なリスクを与えます。ウイルス感染のリスクをコントロールすることが重要です。

コンピュータウイルスの3機能

1990年に通商産業省(現経済産業省)が策定した「コンピュータウイルス対策基準」では、次の三つの機能のうち一つ以上を持つものをウイルスと定義しています。

用語

▶ **コンピュータウイルス対策基準**
情報システム安全対策基準を補完する目的で1990年に制定された基準。コンピュータウイルスの予防と発見、対処方法について、ユーザ視点での基準、管理者視点での基準というように役割ごとに対処方法が示されている点が特徴で、非常に実効性の高い基準であるといわれている。

自己伝染機能

ウイルス自身やOS、アプリケーションの機能を利用して、他のノードに自分のコピーを作成する機能です。

潜伏機能

ウイルスとしての機能を起動して発病するまでに一定の期間や条件を定めて、それまで沈黙する機能です。潜伏期間が長くなると、感染経路の特定が難しくなります。

発病機能

メッセージの表示や、ファイルの破壊、個人情報の漏えいなどを実行する機能です。

コンピュータウイルスの3機能

自己伝染機能	自分を他の機器にコピーする
潜伏機能	発病までに一定期間をおき、感染を拡大する
発病機能	各種破壊活動を起こす

コンピュータウイルスの感染経路

ウイルスの感染経路は、主に媒体感染とネットワーク感染に大きく分類されます。

— MEMO —

SNSがマルウェアの感染経路となる例も増加している。

媒体感染

USBメモリなどの記憶媒体を通じた感染経路です。

MBR 感染

コンピュータウイルスは媒体を介して感染、拡大します。ハードディスクのMBRやUSBメモリのブートセクタにウイルスが潜伏した場合、起動時に必ず読み込んでしまうため、容易にシステムに感染します。

ただし、この方式ではUSBメモリなどのブートセクタと書き換えが可能な媒体を介して感染するため、感染速度は比較的低速でした。また、ユーザにとっても物理的に目に見えるものを監視すればよいため、比較的対策が立てやすいといえます。

用語

▶ **MBR**
マスターブートレコード(Master Boot Record)。ハードディスクの先頭にある部分でOSの起動時に読み込まれる。

用語

▶ **ブートセクタ**
補助記憶装置が持つ多数のセクタのうち、PCが起動するときに最初に読み込むセクタのこと。

MBR感染

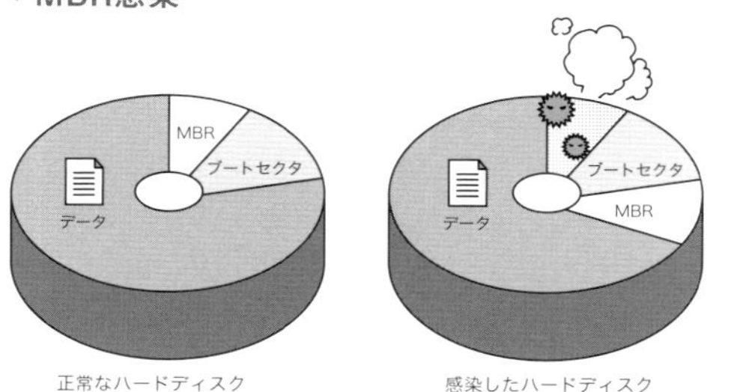

ネットワーク感染

現在ではネットワークが一般的なインフラとして利用されるようになり、メールへの添付ファイルやファイル共有などが主要な感染経路となっています。

メール感染

「.exe」や「.com」などの実行形式ファイルが添付されたメールが送られてきます。これを開いてしまうとウイルスがローカルノードに侵入します。

非常に単純な感染方法ですが、標的型攻撃要素と組み合わせることで多くの感染例を生んでいます。メールは情報リテラシの低いユーザも多く利用することもウイルスの感染を助長しています。

HTMLメールでは、メーラー(メールクライアントソフト)の設定やセキュリティホールの存在によっては、プレビューしただけで感染するものもあります。

— MEMO —

Windowsの「登録されている拡張子を表示しない機能」が狙われている。もともとは初心者を混乱させないための機能だが、例えば、「ウイルス.txt.exe」というファイルを作ると、最後の拡張子が省略されて「ウイルス.txt」と表示される。無害なテキストファイルのように見せかけることができるので、注意が必要。

参照

▶ **標的型攻撃**
→p.60

ファイル共有感染

ウイルスが実行された際にアクセス可能なファイルに対して感染します。感染方法としては従来からありますが、システムのネットワーク化によりアクセス可能なファイルが飛躍的に増加しているため注意が必要です。

適切なアクセス権を設定することや、不必要なポートを閉じることで被害を抑制することができます。

— MEMO —

空いているポート(とその裏で稼働しているデーモンやサービス)に対して、いきなり不正なデータを送りつけて感染するタイプのウイルスがある。ファイルを開く、ファイル共有をするなどの行為を行っていなくても、設定上のミスやセキュリティホールが存在すると感染するのが特徴。対策としては、セキュリティパッチの適用、ファイアウォールの設置などがあげられる。

▼ファイル共有による感染

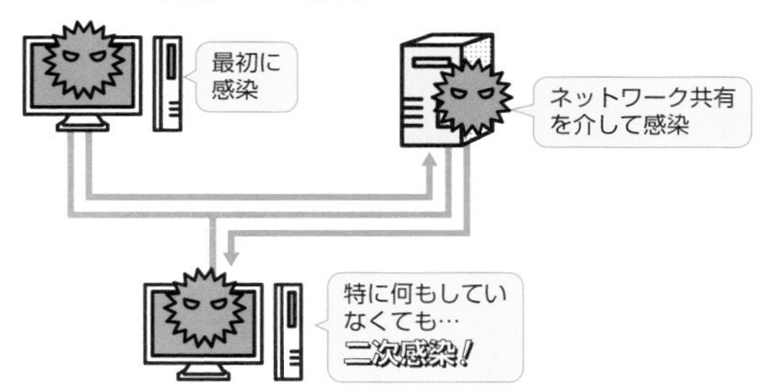

その他のマルウェア

マクロウイルス

マクロウイルスは、ワードプロセッサや表計算ソフトのマクロ機能により、作成されファイルに感染して拡大します。

マクロウイルスの特徴は、ウイルスの作成が比較的容易であることと、ワープロ文書や表計算文書という比較的馴染みのある文書ファイルに寄生するため、不注意に開いてしまいがちな点にあります。

現在のマクロ記述言語は高度な実行環境をもっているため、システムへの破壊力は他のウイルスと変わりありません。また、デファクトスタンダードになっているソフトの文書であれば、感染力も大きくなります。

マクロウイルスへの対策は、ユーザへの教育、ウイルスチェックの実施などの他に、マクロが本当に業務上必要なのかという業務フローの見直しによっても行えます。多くのソフトウェアはマクロ機能を遮断して運用することが可能です。

用語

▶ **ダウンロード型ウイルス**
感染後に別のファイルをダウンロードして、更なる破壊活動を行うウイルス。ウイルス対策ソフトも、ウイルスの内容を評価しにくい。URLフィルタによって、ダウンロード元との通信を遮断することで対策する。

スパイウェア

感染した機器内の機密情報や個人情報を収集して、攻撃者に送信するタイプのマルウェアです。トロイの木馬になっていることも多く、表面上はゲームやユーティリティなどの役に立つソフトとして振る舞い、発見を困難にします。

用語

▶ **ステガノグラフィ**
情報を隠蔽する技術。秘密にしたいデータを別のデータに埋め込んで、存在そのものを隠すこと。

ランサムウェア

身代金を要求しているタイプのマルウェアです。この場合の人質はデータで、感染した端末のデータを暗号化し、攻撃者以外が解読できない状況を作り、お金を要求してきます。データは業務遂行上、極めて重要なのでお金を払ってしまう組織もあります。しかし、要求に応じたからといって、データが復元される保証はありません。

用語

▶ CAPTCHA
文字列を歪んだ画像などにして、利用者に入力させる方法。ボットによる自動アカウント取得などを回避するのに有効。

ボット

一般的には自動化アプリのことですが、マルウェア関連の話題では乗っ取り型ウイルスを指します。ボットに感染したPCは攻撃者のいいなりになってしまいます。攻撃者が多数のボットで作り上げるいいなりネットワークのことをボットネット、攻撃者が使う指示命令用サーバのことを**C&Cサーバ**といいます。クラッカはボットネットを使って、DoS攻撃スパムメールを送信するなどの仕事を請け負います。

マルウェアの特徴

スパイウェア	情報を収集して攻撃者に送る
ランサムウェア	データを読めなくして金銭を要求する
ボット	PCを乗っ取り、ボットネットを作る

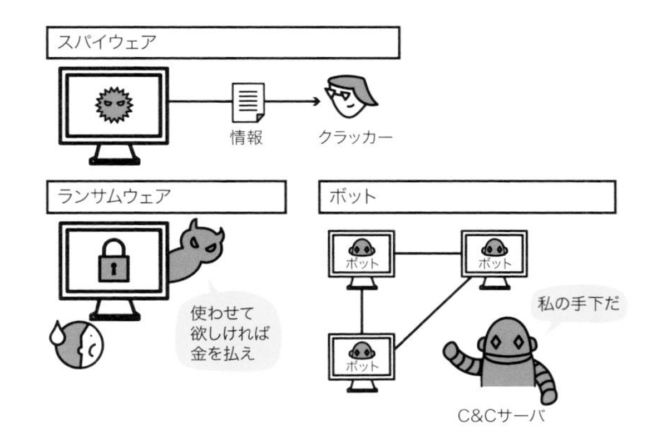

3-1-2 マルウェア対策

— MEMO —
ウイルス対策ソフトは検索エンジンとパターンファイルから成っている。パターンファイルを「ウイルス定義ファイル」「シグネチャ」とよぶベンダやソフトウェアもある。

ウイルス対策ソフト

現在主要なウイルス対策ソリューションと考えられているのが、**ウイルス対策ソフト**です。ウイルス対策ソフトは、**パターンファイル**とよばれるウイルスの特徴を記述したデータベースをもち、ローカルノードに流れ込むデータを監視します。

監視中のデータにウイルスと同じパターンのものが存在した場合、このデータを隔離してユーザに警報を表示します。

また、定期的にハードディスクやメモリの感染チェックを行い感染の有無を確認します。

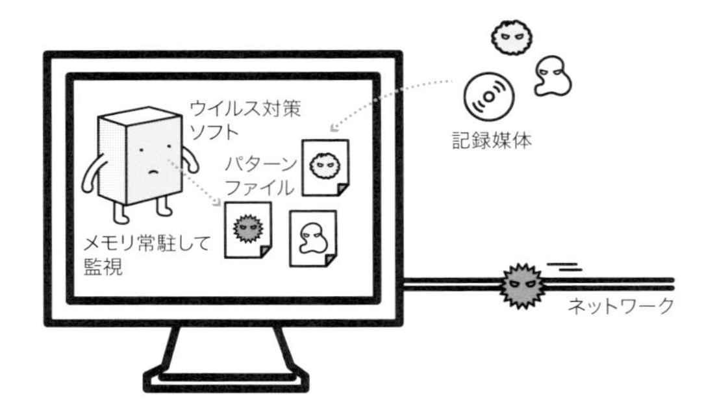

ウイルス対策ソフトの限界と対策

ウイルス対策ソフトは、非常に効果的なソリューションですが、構造的な問題点もあります。

パターンファイルに情報のあるウイルスしか検出できない

ウイルス対策ソフトは、単純にパターンファイルと流入データを比較しているだけです。このため、パターンファイルに登録されていないウイルスには対処できません。登録されるまでの間に感染する危険があります。これを防ぐためには**パターンファイルを常に最新に保つこと**が必要です。

圧縮データに弱い

プログラムを圧縮するのは、元のビットパターンを変更するのと同じ意味をもちます。圧縮してビット列が変わったウイルスを検出できず、解凍後に感染することもあります。

このため、標準的な圧縮方法に関しては、サポートするウイルス対策ソフトが増えました。

用語

▶ **セキュアブート**
PCを起動できるのを、デジタル証明書によって認証されたソフトウェアのみに限定するしくみ。

▶ **ファジング**
ファズと呼ばれるソフトウェアに問題を生じさせそうなデータを投入し、脆弱性を検出する手法。例えば長いデータや特殊文字を含んだデータが投入される。

▶ **リバースエンジニアリング**
製品の構造を解析すること。ソフトウェアの場合は逆コンパイルによるソースコードの抽出などが行われる。

ウイルス対策ソフトを導入しても、これらの事項が考慮されていない場合は容易にウイルスに感染します。近年特に指摘されているのは、**パターンファイルの更新を確実に行う**ことです。

新規のパターンファイルがリリースされるとユーザに通知する機能や、強制的にパターンファイルをダウンロードする機能、クライアントノードのパターンファイルバージョン番号を管理するサーバソフトウェアなどの対策が考えられています。

— MEMO —

セキュリティホール情報が出回ってから、それを突いたウイルスが作成されるまでの期間は確実に短くなってきている。セキュリティホール情報が出回るより早く、そのホールを突いたウイルスが作成され、攻撃されることを**ゼロデイ攻撃**という。p.69参照。

ヒューリスティック法（静的ヒューリスティック法）

パターンマッチングでは検出できないウイルスを見つけるための手法の一つです。ウイルスの特徴的な動作を事前に登録しておき、コードから予測される動作と比較することで、そのコードが未知のものであってもウイルスか否かを判定するものです。静的ヒューリスティック法とも呼ばれます。

ビヘイビア法（動的ヒューリスティック法）

静的解析をさらに押し進めた手法です。ウイルス検査の対象であるファイルを実際に動作させ、その挙動（機密領域へのアクセスや送受信データ量の増大など）によってウイルスか否かを判定します。もちろん、この処理はコードを動作させても問題のないサンドボックスなどで行われます。

用語

▶ **サンドボックス**
保護領域。その中でプログラムを動かすと、たとえウイルスに感染していても、他のプログラムやシステムに害を及ぼさない。

検疫ネットワーク

頻繁に社内LANへの接続と遮断を繰り返すモバイル機器やBYODでは、ウイルスに感染していたり、ウイルス対策ソフトが最新でなかったりする危険性が考えられます。そこで社内LANに接続する前に、隔離されたLANに接続し、これらの検査を行います。これが検疫ネットワークです。

参照

▶ **BYOD**
→p.202

— MEMO —

多くの場合は、利便性の観点からこうした処置がとれないが、例えば、金融機関の基幹システムなどで採用されている。

対策ソフト

実際に動かすことなくチェック

ビヘイビア法

対策ソフト

隔離された領域で
実際に動かしてチェック

検疫ネットワーク

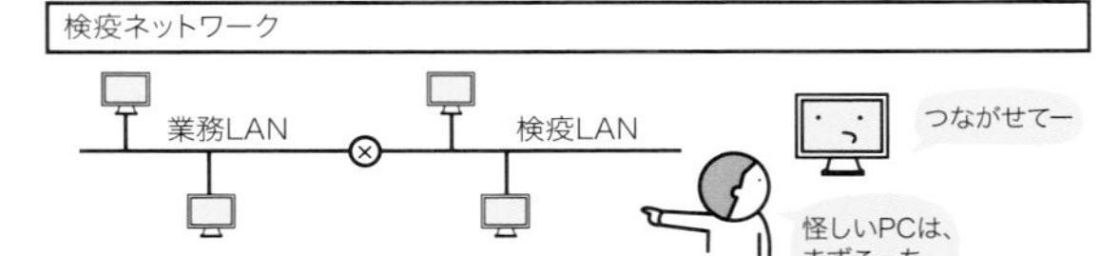

ネットワークからの遮断

ウイルスの脅威を無効化するには、感染経路そのものを遮断してしまうことも効果的です。ネットワークに接続せず、USBメモリの挿入やハードディスクの交換も行わなければ、そのノードはウイルスの感染に対して非常に強靭になります。

これほど極端である必要はありませんが、ネットワーク設計を行う際に**「このノードは本当にネットワークに接続する必要があるのか」「このポートは開けておく必要があるのか」といった視点をもつ**ことは重要です。

用語

▶ **ノード**
ネットワーク上に存在する端末や通信機器。

感染後の対応

どのような対策も完全にウイルス感染を抑止することはできません。ネットワーク管理者は万一の場合に備えて、感染後の対応手順を作成しておく必要があります。

用語

▶ **ホスト**
ノードのうち、IPアドレスが割り当てられているもの。

〔感染後の対応手順〕

初動対応

①感染したシステムの利用停止
②ユーザへのアナウンス
③ネットワークからの切断

復旧

④ウイルスと影響範囲の特定
⑤復旧手順の確立と復旧作業

事後処理

⑥原因の特定と対応策の策定
⑦関係機関への届出

用語

▶ **スナップショット**
システムの状態を保存したイメージデータ。

— MEMO —

特にユーザが自分で勝手に処置しないこと、という点は情報処理技術者試験ではよく出題される。

初動対応

ウイルスに感染した場合は、速やかに感染ノードをネットワークから切断して使用を中止します。この時点で重要なのは二次感染の防止です。原因の特定などは後回しにして、後の解析で必要なスナップショットなどを記録するに留めます。

最初にウイルスを発見したユーザが半可通な知識で対処を行い、被害を拡大させたり通報が遅れたりすることのないよう、教育と対応マニュアルの整備を行う必要があるでしょう。

また、ウイルスの感染があったことをユーザに通知して注意をよびかけるとともに他の感染例がないかチェックします。

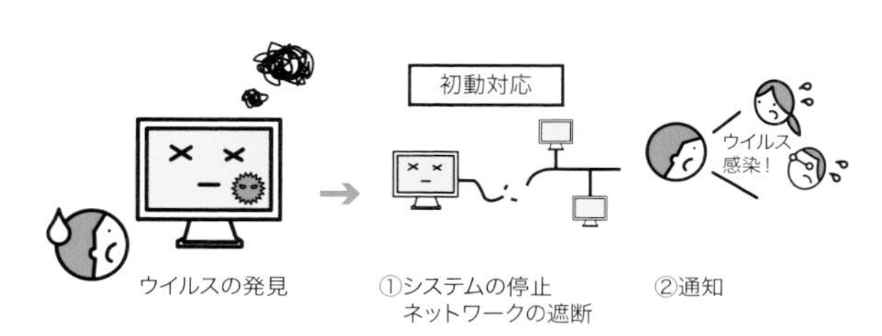

復旧

これらの初動対応の措置が済んだ後で、ウイルスの特定と復旧作業に着手します。復旧作業中に二次感染を引き起こさないよう、完全に遮断された環境で作業を行い、十分なチェックを行ってからネットワークへ接続します。

ウイルスが特定できない場合や、除去が不可能な場合はOSの再インストールを行う必要があります。データもバックアップから取得する必要があり、大変時間がかかります。そのため、ダウンタイムを短縮しなければならないシステムでは普段からイメージファイルを保存して復旧手順を高速化します。

これらの復旧作業手順は必ず記録に残し、後日、監査できるようにします。ウイルス感染時は時間的にも精神的にも追いつめられますが、口頭での指示や確認は最終的な被害を大きくする原因の一つです。

用語

▶ **イメージファイル**
ディスクの内容を丸ごとファイル化したもの。

事後処理

完全に復旧が済んだら、再発防止策の策定と実施、関係機関への通知を行って対応プロセスが終了します。

ウイルス対策の基準

ウイルス対策への取組みはユーザへの啓蒙教育なども含めて包括的に行う必要があります。コンピュータウイルス対策基準では、次の項目が定められています。

参照

▶ **コンピュータウイルス対策基準**
→p.191

①システムユーザ基準（18項目）
②システム管理者基準（31項目）
③ソフトウェア供給者基準（21項目）
④ネットワーク事業者基準（15項目）
⑤システムサービス事業者基準（19項目）

— MEMO —

国内のコンピュータウイルス届出機関としては、IPA（情報処理推進機構）がある。

これらの基準は、「ソフトウェアは、販売者又は配布責任者の連絡先及び更新情報が明確なものを入手すること」「ウイルスに感染した場合は、感染したシステムの使用を中止し、システム管理者に連絡して、指示に従うこと」など実践的で、一般的にもそのまま利用できる内容になっています。自社でウイルス対策を行う際の指針として活用するとよいでしょう。

▼コンピュータウイルス対策基準 詳細例

4. システムユーザ基準
b. 運用管理
＊外部より入手したファイル及び共用するファイル媒体は、ウイルス検査後に利用すること。
＊ウイルス感染を早期に発見するため、最新のワクチンの利用等により定期的にウイルス検査を行うこと。
＊不正アクセスによるウイルス被害を防止するため、パスワードは随時変更すること。
＊不正アクセスによるウイルス被害を防止するため、システムのユーザIDを共用しないこと。
＊不正アクセスによるウイルス被害を防止するため、アクセス履歴を確認すること。
＊システムを悪用されないため、入力待ちの状態で放置しないこと。
＊ウイルスの被害に備えるため、ファイルのバックアップを定期的に行い、一定期間保管すること。

端末管理

セキュリティを維持するためには、自社の経営資源や情報システムの構成要素を把握しておくことが極めて重要です。どのような構成要素があるのかわからなければ、守りようがないからです。しかし、IT化の進展と普及でこれらが管理しにくくなっています。

シャドーIT

会社が知らないうちに、社員が私的に利用しているパソコンやスマホ、クラウドサービスなどで業務を行うことを**シャドーIT**といいます。業務効率が劇的に向上することもあるので悪意なく行いがちですが、企業システムにとっては未知の要素が知らないうちに加わることになり、セキュリティの水準を低下させます。

シャドーITは企業のIT環境への不満の表れとも考え

られます。社員にストレスを感じさせず、確実に端末管理をする手法としては、後述するMDMを使うことが考えられます。

BYOD

BYODは私物を使って仕事をすることです。シャドーITと違って、会社が管理し推進します。高性能な私物端末や、個人アカウントに紐付いた使いやすいサービスを積極的に仕事に活用してもらうわけです。

とはいえ、体系的にやらないとセキュリティ上のリスクになってしまうことは、シャドーITと同様です。情報セキュリティポリシの構築やMDMの導入などとセットで行います。

▶ **BYOD**
Bring Your Own Device

参照

▶ **情報セキュリティポリシ**
→p.143

MDM

MDMは携帯端末管理のことです。PCも一元的に管理することが多いので、EMM（Enterprise Mobility Management）とも言います。常に身に付けているため落としたり覗かれたりしやすいモバイル機器を中心に、端末の構成、ソフトウェアのバージョン、適用ポリシーのバージョン、認証、データのバックアップ、紛失時ロックなどを管理します。情報漏洩やデータ喪失を防止する効果がありますが、移動履歴などの管理については従業員をどこまで監視してよいかといった議論も行われています。

▶ **MDM**
Mobile Device Management

試験問題を解いてみよう

平成30年度秋期　情報セキュリティマネジメント試験　午前問14

ボットネットにおける、C&Cサーバの役割として、適切なものはどれか。

ア　Webサイトのコンテンツをキャッシュし、本来のサーバに代わってコンテンツを利用者に配信することによって、ネットワークやサーバの負荷を軽減する。

イ　外部からインターネットを経由して社内ネットワークにアクセスする際に、CHAPなどのプロトコルを用いることによって、利用者認証時のパスワードの盗聴を防止する。

ウ　外部からインターネットを経由して社内ネットワークにアクセスする際に、チャレンジレスポンス方式を採用したワンタイムパスワードを用いることによって、利用者認証時のパスワードの盗聴を防止する。

エ　侵入して乗っ取ったコンピュータに対して、他のコンピュータへの攻撃などの不正な操作をするよう、外部から命令を出したり応答を受け取ったりする。

平成30年度春期　情報セキュリティマネジメント試験　午前問23

マルウェアの動的解析に該当するものはどれか。

ア　解析対象となる検体のハッシュ値を計算し、オンラインデータベースに登録された既知のマルウェアのハッシュ値のリストと照合してマルウェアを特定する。

イ　サンドボックス上で検体を実行し、その動作や外部との通信を観測する。

ウ　ネットワーク上の通信データから検体を抽出し、さらに、逆コンパイルして取得したコードから検体の機能を調べる。

エ　ハードディスク内のファイルの拡張子とファイルヘッダの内容を基に、拡張子が偽装された不正なプログラムファイルを検出する。

平成30年度春期　情報セキュリティマネジメント試験　午前問13

サーバへの侵入を防止するのに有効な対策はどれか。

ア　サーバ上にあるファイルのフィンガプリントを保存する。
イ　サーバ上の不要なサービスを停止する。
ウ　サーバのバックアップを定期的に取得する。
エ　サーバを冗長化して耐故障性を高める。

令和元年度秋期　情報セキュリティマネジメント試験　午前問10

シャドーITに該当するものはどれか。

ア　IT製品やITを活用して地球環境への負荷を低減する取組
イ　IT部門の許可を得ずに、従業員又は部門が業務に利用しているデバイスやクラウドサービス
ウ　攻撃対象者のディスプレイやキータイプを物陰から盗み見て、情報を盗み出す行為
エ　ネットワーク上のコンピュータに侵入する準備として、侵入対象の弱点を探るために組織や所属する従業員の情報を収集すること

解説 1

ボットネットにおけるC&Cサーバとは、コマンド&コントロールを行うサーバです。各端末に感染させたボットに指示命令を送信し、何らかの応答が生じる場合は、それを受信する役目を受け持ちます。

答:**エ** (→関連:p.195)

解説 2

動的解析の特徴は、実際にマルウェアを動かしてみて、その挙動を分析することにあります。何の対策もなしに動作させては被害が生じてしまうので、選択肢にあるようにサンドボックスを利用します。

答:**イ** (→関連:p.197)

解説 3

ア ファイルの改ざん検知に役立ちますが、侵入は防止できません。
イ 正解です。不要なサービスを止めれば、不正侵入の糸口を減らせます。
ウ ファイルの誤消去や破壊からの復旧に役立ちますが、侵入防止対策ではありません。
エ サービスの可用性向上に寄与しますが、侵入を防ぐものではないです。

答:**イ** (→関連:p.193)

解説 4

シャドーITとは、企業や上司が把握していないところで使われているIT技術やITサービスのことです。情報漏洩や不正侵入の経路になりがちなので、セキュリティ上のリスクと考えられています。BYODは私物で業務を行いますが、企業や上司はこれを承知しているわけです。

答:**イ** (→関連:p.201)

3-2 不正アクセス対策

重要度：★★★

不正アクセスを防止するためにはファイアウォールやDMZなどのフィルタリング技術を駆使し、内部への侵入を防ぐ。また、DoSなどを防ぐためのネットワーク監視やSQLインジェクションなどへの対策も欠かせない。

POINT

- 不正アクセスはファイアウォール、プロキシサーバで対策
- DMZは設置する場所と許可する通信に注意。必要以上の通信を認めてないか？
- ユーザが入力するデータには注意！ 必ずチェックしないとSQLインジェクション攻撃がある

3-2-1 ファイアウォール

ファイアウォール

現在のセキュリティモデルは、ネットワークを内(ローカル)と外(リモート)に分け、ローカルネットワークのセキュリティを維持する設計思想(**ペリメータセキュリティモデル**)が採用されています。このモデルにおいて内と外の境界に設置するのが**ファイアウォール**です。

専用のハードウェア、もしくは一般的なOSにインストールするソフトウェアとして実装されています。

— MEMO —

ペリメータ(perimeter)とは軍事用語で境界線のこと。他にもDMZ(非武装地帯)、ping(駆逐艦や潜水艦が使う探信ソナー音)など、ネットワークエンジニアやセキュリティエンジニアは結構ミリタリータームを使う。

ファイアウォール

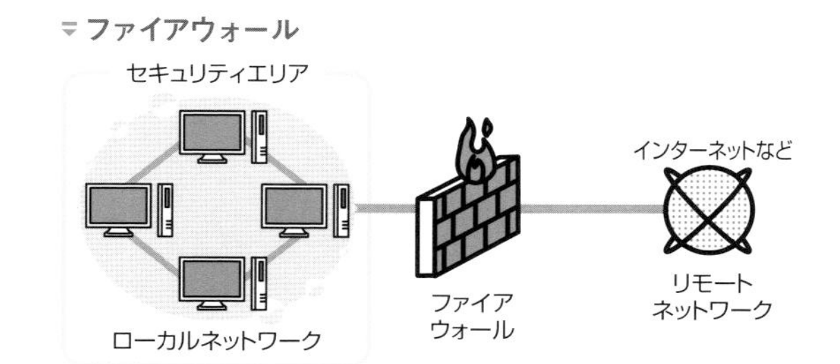

ファイアウォールという用語はよく利用されるため、多くの意味が混在しています。広義にはセキュリティ境

界に置かれるゲートウェイのことを指しますが、パケットフィルタリング型やトランスポートゲートウェイ型などの細かい機能的な区別があり、運用を行う場合はそうした差異を理解する必要があります。

パケットフィルタリング型ファイアウォール

ファイアウォールは、一定の規則に従ってパケットの通過／不通過を決定しますが、この決定規則にパケットから得られるヘッダ情報を用いるのが**パケットフィルタリング型ファイアウォール**です。用いられるヘッダ情報には、送信元IPアドレス、あて先IPアドレス、送信元ポート番号、あて先ポート番号、プロトコル種別などがあります。

IP アドレスを使ってフィルタリングをする場合

IPアドレスを使う場合、ファイアウォールは下記のような**フィルタリングルール表**（ルールベース）を持ちます。これにより、送信元／送信先のIPアドレス情報によりパケットを通過させたり、破棄したりすることができます。

この方法は「ファイルサーバには外部からアクセスさせたくない」「業務に関係のないレジャーサイトには内部のすべてのノードはアクセスしない」などの管理を行うことに向いています。

IPアドレスによるフィルタリングルール例

順番	送信元	送信先	適否
1	192.168.0.1	すべて	○
2	すべて	10.0.0.1	○
3	すべて	すべて	×

フィルタリングルールは、適用漏れを生じないように、上記のようにまずすべてのパケットを破棄するルールを作ってから、その例外として「XXサーバへのアクセスは通す」などのルールを追加します。

— MEMO —

ファイアウォール設定の基本は「すべての通信を遮断する」「必要な通信は例外として許可する」ことである。また、一般的にフィルタリングルールの処理は、番号順に行われる。あるルールが適合した場合、残りのルールは無視される。

用語

▶ **許可リスト（パスリスト）**
何らかのフィルタリングを行うとき、安全な通信（条件・相手）のリストを作って、そのリストに合致する条件の通信のみを許可する方法を許可リスト（パスリスト）方式という。ホワイトリスト方式とも。

▶ **拒否リスト（ブロックリスト）**
何らかのフィルタリングを行うとき、危険な通信（条件・相手）のリストを作って、そのリストに合致する条件の通信のみを拒否する方法を拒否リスト（ブロックリスト）方式という。ブラックリスト方式とも。

ただしIPアドレスを使う方法には、以下のような弱点があります。

・IPアドレスは、ノードごとに割り当てられる番号となる
・同じノード内のアプリで通信を選別することはできない
・IPアドレスが偽造されるようなケースには対処できない

ポート番号を使ってフィルタリングをする場合

ポート番号でのフィルタリングも、IPアドレスと同様に、最初にすべての通信を遮断するルールを作ってから、必要なポートだけ通信を許可していきます。

参照
▶ ポート番号
→p.297

▼ ポート番号によるフィルタリングルール例

順番	送信元	送信先	適否
1	すべて	80	○
2	すべて	25	○
3	すべて	すべて	×

— MEMO —

80番はHTTP(p.311)に、25番はSMTP(p.305)に割り振られているポート番号。

トランスポート層でフィルタリングを行うことで、同一ノードであっても、アプリケーション別に通信を選別することができるようになります。

参照
▶ トランスポート層
→p.297

— MEMO —

トランスポート層でフィルタリングを行うファイアウォールはサーキットレベルゲートウェイともいう。

▼ ネットワーク層でのフィルタリング(IPアドレスを使う場合)

▼ トランスポート層でのフィルタリング(ポート番号を使う場合)

多くのアプリケーションには何らかのセキュリティ

ホールがあるため、利用しないアプリケーションのポートは閉じておくのが原則です。もちろん、IPアドレスとポート番号を組み合わせてフィルタリングすることも可能です。

— MEMO —

開いているポートはポートスキャンなどにより発見することができる。

リクエストの返信

Webサーバなどへの通信の場合、リクエストは内側のクライアントからの通信なので通しますが、返信が問題になることがあります。クライアントのWebブラウザはOSに割り当てられた動的なポート番号を利用するため、ファイアウォールにあらかじめ登録できないからです。しかし、TCPヘッダにはACKフラグ（ACKビット）とよばれるフィールドがあるため、ここを確認することで自社クライアントから送信した通信への返信であることがわかります。ファイアウォールは返信の通過は許可することで問題なく運用することが可能です。

— MEMO —

こうした通常の設定では、動的ポート番号を利用するネットワークゲームなどが適切に機能しない場合がある。

用語

▶ L4ゲートウェイ

ゲートウェイは本来OSI全層のプロトコルを解釈する機器を指すが、トランスポートゲートウェイのように4層までしか解釈できないものをL4ゲートウェイと表記して区別することがある。一度通信を中継（送信元ノードと送信先ノードに直接コネクションを結ばせない）する点でゲートウェイとして分類される。どこまでの層を中継のための情報として利用するのかの確認が必要。

▼リクエストの返信

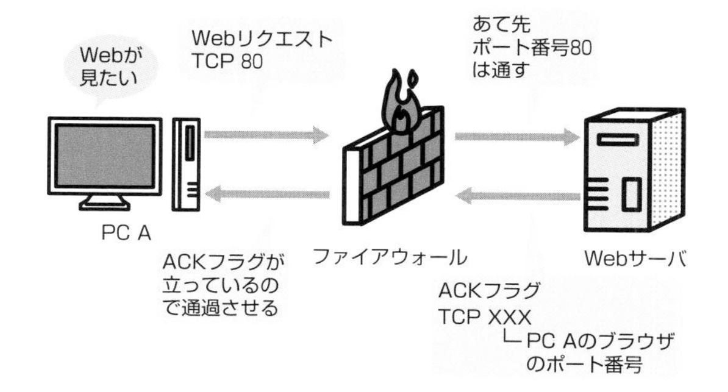

仮にクラッカーが返信フラグを偽装しても、シーケンス番号などの整合性をチェックするので侵入を防ぐことができます。しかし、パケットキャプチャリングなどの方法で、シーケンス番号も整合するよう偽装されたパケットは通過させてしまう可能性があります。

ルータとの違い

パケットフィルタリング型ファイアウォールの基本

機能は、ほとんどのルータが持っています。

したがって、ここではルータとファイアウォールの境界はあいまいです。ルータをファイアウォール装置としてネットワークに実装している組織も多くあります。

両者が明確に異なる点として、ルータはアクセス制御の観点からフィルタリングを行い、ファイアウォールはセキュリティ管理の観点からフィルタリングを行う点があげられます。

そのため、ファイアウォール製品では後日の監査を考慮してログ取得機能がルータ製品より充実しているのが一般的です。

しかし、これもルータの高機能化により区分方法としてはあいまいになりつつあります。同じ装置であっても、利用目的によってルータ、ファイアウォールとよび分ける管理者もいます。

▶ ルータ
→p.299

＝ アプリケーションゲートウェイ型ファイアウォール

アプリケーションゲートウェイ型ファイアウォールはアプリケーション層の内容を解釈して通信の適否を決定するファイアウォールです。L7ゲートウェイともよばれます。利用するアプリケーションによってHTTP向け、SMTP向けなどさまざまなバリエーションが存在します。HTTP、Webアプリ向けに特化したものをWAFといいます。

▶ **WAF**
Web Application Firewall

基本的には、クライアントからのSMTP要求やHTTP要求をゲートウェイが一度横取りするしくみです。例えば、HTTPのゲートウェイであれば、仮想のWebサーバをゲートウェイ内に用意し、クライアントからのリクエストを一度受信します。

用語

▶ **プロキシ（代理）サーバ**
L7ゲートウェイは、代理リクエストを行うため、こうよばれることもある。

ゲートウェイはその内容を解釈し、問題がなければIPアドレスなどをゲートウェイのものに再構成したWebリクエストを同じゲートウェイ内にあるWebリクエスタから送信します。

▼ アプリケーションゲートウェイ型ファイアウォール

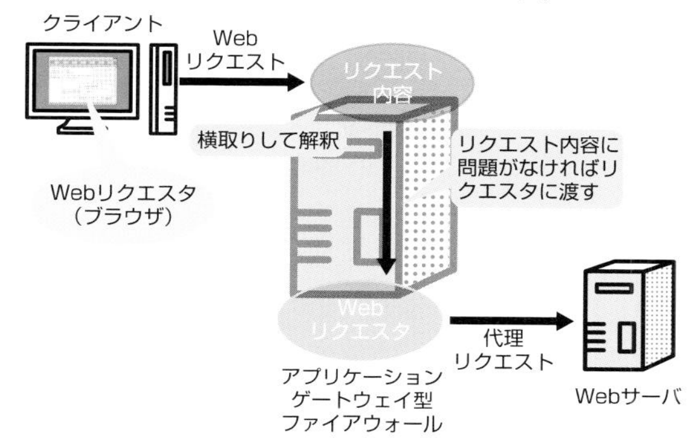

ステートフルインスペクション

アプリケーションゲートウェイの特徴は、パケット通過／不通過を決定する判断因子が多く、きめの細かいセキュリティコントロールが可能な点です。

例えば、ACKフラグが立っているのに、それに対応する送信パケットがないなど、前後のパケットや上下のプロトコルとの整合性が取れていないことの検査（**ステートフルインスペクション**）や、メールの内容に「機密事項」「飲み会」などの単語が含まれていたら送信しない、といったペイロードに載るアプリケーションデータ内部の情報を使った検査（**ディープパケットインスペクション**）が行えます。

ただし、ステートフルインスペクションやディープパケットインスペクションでは、検査すべきデータ量、バッファすべきデータ量が増大します。ゲートウェイの負荷も大きくなるので、周到にキャパシティプランニングし、システムのボトルネックにならないように注意します。

— MEMO —

文脈のことをコンテキストという。前後の関係を指してよぶ。同じキーワードでも文脈が違えば表す意味が異なる場合がある。ここでは、単体のパケットだけではなく、前後のパケットとの関係などをチェックする。

用語

▶ **キャパシティプランニング**
容量計画。現在必要なものだけでなく、将来予想される能力や容量まで計算してシステムを設計する。

— MEMO —

ルールベースは、製品によってポリシやフィルタリングルールなど別の呼び方をしている場合がある。

ルールベース作成の注意

ここまでで述べたようにファイアウォールで通信の許可／不許可を判断するための判断根拠として、通常管理者がルールベースとよばれるデータ（フィルタリング表）を作成します。コンシューマ向けの製品ではあらかじめ一般的なルールベースが設定されている場合がほとんどです。

ルールベース作成のポイントは、**最初はすべての通信を不許可に設定して、その後に必要な通信について徐々に許可していく**形態をとることです。すべての通信を許可した状態から、危険な通信を排除していく方法では漏れが多くなり、不必要な通信を通過させる可能性が高くなります。

アウトバウンドとインバウンド

従来のファイアウォールは、**インバウンドトラフィック**（ローカルネットワークへのトラフィック）の制限に力点がおかれ、**アウトバウンドトラフィック**（リモートネットワークへのトラフィック）は素通しするルールを適用していましたが、現在ではウイルスに感染したローカルノードがリモートネットワークのノードを再感染させてしまう事態や、機密情報の漏えいを抑制するといった視点から、アウトバウンドトラフィックにも制限をかけることが多くなっています。

— MEMO —

ポート番号も利用してトランスポートレベルで通信のフィルタリングを行う機能についても、パケットフィルタリングと呼称する場合がある。特に市場に出回っている実装製品では言葉の定義があいまいであり、文脈によって適切に判断する必要がある。

▼インバウンドとアウトバウンド

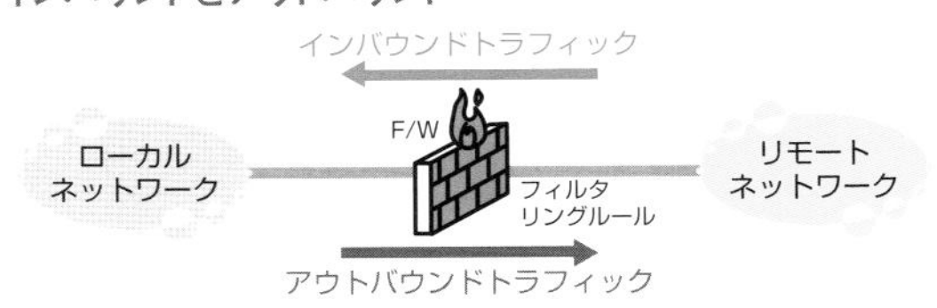

プロキシサーバ

アプリケーションゲートウェイ、特にHTTPを扱うものを**プロキシサーバ**とよぶことがあります。

プロキシとは「代理」の意味で、登場初期の段階ではネットワークトラフィック緩和策として採用されました。

ローカルネットワーク内のノードが同じWebページを閲覧したい場合、すべてのセッションを中継するのはWAN資源の浪費です。特に通信料金が高く従量料金制であった時代はこれが顕著に現れました。

— MEMO —

FTPやTelnetなど、他のプロトコルのコネクションを代理応答するプロキシサーバもあるが、通常プロキシサーバといえばHTTPプロキシのことを指す。

そこで、プロキシサーバはWebページの内容をキャッシュし、キャッシュに保存されているページであれば、WANに問合せをせずにローカルノードに返信します。これによってWANトラフィックを軽減することができます。

キャッシュされたページコンテンツは必ずしも最新の情報ではありませんが、一定期間経過したキャッシュは破棄するなどの措置で問題なく運用することが可能です。

▼プロキシサーバ

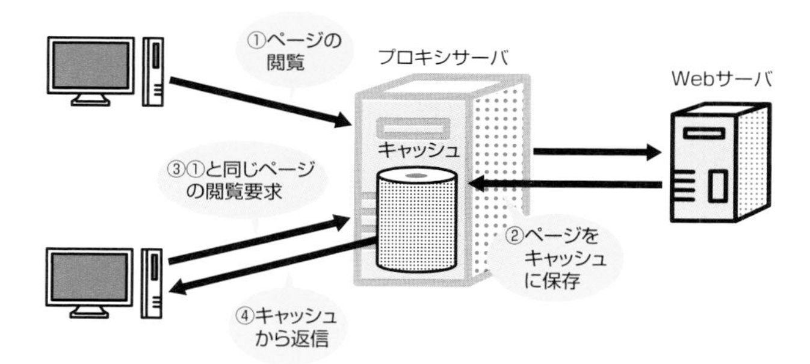

もともとの狙いは異なりますが、リクエストを中継するモデルはほとんど同一なので、現在ではセキュリティを意図したアプリケーションゲートウェイと、トラフィック管理が目的のプロキシサーバは同梱されるケースが多くなっています。そのため、アプリケーションゲートウェイのことをプロキシサーバと呼称したり、プロキシサーバをアプリケーションゲートウェイと呼んだりするケースもあります。

リバースプロキシとシングルサインオン

リバースプロキシは、サーバサイド側で用意されるプロキシサーバの構成を指します。一般的な用途としては、シングルサインオンの実現に利用されます。

シングルサインオンとは、複数のサーバにアクセスする際、ユーザ認証を一度だけ行うことで他のサーバに

— MEMO —

リバースプロキシのシングルサインオンでは、パスワードのかわりにデジタル証明書を使用してユーザを認証することもできる。

シームレスにアクセスできるしくみです。実際には、リバースプロキシサーバがフロントエンドで一度認証を行い、それ以降の他のサーバへの認証行為を自動的に代行します。こうすることで、各サーバに異なるユーザIDやパスワードが設定されていても、クライアント側での認証は一度だけで済みます。通常のプロキシと異なり、サーバ側に設置されるためこの名前が付けられました。

▼リバースプロキシ

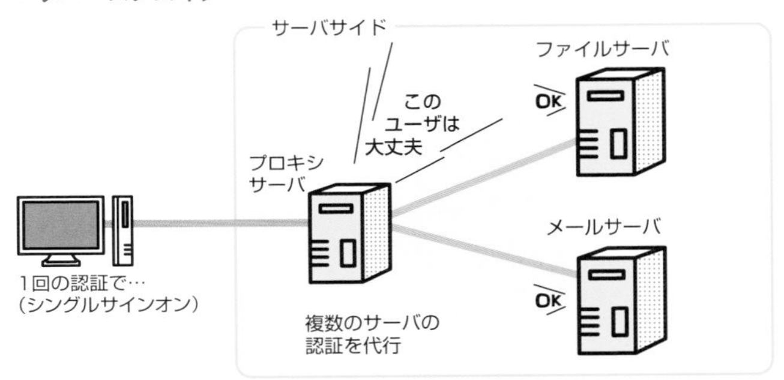

COLUMN

SAML

アプリケーション連携を行うための XML 仕様です。具体的には、ID やパスワードといった認証情報やアクセス制御情報などを SOAP もしくは HTTP を用いて安全に交換するための規約が定められています。利用している Web サービスと移動しようとしている Web サービスが SAML に対応していれば、両者の間で認証情報が自動的にやり取りされます。シングルサインオンの技術として注目されています。

3-2-2 DMZ

公開サーバをどこに設置するか

従来のファイアウォールの内側（ローカルネットワーク）か外側（リモートネットワーク）かで考えるセキュリティモデルではWebサーバやメールサーバなどの公開サーバの扱いが問題視されていました。

DMZとは、この二元的なセキュリティモデルに第3のエリアを追加した考え方です。

内部設置型

公開サーバをローカルネットワークに設置します。

この場合、例えば、Webサーバとメールサーバへのアクセスを受け付けるためにポート番号80番と25番を通すよう設定するなど、ファイアウォールの防御に穴を開ける必要がありました。これは公開サーバの性質上仕方のない処置ですが、ローカルネットワーク全体のセキュリティレベルを引き下げます。

— MEMO —

TCPポート番号とUDPポート番号は区別される。SMTPはTCP25番、HTTPはTCP80番。

▼内部設置型

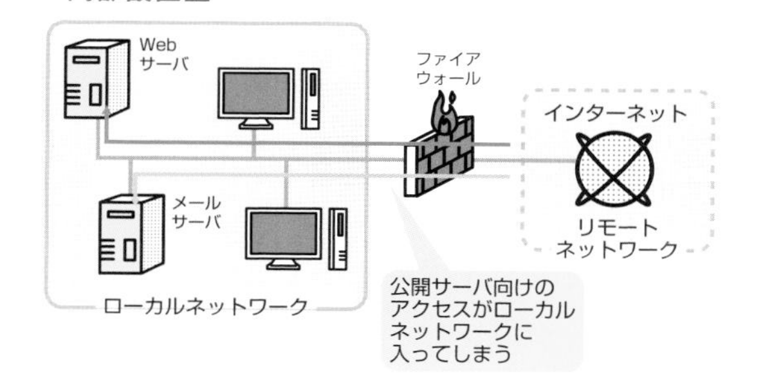

外部設置型

公開サーバをリモートネットワークに設置します。このモデルではローカルネットワークが安全な反面、公開サーバはまったくの無防備になってしまいます。

▼外部設置型

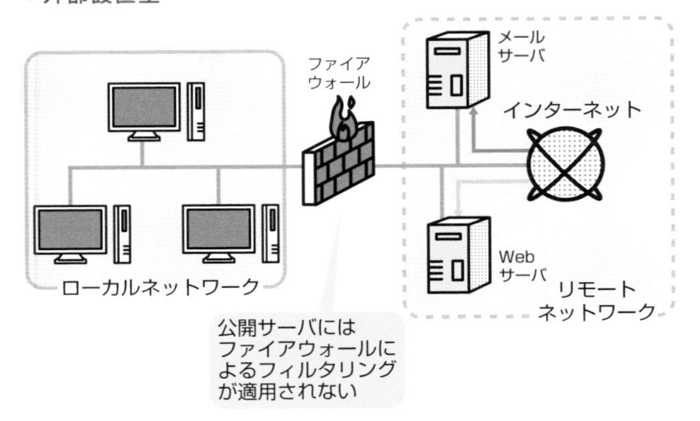

第3のゾーンを作る - DMZ

内部設置型と外部設置型の短所を取り除くために、公開サーバ向けに、ローカルネットワークとリモートネットワークの中間レベルのセキュリティを施した第3のゾーンを設けることが考案されました。この緩衝ゾーンのことを**DMZ**（**非武装地帯**）といいます。

DMZの実現モデルは複数存在します。主に多段ファイアウォール型とシングルファイアウォール型があります。組織や物理ネットワークにあわせてさまざまなバリエーションが存在します。

多段ファイアウォール型

ファイアウォールを2個配置して、その間にDMZを構成する方法です。通常はDMZ内にアプリケーションゲートウェイを設置して外部と内部の通信を遮断します。内部と外部の間で通信を行う必要がある場合は、アプリケーションゲートウェイを経由することでセキュリティレベルを上げることができます。多段構成にすることで、ニーズに応じてネットワークトポロジを柔軟に変更することが可能です。

▶ **DMZ**
DeMilitarized Zone

用語

▶ **バリアセグメント**
DMZのこと。セグメントとはネットワークを構成する単位。リモートネットワークからの脅威に対する緩衝地帯として利用するため、このようによぶ。

▼多段型

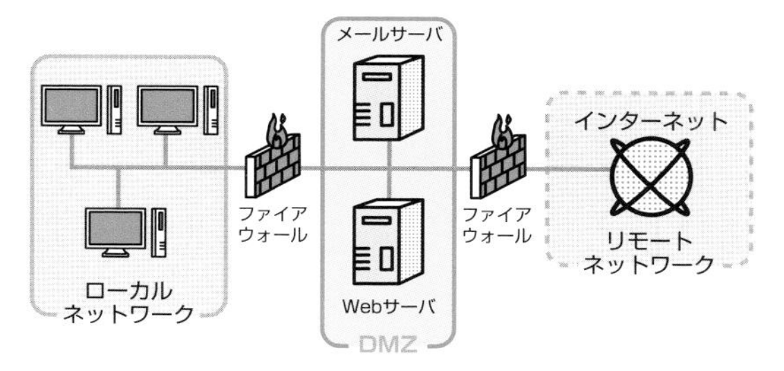

シングルファイアウォール型

ファイアウォールは1台で、そこに3枚以上のNICを挿してDMZを構成する方法です。内部と外部のアプリケーション間通信は必要なもの（HTTPなど）については直接行われるため、多段型に比べてセキュリティレベルが低下する場合があります。ファイアウォール台数が少なくて済むため、コスト面では有利です。また、ファイアウォールがアプリケーションゲートウェイの場合は、この構成でも内部ノードと外部ノードは直接通信しないことになります（アプリケーションゲートウェイがいったん通信を遮断して中継します）。

▼シングル型

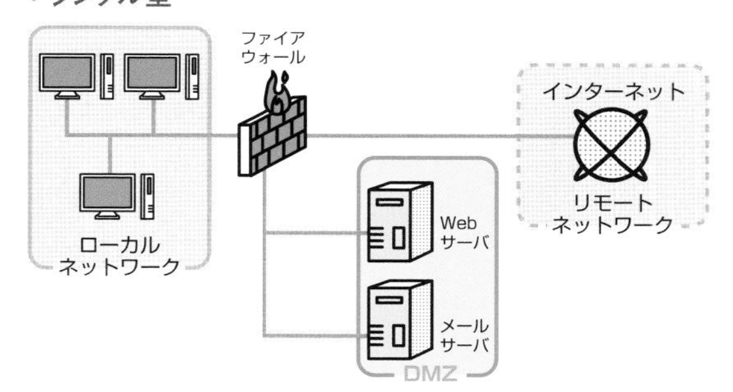

DMZ構成のポイントは、DMZからローカルネットに向けての通信を遮断することです。これを怠るとDMZを踏み台にされるおそれがあります。また、DMZ内でウイルス感染した公開サーバがローカルノードを攻撃した際に無防備になる危険性もあります。

3-2-3 その他のフィルタリング技術

パーソナルファイアウォール

ローカルネットワークとリモートネットワークの境界面に設置されるファイアウォールに対して、パーソナルファイアウォールは、主にクライアントノードにインストールして利用する製品です。

ファイアウォールが設置されている環境では、パーソナルファイアウォールは無意味に思えます。しかし、セキュリティ侵害や情報漏えいのかなりの部分は内部犯が行っているという報告があり、これら内部犯については境界面設置型のファイアウォールは無力です。そこで、多重防壁としてパーソナルファイアウォールを採用します。万一クライアントノードにウイルスが感染した場合などに、クライアントからの送信トラフィックを遮断して他のノードへの二次被害を抑制する効果があります。

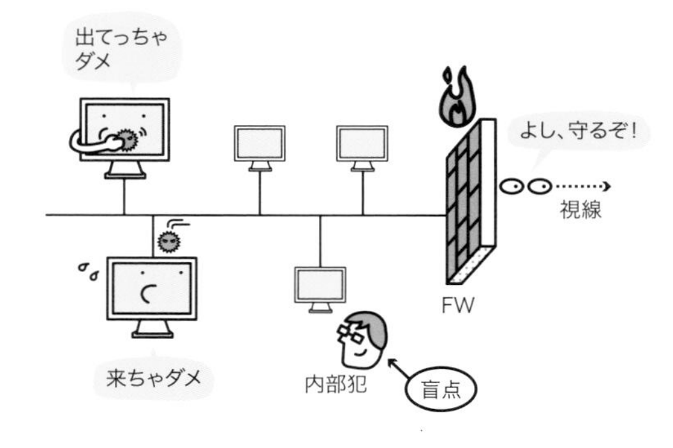

コンテンツフィルタリング

スパムメールをスパムとして判別したり、パソコン内の個人情報をスパイウェアに送信させないようにしたりするには、やり取りされているデータの意味内容まで確認して、通信の可否を決定する必要があります。これを

— MEMO —

パーソナルファイアウォール製品は低価格化が進んでいるうえに、ウイルスチェックソフトウェアと同梱されているものも多い。簡易なパーソナルファイアウォール機能は、OSが実装するようになりつつある。

— MEMO —

専用ハードウェアタイプのパーソナルファイアウォールも販売されている。パソコンにインストールすると処理が重くなる場合などに有効。パソコンのOSのセキュリティホールによる脆弱性にも左右されない。

— MEMO —

児童が成人向けのWebページを閲覧できないように規制する機能などもコンテンツフィルタリングとよばれる。また、簡単なテキストのキーワードを設定するタイプのコンテンツフィルタリング機能は、主要なブラウザがすでに実装している。

コンテンツフィルタリングとよびます。アプリケーションゲートウェイのダイジェスト的な機能として考えることができます。近年のパーソナルファイアウォールやウイルスチェックソフトにはこうした機能も統合されています。

参照
▶ アプリケーションゲートウェイ
→p.210

3-2-4 IDS

▶ IDS
Intrusion Detection System

IDS

IDSとは、不正アクセスを監視する侵入検知システムとよばれるしくみです。具体的には、各ノードのログやネットワーク上のパケットを監視、分析して、不正アクセスの兆候を検知した場合には、管理者に警告を出したり、ネットワークからの遮断を自動的に行ったりする機能や機器を指します。パケットフィルタリングやアプリケーションゲートウェイでは検出、遮断するのが困難なDoSのような攻撃に対処するために考案されました。

— MEMO —
パケットフィルタリングやアプリケーションゲートウェイでは検出、遮断するのが困難なDoSのような攻撃に対処するために考案された。

IDSのしくみ

IDSは監視対象のホスト（ノード）にインストールして、そのホストのみを検査／保護するホスト型IDS（HIDS）とネットワーク上に配置してネットワーク内すべての通信を検査対象とするネットワーク型IDS（NIDS）に分類できます。ネットワーク型IDSを導入する場合は、設置場所に注意が必要です。監視できるのは同じコリジョンドメイン内でキャプチャできるパケットだけです。ルータやスイッチでネットワークが区切られている場合、それらを越えた先にあるネットワークの通信は監視できません。

— MEMO —
ホスト型では新規ハードウェアは不要だが、ネットワーク型では新規のハードウェアの追加が必要となる。

— MEMO —
IDSはネットワークやホストに対する不審なアクセスを検出する。ただし、実際にそれが不正アクセスとして成立したか否かについては判断できない。

▼ホスト型IDSとネットワーク型IDS

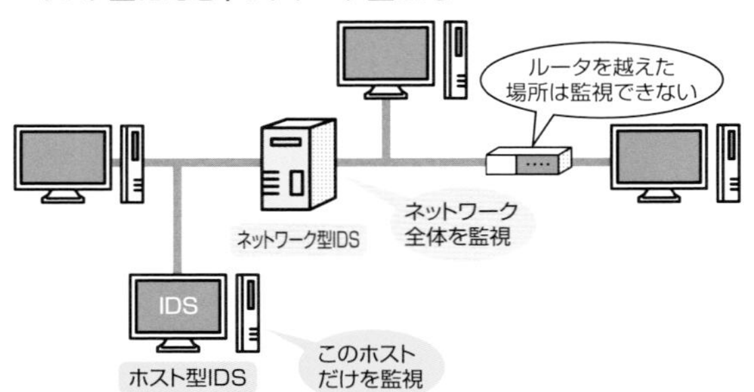

用語

▶ **IPS**
IDSを発展させ、監視だけでなく、有事にネットワーク遮断などを自動的に行えるようにしたIPS (Intrusion Prevention System) が普及している。

Misuse検知法（不正使用検知法）

IDSはポートスキャンやDoSなどの攻撃パターンをシグネチャというデータベースに保持しており、このパターンに合致する兆候があれば管理者に警告したり、ネットワークを遮断したりします。これを**Misuse**検知法（**不正使用検知法**）といいます。

しかし、シグネチャはウイルスチェックソフトのパターンファイルのように一意に定まるものではなく、あくまで攻撃の類型であるため、誤って正常なアクセスを不正アクセスと検出したり（フォールス・ポジティブ）、不正アクセスを正常なアクセスであると検出したりする（フォールス・ネガティブ）ことがあります。運用によって得られたデータでシグネチャをチューニングすることによって、これらの誤検出を抑制しますが、IDSが安定した性能を発揮するまでにはある程度の時間がかかります。また、チューニングを行う管理者の手腕によって検出精度が左右されます。

Anomaly検知法（異常検知法）

Misuse法は新種の攻撃方法には対応できません。そこで、攻撃パターンではなく、システムの正常な稼働状態をシグネチャに登録し、そこから外れた挙動を示した際に異常を検出する**Anomaly検知法**（**異常検知法**）もあります。Anomaly検知法を利用する場合は、正常な動作

用語

▶ **ハニーポット**
スパムメールに対応するために設置されるダミーメールサーバ。クラッカーから見てセキュリティが甘く見えるよう工夫されており、格好の攻撃対象に見える。しかし、ハニーポットには各種のログ収集機構が設定されており、クラッカーの特定や攻撃方法の研究を行うことができる。

のデータを収集する必要があるため、設置から運用開始まで時間がかかる難点があります。

▼検知法の比較

	Misuse検知法	Anomaly検知法
検知対象	クラッカーの攻撃パターン	正常でない稼働パターン
導入	比較的簡単	運用開始までに時間がかかる
新種対応	対応できない	対応できる

3-2-5 不正入力の防止

プレースホルダ

参照
▶ SQLインジェクション
→p.69

データベースへの不正な入力を利用した攻撃手法としてSQLインジェクションがあります。SQLインジェクションを防止するためには、データベースに書き込んだり、照会したりするデータに、不正なコードや悪意のあるコードが混入しないようなシステムを作るのが第一です。

利用者が入力した値をSQL文に埋め込む必要があるときは、**プレースホルダ**を使います。プレースホルダを使う場合、後から利用者が入力してくる場所を確保しつつ、先にSQL文の構文解析をすませてしまいます。

利用者が実際にデータを入力すると、確保しておいた場所に後からデータを挿入するわけです。このとき、構文解析が先にすんでいるため、仮に悪意のあるデータを挿入してしまったとしても、命令文の構造は変わらず、任意の命令を実行されてしまうようなリスクはなくなります。

エスケープ処理

すべてのシステムがプレースホルダのようなしくみを持っているわけではありません。

処理系にデータを投入する場合に、その処理系にとって特別な意味を持つような文字(HTMLであれば&や"など)を投入すると、実行すべき命令文の構造が書き換わってしまい、意図しない動作を引き起こす可能性が生じます。

そのため、データを投入する際に、その処理系で使ってはまずい文字を、同じ意味の別の書き方に置き換えます。これを**エスケープ処理**といいます。

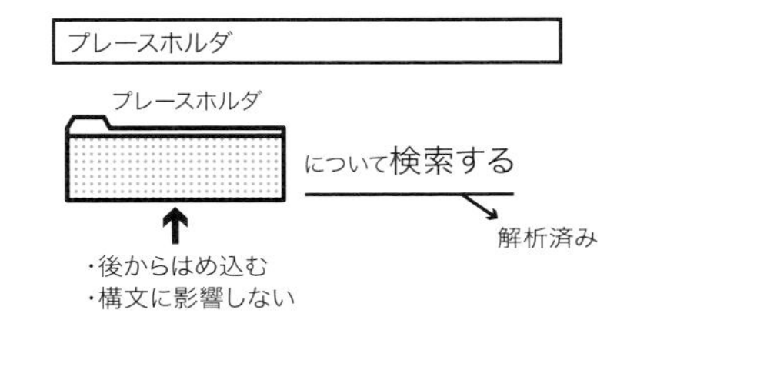

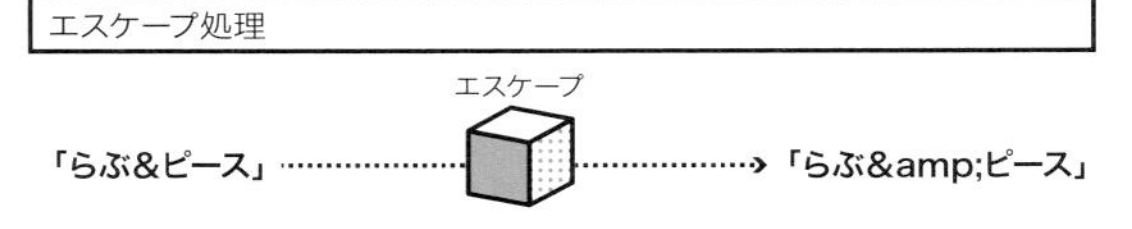

— MEMO —

例えば、データの中にSQLにおいて特殊な意味を持つ記号(例:&)がある場合、同じ意味を持つより一般的な表現方法(例:&)に置き換えることで、不正にデータベースを操作されることを防止する。

危険な文字	一般的な書き方
&	&
<	<
>	>
"	"
'	'

COLUMN

ゼロトラスト

「誰も信じない」というセキュリティモデルをゼロトラストといいます。従来のモデルは境界線を定め、外側は危険、内側は安全とし、境界線をFWなどで守っていました。しかし、雇用の流動化や内部犯の増加などでこのモデルが機能しにくくなっています。そこで境界線型ではない、どんなノード(PCやスイッチなど、通信機器の総称)も信用せず、利用時・接続時に必ずチェックするセキュリティモデルとしてゼロトラストが登場しました。境界の範囲が自ノードの周囲に限局化されたと考えることもできます。

試験問題を解いてみよう

平成30年度春期　情報セキュリティマネジメント試験　午前問12

WAFの説明はどれか。

ア　Webサイトに対するアクセス内容を監視し、攻撃とみなされるパターンを検知したときに当該アクセスを遮断する。
イ　Wi-Fiアライアンスが認定した無線LANの暗号化方式の規格であり、AES暗号に対応している。
ウ　様々なシステムの動作ログを一元的に蓄積、管理し、セキュリティ上の脅威となる事象をいち早く検知、分析する。
エ　ファイアウォール機能を有し、マルウェア対策機能、侵入検知機能などの複数のセキュリティ機能を連携させ、統合的に管理する。

平成29年春期　情報セキュリティマネジメント試験　午前問29　一部改変

WAFの拒否リスト（ブロックリスト）又は許可リスト（パスリスト）の説明のうち、適切なものはどれか。

ア　拒否リストは、脆弱性があるサイトのIPアドレスを登録したものであり、該当する通信を遮断する。
イ　拒否リストは、問題がある通信データパターンを定義したものであり、該当する通信を遮断するか又は無害化する。
ウ　許可リストは、暗号化された受信データをどのように復号するかを定義したものであり、復号鍵が登録されていないデータを遮断する。
エ　許可リストは、脆弱性がないサイトのFQDNを登録したものであり、登録がないサイトへの通信を遮断する。

平成29年度春期　情報セキュリティマネジメント試験　午前問17

1台のファイアウォールによって、外部セグメント、DMZ、内部セグメントの三つのセグメントに分割されたネットワークがある。このネットワークにおいて、Webサーバと、重要なデータをもつデータベースサーバから成るシステムを使って、利用者向けのサービスをインターネットに公開する場合、インターネットからの不正アクセスから重要なデータを保護するためのサーバの設置方法のうち、最も適切なものはどれか。ここで、ファイアウォールでは、外部セグメントとDMZとの間及びDMZと内部セグメントとの間の通信は特定のプロトコルだけを許可し、外部セグメントと内部セグメントとの間の直接の通信は許可しないものとする。

ア　WebサーバとデータベースサーバをDMZに設置する。
イ　Webサーバとデータベースサーバを内部セグメントに設置する。
ウ　WebサーバをDMZに、データベースサーバを内部セグメントに設置する。
エ　Webサーバを外部セグメントに、データベースサーバをDMZに設置する。

平成29年度春期　情報セキュリティマネジメント試験　午前問13

NIDS（ネットワーク型IDS）を導入する目的はどれか。

ア　管理下のネットワークへの侵入の試みを検知し、管理者に通知する。
イ　実際にネットワークを介してWebサイトを攻撃し、侵入できるかどうかを検査する。
ウ　ネットワークからの攻撃が防御できないときの損害の大きさを判定する。
エ　ネットワークに接続されたサーバに格納されているファイルが改ざんされたかどうかを判定する。

令和元年度秋期　情報セキュリティマネジメント試験　午前問29

ハニーポットの説明はどれか。

ア　サーバやネットワークを実際の攻撃に近い手法で検査することによって、もし実際に攻撃があった場合の被害の範囲を予測する。
イ　社内ネットワークに接続しようとするPCを、事前に検査専用のネットワークに接続させ、セキュリティ状態を検査することによって、安全ではないPCの接続を防ぐ。
ウ　保護された領域で、検査対象のプログラムを動作させることによって、その挙動からマルウェアを検出して、隔離及び駆除を行う。
エ　わざと侵入しやすいように設定した機器やシステムをインターネット上に配置することによって、攻撃手法やマルウェアの振る舞いなどの調査と研究に利用する。

平成27年度秋期　基本情報技術者試験　午前問42

SQLインジェクション攻撃を防ぐ方法はどれか。

ア　入力中の文字がデータベースへの問合せや操作において、特別な意味をもつ文字として解釈されないようにする。
イ　入力にHTMLタグが含まれていたら、HTMLタグとして解釈されない他の文字列に置き換える。
ウ　入力に上位ディレクトリを指定する文字列（../）が含まれているときは受け付けない。
エ　入力の全体の長さが制限を超えているときは受け付けない。

解説 1

WAFは通信のふるまいを監視します。Webアプリケーションを狙うHTTP通信は、ファイアウォールが許可する正規の通信形式をとるので、WAFで対策します。

答:**ア**（→関連:p.210）

解説 2

拒否リスト（ブロックリスト）は問題のある通信先や通信パターンを、許可リスト（パスリスト）は安全な通信先や通信パターンを定義したものです。WAFは通信先だけを基準に通信の許可と遮断を判断するわけではありません。

答:**イ**（→関連:p.207）

解説 3

最も安全な配置はWebサーバもデータベースサーバも内部セグメントに設置することですが、それではインターネットからサービスにアクセスできません。したがって、利用者への直接の窓口となるWebサーバのみをDMZに配置します。

答:**ウ**（→関連:p.216）

解説 4

IDSにはホスト型とネットワーク型があり、それぞれに特徴があります。**ア**はネットワーク型IDSの説明、**エ**はホスト型IDSの説明になっています。

答:**ア**（→関連:p.219）

解説 5

ハニーポットは脆弱なように見せかけて、不正アクセスやマルウェアを待ち構えるシステムです。不正アクセスやマルウェアの活動のログを取って、その振る舞いや特徴を調べたり、対策を考えることに役立てます。

答:**エ**（→関連:p.220）

解説 6

SQLインジェクションは、入力フォームに不正な文字列を入力するなどして、SQLの構文解釈を間違わせ、データベースを不正に操作しようとする攻撃方法です。したがって、利用者からの入力が構文解釈に影響を与えないように対策します。

答:**ア**（→関連:p.221）

3-3 情報漏えい対策

重要度：★☆☆

リモートアクセスは、ファイアウォールの設定に穴をあけるため、セキュリティ上の弱点になることが多い。リモートアクセス時に使用される認証プロトコル、暗号化方式を学習する。

POINT

- リモートアクセスにはリスクがつきまとうので、SSHは常に狙われる
- 認証サーバとRADIUSはセキュリティ対策だけでなく、IDの集中管理などでも重要
- RADIUSは無線LANの認証にも使われることを覚えておきたい

3-3-1 リモートアクセス

リモートアクセス技術

リモートアクセスとは電話回線などの公衆回線網(WAN)を通じて、遠隔地から会社などのローカルネットワーク(LAN)やコンピュータに接続し、ファイルへのアクセスやコンピュータの操作を行う技術のことです。SFAなどの進展により、社外から社内のデータベースにリアルタイムで接続するニーズや社外から社内メールを閲覧するニーズなどが増えているため、注目されています。今後もリモートアクセスの需要は伸び続けるでしょう。

リモートアクセスを利用する場合のセキュリティ技術はさまざまですが、一般的にセキュリティ管理の穴になりやすいため、厳重な管理が要求されます。

外部から接続する場合、ユーザはローカルネットワークに設置した**リモートアクセスサーバ**(**RAS**)に接続します。この際には、ユーザIDやパスワードを用いた**認証技術**を利用するなどの対策が必要になります。

— MEMO —

ファイアウォールを利用して内側と外側を区別するペリメータセキュリティモデルは、ローカルネットワークをいかに外部攻撃から守るかという視点で設計されている。

▼ リモートアクセス

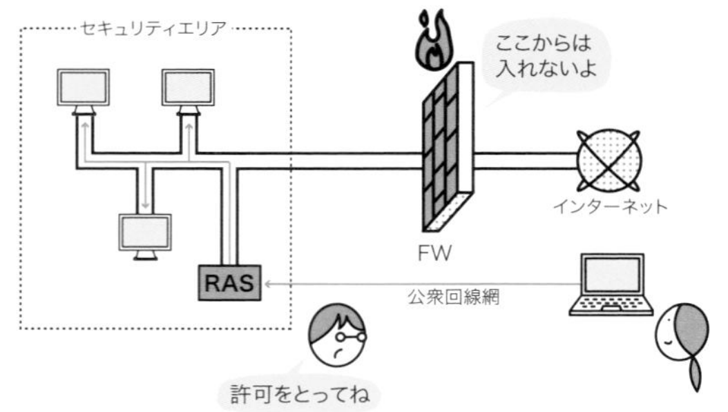

3-3-2 認証サーバ

認証サーバとは

リモートアクセスにおける脆弱性にリモートアクセスサーバのセキュリティがあります。アクセスサーバは、外界に対してアクセス経路を開いているという点で、クラッカーの攻撃対象になりやすく、さらに認証のためのユーザID、パスワード情報が蓄積されているためクラッキング時の被害が大きくなります。

▼ アクセスサーバのみ

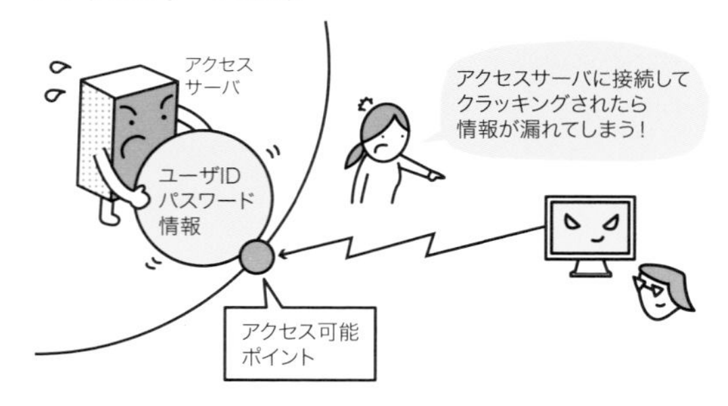

また、アクセスポイントが複数ある場合、アクセスポイントごとに設置したリモートアクセスサーバが、それぞれのユーザIDとパスワードを管理しなければなりません。

この脆弱性や煩雑さを緩和するために、より高度な認証アルゴリズムや管理機能を備えた認証システムが開発されています。その認証システムの中心となる機能をもつのが認証サーバです。

— MEMO —

アクセスサーバと認証サーバを分離する方法はいろいろある。RADIUSプロトコルはその一例。

RADIUS

RADIUSはリモートアクセスの脆弱性を緩和するために、アクセスサーバと認証サーバを分離した認証システムです。

認証要求時に暗号化されたユーザID、パスワードはRADIUSサーバ上で復号されます。

アクセスサーバが増加してくると、ユーザIDの追加登録作業や同期作業が繁雑になりますが、RADIUSサーバであればこれらを一元管理できます。

— MEMO —

RADIUSは、もともとLivingston社が自社のアクセスサーバ用に開発したプロトコルだが、現在ではRFC化され、広く利用されている。

▽ 認証サーバあり

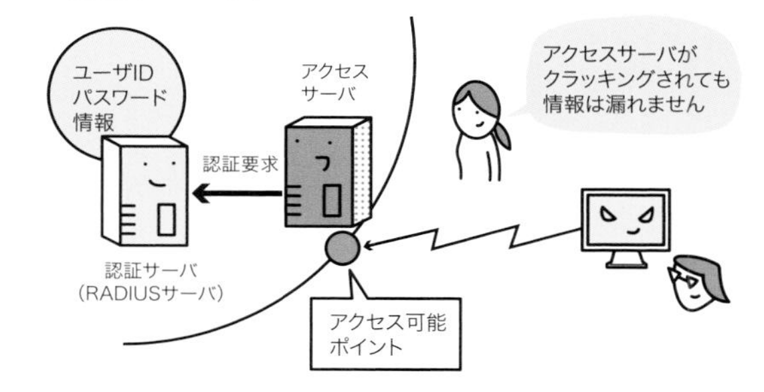

— MEMO —

RADIUSモデルでは、アクセスサーバのことをRADIUSクライアントとよぶ。

RADIUSの特徴

RADIUSには以下のような特徴があります。

＊RADIUSサーバにはアクセスサーバの台数制限はない。
＊RADIUSプロトコルではUDPが用いられている。
＊接続時間、入出力されたデータ量、コールバックID、使用したIPアドレスやポート番号などのユーザ情報の収集機能がある。

参照
▶ UDP
→p.292

SSH

TCP/IP環境で使われる古典的なツールには、他のコンピュータにログインし、コマンドを利用するTelnetや他のコンピュータとファイルを送受信するFTPなどがあります。しかしこれらは、セキュリティに対応した設計にはなっていません。たとえば、パスワードを平文のままネットワークに流してしまうつくりになっています。

そのため、あらかじめ暗号化と認証のしくみを組み込み、ネットワーク上でやり取りするパケットをすべて暗号化するツールが新たに作られました。これがSSHです。SSHはTelnetを置き換えるツールですが、同じ暗号化・認証技術を使ったSFTP（FTPを置き換える）などの派生ツールが作られています。

▶ **SSH**
Secure Shell

SSH ポートフォワード

インターネットなどの共有回線からSSHを行う場合、SSHポートフォワードを行うことがあります。SSHは暗号化されているとはいえ、リモートホストにログインするコマンドです。インターネットに対してSSHのポートを開放していたら、リスクになります。そこで、DMZに置かれたサーバやアクセスサーバにSSHでログインすると、あらかじめ設定していた対象サーバにパケットが転送されます。これをSSHポートフォワードといいます。

SSHポートフォワード

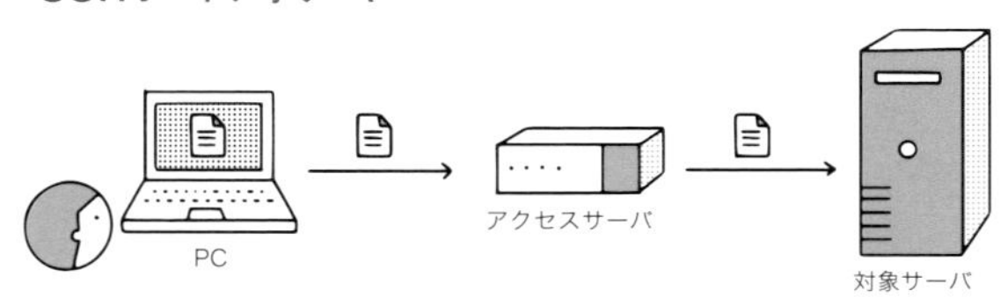

試験問題を解いてみよう

平成30年度秋期　情報セキュリティマネジメント試験　午前問29

SSHの説明はどれか。

ア　MIMEを拡張した電子メールの暗号化とデジタル署名に関する標準

イ　オンラインショッピングで安全にクレジット決済を行うための仕様

ウ　対称暗号技術と非対称暗号技術を併用した電子メールの暗号化、復号の機能をもつ電子メールソフト

エ　リモートログインやリモートファイルコピーのセキュリティを強化したツール及びプロトコル

解説 1

ア　S/MIMEについての説明です。

イ　SETについての説明です。

ウ　S/MIMEについての説明です。

エ　正解です。SSHはTelnetやFTPなどのツールに、暗号化と認証の機能を付加します。

答:**エ** (→関連:p.230)

3-4 アクセス管理

重要度：★☆☆

TLSはセキュアなWeb閲覧のためのプロトコルで、SSLが標準化されてTLSとして普及した。TLSを利用したVPNやそのプロトコルであるIPsecについて理解しておこう。またログの管理や障害管理などに使われるプロトコルについても概要を把握する。

POINT

- SSLはすでに危殆化。使われているのはTLS
- TLSは鍵交換から認証への流れ、認証方法がよく問われる
- VPNのトンネルモード＝ゲートウェイ間の通信、トランスポートモード＝端末間の通信

3-4-1 TLS

SSL/TLS

SSL/TLSとは、インターネットで広く使われているセキュア通信のプロトコルです。トランスポート層からセッション層にかけて動作し、暗号化と認証（サーバ認証とクライアント認証）の機能を持っています。ブラウザの開発を行っていたネットスケープ社がWebサーバとWebクライアント間のセキュアな通信を行うためにSSLを開発。これがIETFによってTLSとして標準化（RFC2246）され普及しています。

▶ SSL
Secure Socket Layer

▶ TLS
Transport Layer Security

SSL/TLSの通信手順

TLSでは、次の手順でクライアントの認証を行います。

①TLSを利用するにはまずサーバがCA（認証局）から認証を受け、デジタル証明書をインストールする。
②WebクライアントがWebサーバに接続すると、サーバはCAによって署名されたデジタル証明書を返信する。
③Webクライアント（ブラウザ）には、あらかじ

用語

▶ X.509
ITU-Tが定めたデジタル証明書の標準フォーマット。バージョン番号、署名アルゴリズム、発行者名、ユーザID、公開鍵、有効期限などの記述書式が定められている。

めCAが発行した公開鍵が組み込まれているため、デジタル証明書を検証できれば証明書が正当であることがわかる。これによって、Webサーバの安全を確認し、通信を開始する。

TLSでは必要があれば、このプロセスをクライアント側にも適用することができます。その場合、クライアントではCAから個人証明書を入手してWebクライアントにインストールします。

▼TLS

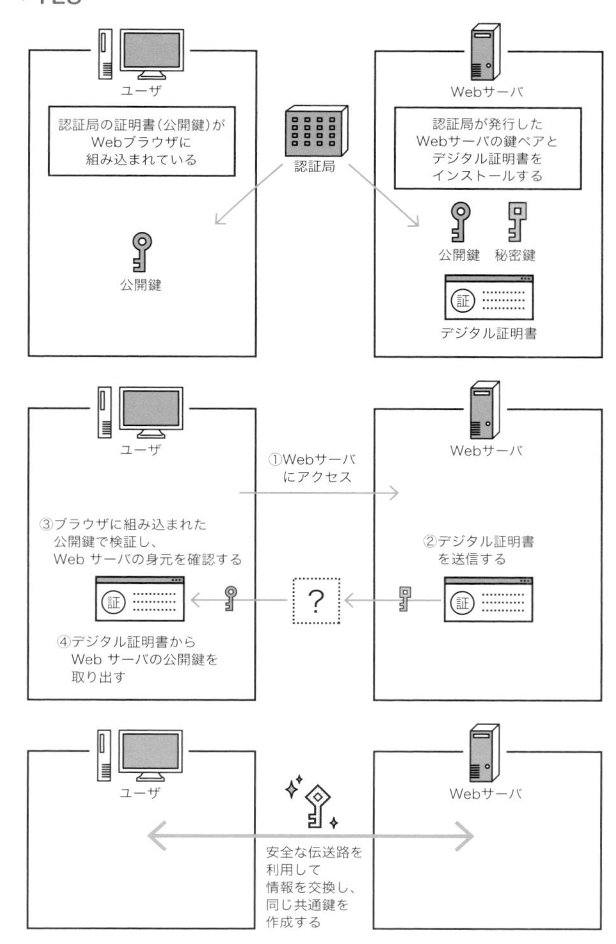

TLSを使っている場合、ブラウザのアドレス欄に表示されるURIのスキームが、HTTPからHTTPSに変化します。また、多くのブラウザで、南京錠のマークが表示されます。

3-4-2 VPN

VPN

VPNとは、公共ネットワークの中で仮想的な専用線を作る技術です。物理的専用線はセキュリティの点でも、通信速度の点でも公共ネットワークより優れていますが、通信コストが高価である欠点があります。公共ネットワークを仮想的に専用化し通信コストを引き下げる用途に使われます。

用語
▶ **VPN**
Virtual Private Network。仮想専用線、もしくは仮想私設網と和訳される。

VPNの基本構成

VPNの基本は暗号化と認証です。VPNは伝送路として公共回線を利用するため、パケットを暗号化しなければ容易に通信内容を盗聴されてしまいます。また、認証を行うことで、相手のVPNノードの真正性と改ざんの有無を検出します。

VPNの種類

VPNは、インターネット網を利用したインターネットVPNと、広域IP網を利用したIP-VPNがあります。

インターネットVPN

伝送路としてインターネットを利用します。通信費は低く抑えられますが、基本的にVPN装置などの設置や設定はユーザが行う必要があります。

インターネットにアクセスできる環境であれば、どのノードからもVPNアクセスを行うことができます。

▼インターネットVPN

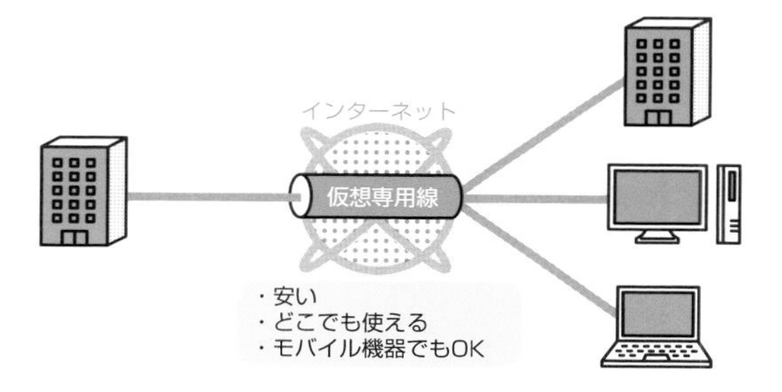

— MEMO —

IP-VPNのサービスはキャリアごとに用意される。例えば、NTTコミュニケーションズのArcstar IP-VPNなどがある。

IP-VPN

伝送路に通信事業者（通信キャリア）の広域IP網などを利用するVPNです。インターネットVPNよりは割高になりますが、通信帯域が保証されていて、保守サービスがあるなど企業向けのメニューが揃っています。VPN装置の設定なども多くの場合キャリアが行います。

しかし、基本的には拠点間を結ぶ用途を想定しているため、モバイルユーザが社外からVPN通信するような用途には応えきれないことがあります。

▼IP-VPN

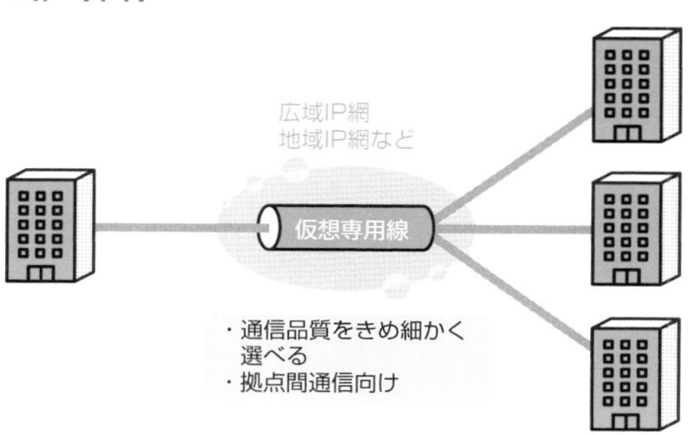

VPNの長所と短所

	長所	短所
インターネットVPN	コスト効率がいい、個人利用者でも使いやすい	品質が不安定
IP-VPN	安全性が高い、拠点間接続向け	割高

VPNの二つのモード

VPNではトランスポートモードとトンネルモードの二つのモードが用意されています。

トランスポートモード

トランスポートモードでは**通信を行う端末が直接データの暗号化を行います**。通信経路のすべてにおいて暗号化された通信がやり取りされますが、IPヘッダが暗号化されず、クラッカーにパケットのあて先IPがわかってしまうなど、不正アクセスの糸口を与えることがあります。また、端末数が多い場合はインストール作業などの管理工数が増大します。

モバイル機器を利用してインターネットVPNを利用するようなケースではトランスポートモードを採用します。

— MEMO —

IPパケットのデータ部分をペイロードという。トランスポートモードではこのペイロード部分のみを暗号化する。

トランスポートモード

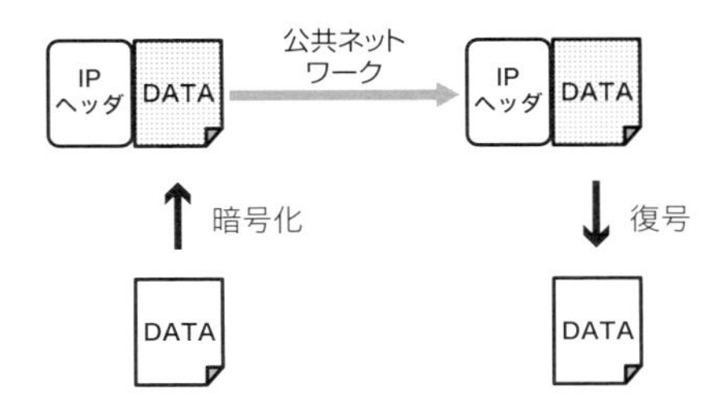

〔特徴〕

・エンドノードにVPNソフトウェアをインストールする

〔長所〕

・通信路のすべての経路でデータが暗号化される

・モバイルアクセスのような状況で利用できる

〔短所〕

・すべてのエンドノードにVPNソフトをインストールする必要がある
・IPヘッダは暗号化されない

トンネルモード

トンネルモードでは、VPNゲートウェイを利用して暗号化を行います。送信側ゲートウェイでは、IPパケットを暗号化（カプセル化）してから、受信側のゲートウェイあてのIPヘッダを新たにつけ、拠点間の通信を行います。受信側では、ゲートウェイで受け取ってIPパケットを復号し、真のあて先に送信します。

多数の端末をもつネットワークでは、より簡単な実装方法で、VPN上を伝送されるデータでは送信ノードが送出したIPヘッダも暗号化されています。

しかし、VPNゲートウェイを設置する必要があるため、基本的に拠点間を接続する通信モデルとなります。また、ローカルネットワーク内では通信が暗号化されないという欠点もあります。

— MEMO —

モバイル機器がリモートアクセスにVPNを利用する際、RASにVPNゲートウェイの機能をもたせてトンネルモードにする手法も普及してきた。

▼トンネルモード

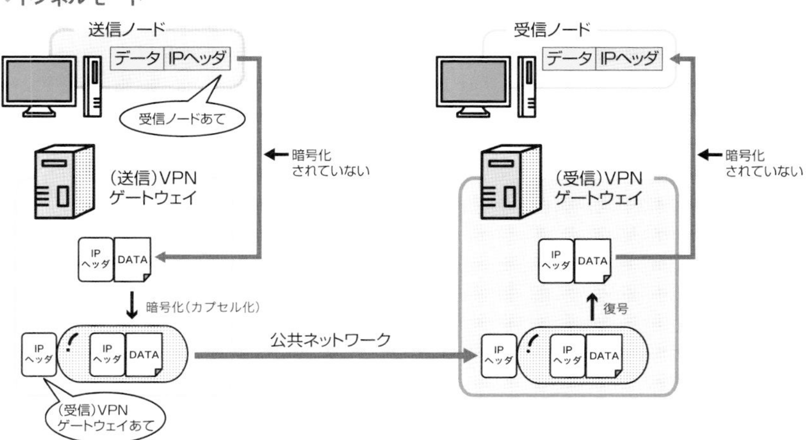

〔特徴〕

・ローカルネットワークと公共ネットワークの間に

VPNゲートウェイを設置する

〔長所〕

・VPNゲートウェイを設置するだけで、エンドノードでは透過的な通信ができる

・送信ノードが送信したIPヘッダは暗号化、カプセル化され、VPNゲートウェイが新たなIPヘッダを付与する

〔短所〕

・拠点間通信での用途に制限される

・ローカルネットワーク内ではパケットが暗号化されない

▼VPNのモードの長所と短所

	長所	短所
トランスポートモード	・通信路のすべてを暗号化 ・どこでも使える	・すべてのクライアントにVPNソフトが必要 ・IPヘッダは暗号化されない
トンネルモード	・端末の構成はそのままで使える ・VPNゲートウェイが新たなヘッダを付与	・拠点間でしか使えない ・LAN内では平文になる

VPNを実現するプロトコル

VPNを構成するためには専用のプロトコルが必要です。現在多く利用されているプロトコルの一つがIPsecです。

IPsec

IPsecは、IPレベル（ネットワーク層）で暗号化や認証、改ざん検出を行うセキュアプロトコルです。IPv4ではオプション仕様ですが、IPv6においては標準プロトコルとして採用されています。

IPsecを利用する利点は、従来IPを利用してきた機器が透過的にセキュアプロトコルを利用できることです。暗号化プロトコルとしては、これまでにもS/MIMEなどが実装されていますが、これらはアプリケーションごと

用語

▶ **ESP**

Encapsulating Security Payload。IPsecでの送信時に使われるフレーム構造。ESPには暗号化に必要なSPI情報と、着信時にヘッダ情報をベリファイ（検査）するためのIPヘッダ（トンネルモード時）、ノードの認証と改ざん検出を行うための認証データが挿入される。認証データはメッセージダイジェストによって構成される。

▶ **AH**

Authentication Header。ESPから暗号化に関する規定を削除した、認証と改ざん検出に特化したフレーム構造。

に個別に設定する必要がありました。そのため、適用漏れや適用工数の増大を招きます。

そこでIPsecを採用し、IP通信そのものを暗号化対象にすればアプリケーションごとにセキュリティを考慮する必要がなくなります。

IPsecでは、暗号化方式の決定と鍵の交換のためのネゴシエーション（交渉）を行い（IKEフェーズ）、終了するとIPsecフェーズがスタートし、伝送データを暗号化して送信します。

— MEMO —

IKEフェーズで暗号化方式をネゴシエーション（交渉）する点に注目する。これは互いがサポートしている任意の暗号化方式を選択できることを意味する。IPsec自身では暗号化方式を特定しないため、ある暗号化方式が陳腐化してもすぐに代わりの方式に置き換えることができる。最近のセキュアプロトコルはこの方法を採用するものが多くなっている。

IPSec

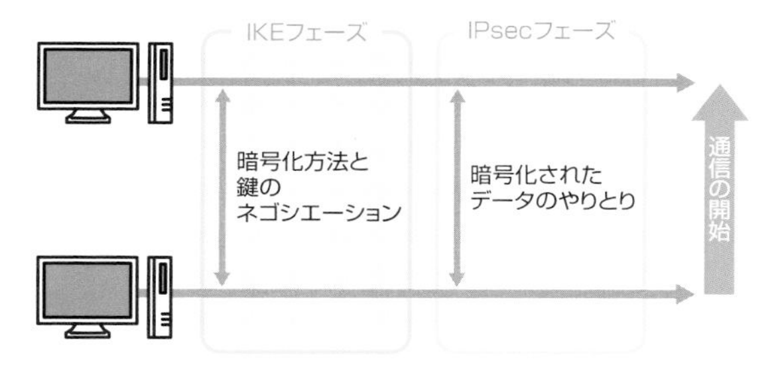

3-4-3 ネットワーク管理技術

syslog

システムの監視、管理、および障害時の原因究明にはログ情報が欠かせません。しかし、ネットワーク管理者が管理する通信機器はサーバなどのアプリケーション層に位置する機器に比べるとログ取得機能（特に保存容量）が貧弱です。そこで、**syslogプロトコル**でログを別サーバに送信して保存します。

syslogはクライアントサーバモデルで動作します。ログを送信する機器はsyslogプロセスを、ログを受信する機器はsyslogdプロセスを動作させ、ログ情報を伝送します。

syslog

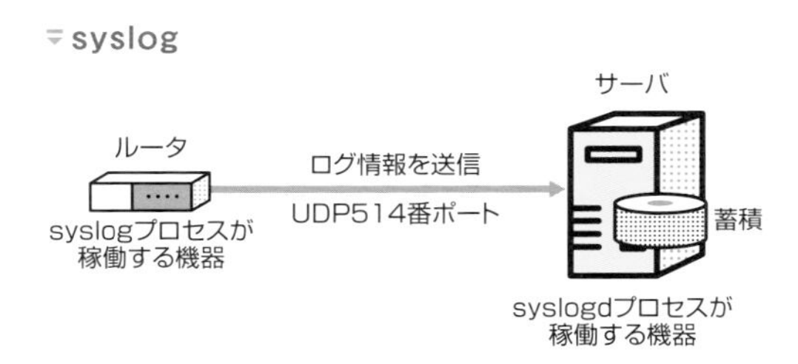

NTP

ログを取得する際、当該機器のタイマーが標準時に合致していることは大前提です。ネットワーク機器のログの多くは他社マシンを含む他のマシンのログと突き合わせて障害原因の特定などを行うため、ログに打刻される時間が異なると検査ができません。

コンピュータや通信機器の時刻を合わせるためのプロトコルが**NTP**です。NTPでは世界標準時に同期したNTPサーバに対してNTPクライアントが時刻同期をとる、クライアントサーバモデルを採用しています。

NTP構造の例

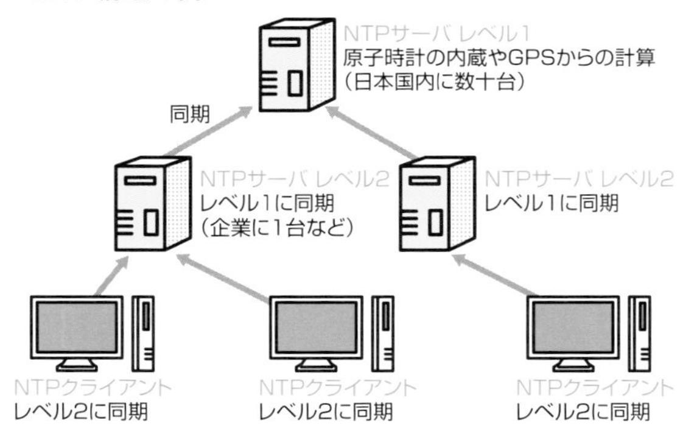

NTPではトラフィックを軽減するために階層構造を採用しています。正確な時計をもつNTPサーバを頂点とし、それに同期をとる中間のNTPサーバ階層を何回か挟むことで一台のサーバへの負荷集中を避けます。

もっとも、家庭で利用する場合などではNTPクライア

— MEMO —

コンピュータに内蔵される時計の精度はかなり悪く、一度正確に設定しても数秒/数日単位でずれが生じるのが一般的である。

▶ **NTP**
Network Time Protocol

— MEMO —

NTPでは、UDPポート123番を使用する。

用語

▶ **SNTP**
NTPを簡易化したプロトコル。トラフィックレベルが変動した場合などに、時刻同期の信頼性が低下するが、簡易に実装できる。SNTPクライアントはNTPサーバに接続できるため、クライアントマシンにはSNTPをインストールするケースがほとんどである。

ントが直接レベル1のNTPサーバと同期することもあります。この構造は参考程度です。

管理台帳の作成

ネットワークを円滑に利用していくためには、ネットワークを構築時だけでなく、日々変化するネットワークの状況を正確に把握することが重要です。

特に現在のハブ型ネットワークモデルでは、機器の増設が簡単に行えるため管理者の承認を経ずにネットワーク構成が変更される場合があります。

これはセキュリティ事故や災害復旧時の手順前後を誘発するため、承認フローを整えるなどの対処をします。

また、資産管理台帳を作成し、常に最新の状態に更新することが重要です。これによってIPアドレスの重複やリピータの段数制限オーバなど、初歩的なミスを回避することができます。

資産管理は手作業で行う従来の手法に加えて、通信機器のMACアドレスからネットワークの状態や構成を把握してトポロジ情報や管理台帳を作成する自動化ツールも登場しています。

用語

▶ **ハブ型ネットワーク**
ハブ&スポーク型ネットワークともよぶ。ハブに対してクライアント1台1台を直結することで、クライアント同士が数珠状につながっていたバス型ネットワークに比べると格段にネットワーク変更に対する柔軟性が向上した。なお、ネットワーク構成には物理的なものと論理的なものがある。物理的にはハブ型に接続されていても、内部の処理はバス型で行われている場合などがあるので注意。

用語

▶ **トポロジ**
ネットワークの構成形態を指す。

試験問題を解いてみよう

平成30年度秋期　情報セキュリティマネジメント試験　問22

A社のWebサーバは、サーバ証明書を使ってTLS通信を行っている。PCからA社のWebサーバへのTLSを用いたアクセスにおいて、当該PCがサーバ証明書を入手した後に、認証局の公開鍵を利用して行う動作はどれか。

ア　暗号化通信に利用する共通鍵を、認証局の公開鍵を使って復号する。
イ　暗号化通信に利用する共通鍵を生成し、認証局の公開鍵を使って暗号化する。
ウ　サーバ証明書の正当性を、認証局の公開鍵を使って検証する。
エ　利用者が入力して送付する秘匿データを、認証局の公開鍵を使って暗号化する。

平成29年度春期　情報セキュリティマネジメント試験　午前問28

OSI基本参照モデルのネットワーク層で動作し、“認証ヘッダ（AH）”と“暗号ペイロード（ESP）”の二つのプロトコルを含むものはどれか。

ア　IPsec　　イ　S/MIME　　ウ　SSH　　エ　XML暗号

平成30年度秋期　情報セキュリティマネジメント試験　午前問18

インターネットと社内サーバの間にファイアウォールが設置されている環境で、時刻同期の通信プロトコルを用いて社内サーバの時刻をインターネット上の時刻サーバの正確な時刻に同期させる。このとき、ファイアウォールで許可すべき時刻サーバとの間の通信プロトコルはどれか。

ア　FTP（TCP、ポート番号21）
イ　NTP（UDP、ポート番号123）
ウ　SMTP（TCP、ポート番号25）
エ　SNMP（TCP及びUDP、ポート番号161及び162）

解説 1

手順の中に公開鍵が二つ出てくるので、注意してください。認証局の公開鍵とWebサーバの公開鍵です。認証局の公開鍵はWebサーバのサーバ証明書が正当であることを検証します。正当であれば、サーバ証明書からサーバの公開鍵を取り出して暗号化通信をはじめられます。そうしたら、共通鍵の共有を行うことができます。

答：**ウ**（→関連：p.232）

解説 2

IPsecは従属プロトコルとしてAHとESPを選べます。AHは認証を、ESPは認証と暗号化の機能を提供します。選択肢のうち、ネットワーク層で動作するプロトコルはIPsecだけなので、その知識だけでも正解できます。

答：**ア**（→関連：p.238）

解説 3

時刻同期プロトコルですので、NTPを選ぶのが正解となります。NTPの正確なポート番号を覚える必要があると考えると結構な難問ですが、NTPさえ知っていれば難易度の高い設問ではありません。

答：**イ**（→関連：p.240）

3-5 人的対策

重要度：★☆☆

セキュリティの脆弱性は技術以外の部分にも現れる。内部不正の防止やシステム運用の管理、入退室の管理といった人的・物理的なセキュリティ対策にも目を配る必要がある。

POINT

- 人間による内部不正は最も対策しにくい脅威の一つ
- 最小権限の原則などで対応、罰則規定も必要
- 地味だけど、アンチパスバックなどの入退室管理はとても効果がある

3-5-1 人的・物理的セキュリティ対策

内部不正防止

会社を構成する要素のうち、最も扱いにくいのが人的要素です。しかし、これをないがしろにすると、セキュリティ管理は簡単に崩壊します。チェーンの弱い輪のように、そこで切れてチェーンとして使えなくなるわけです。

人がリスクになる要因としては、ミスと内部不正があります。ミスはエラープルーフや監査などで防止・是正します。内部不正については、IPAによって「組織における内部不正防止ガイドライン」にまとめられており、よく出題されます。下記の状況を作り出し、犯罪を予防するのだと覚えてください。

参照

▶ エラープルーフ
→p.340

・犯行をやりにくい
・犯行をやると見つかる
・犯行が割に合わない
・犯行を起こす気にならない
・犯行の言い訳をできない

これらの状況を実現するためには、経営者の責任の明

確化や資源に対する権限管理、業務委託の契約管理、ログの保全、教育、適切な人事評価が重要です。

システム運用の管理

ログの収集

システム運用においてログの収集は非常に重要です。セキュリティ事故が生じた際に、原因を追及する手がかりになり、またシステム監査時の監査証跡にもなります。

Webサーバへのアクセスログなどは膨大な量になるため、ログを取得する範囲を決定することは重要です。ログイン時のログなどは失敗した場合にしかログを取得しないなどの方法でログのデータ量を抑制することができます。

また、日替わりで別のファイルにログを保存し、世代管理を行うなど、運用には工夫が必要です。

参照

▶ 監査証跡

→p.179

— MEMO —

異なるサーバ間でログの突き合わせを行うためにも、時刻を同期させておく必要がある。

〔主なログ収集対象〕

* アクセスサーバ
* ファイアウォール
* IDS
* メールサーバ
* Webサーバ

用語

▶ SIEM

Security Information and Event Managementの略。セキュリティ情報とイベント管理の意味。各種機器が吐き出す大量のログを集積、分析して、管理者に通知するシステム。すべてが自動化できるわけではないが、管理者の負荷を軽減し、判断を支援する。

ログは収集行為だけでは意味がありません。それを定期的に評価して初めてセキュリティに寄与します。多くの管理者がログを確保したことで安心して監査を行わないというミスを犯しています。

Webサーバのアクセスログの例

No.	月	日	時	分	リモートホスト（サーバ名）	ユーザエージェント（ブラウザ名）
3459	9	16	12	44	GHBB12345678.ghtec.net	Mozilla/5.0 (Windows NT 6.1) AppleWebKit/537.36 (KHTML, like Gecko) Chrome/45.0.2454.85 Safari/537.36
3460	9	16	12	44	nswgw.gw.gihyo.co.jp	Mozilla/5.0 (Windows NT 6.1; WOW64; Trident/7.0; rv:11.0) like Gecko
3461	9	16	12	46	p1111-ipad22meguro.tokyo.hjt.ne.jp	Mozilla/5.0 (Windows NT 6.1; rv:12.0) Gecko/20120428 Thunderbird/12.0.1

ログの監査

ログは収集するだけでは意味がないため、定期的に監査を行う必要があります。その際、**監査基準**を定めておきます。

熟練した管理者であれば、ログの傾向を見て「何かがおかしい」と直感することができます。しかし、すべての管理者にこのスキルを求めることはできないのが現実です。そこで、ログの監査を行う際には明確な基準を設け、**誰がログを検査しても同じように異常を発見できる体制を整える**ことが役立ちます。定量的な判断基準を設けることができれば、ログの監視をシステムに行わせることも可能です。

また、ログをグラフ化することによって、一目でログが示す傾向を把握することができます。キャパシティ管理などではログの時系列的な変化が重要になるため、ログの世代管理はその点でも重要です。

— MEMO —
ログの監査の他にも、システム間のデータ受け渡し時におけるデータチェックサムやデータ件数の監査などが考えられる。

▼ログ監視の例

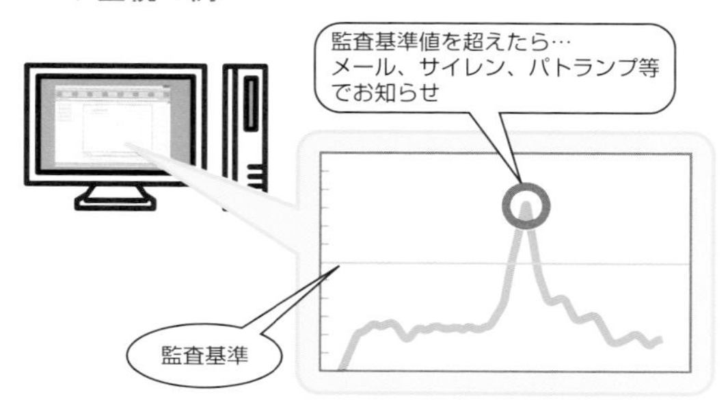

デジタルフォレンジックス

デジタルフォレンジックスとは、情報システムの状態や利用履歴を記録し、公的な証拠能力を保有する水準で保存、維持することを指す用語です。端的にはログを残すわけですが、ログそのものだけではなく、ログを取得する範囲や方法、分析の手法も含めた概念なので、注意が必要です。

ほかにも、記憶装置からデータを抽出したり、データを取得／保存する際に改ざんを防いだり、消去されたデータを復元したりする技術も、デジタルフォレンジックスと呼ばれます。

COLUMN

ログの保存

コンピュータの動作状況やデータの送受信状況など、システムが行うあらゆる振る舞いの記録のことをログといいます。すべてのログを記録しておけば、不正侵入の痕跡がどこかに記録され、後に監査することが可能です。しかし、実際にすべての振る舞いを記録しようとしたら膨大なデータが発生します。そこで、ソフトの起動／終了などの簡易レベルから、起動時にどのファイルが開かれたか、などの詳細レベルまでの間で、どこまで保存するかというログの深さや、ログイン情報はセキュリティに関わるので取得するが、テキスト文書を読むだけなら記録はとらない、などのログの範囲を設定してログ爆発を防ぎます。クラッカーはログに残らない処理の組合せを用いたり、ログを改ざん・消去したりして不正アクセスの痕跡を抹消しようとします。

重要な業務では、複数の系統でログを採取・保存し、突き合わせチェックを行うといった手順が取られることもあります。これはログシステムの不具合やログの改ざんに対して有効です。

物理的対策

入退室管理

情報の漏洩というと、ついネットワークや携帯端末を想像してしまいますが、社屋は情報の宝庫です。権限のある人しか入館や入室をさせず、かつ入退室の記録を残しておく入退室管理はデータの保全、施設・建物の保全、情報資産管理、機密管理の上で重要です。

参照
▶ 情報資産
→p.31

入退室管理にあたっては、まず情報資産（設備やデータなど）にランクをつけ、機密情報はこのエリアにのみ配置、一般情報はこのエリアにのみ配置……と決定します。その上で、機密エリアに入室できる人を定めていき、その入退室を警備員や認証システムで管理します。

アンチパスバック

IDカードを人に貸したり、共連れ(1枚のIDカードで2人通っちゃう)をして入退室管理をすり抜けることをパスバックと言います。それをさせないしくみなので、**アンチパスバック**です。入室していないはずなのに退室しようとしたなど、矛盾のある行動を発見してアラートをあげます。

参照
▶ 共連れ
→p.66

アカウント管理

アカウントはいわば情報システムを使うときの人格そのものです。ですので、アカウントにどんな権限を与えるかは極めて重要です。極端な例を持ち出せば、小学生に核ミサイルの発射ボタンを押す権利を与えるなんてことがあってはなりません。こうした事態を防止するための大原則が**最小権限の原則**です。これは、仕事にどうしても必要な権限を、必要なときだけ、必要な人にのみ与えるという考え方です。

もっとも、最小権限の原則を適切に実行するのは面倒臭いので、逆のことをしがちです。つまり、ありとあらゆる権限を、いつでも、誰にでも与えてしまいがちです。私たちが使い慣れているパソコンでは、OSの権限を何でもできる「特権ユーザ」にしていることが多く、快適に使える反面、間違って全部のデータを消してしまったり、アカウントを乗っ取られるとすべてのデータを盗まれたりしてしまいます。そこで、スマートフォンではスマホの操作に必要なだけの限定的なアクセス権しか持たない「一般ユーザ」が設定されました。アプリのインストール/アンインストールに不自由なところがありますが、OSを壊すようなケースは減りました。

アカウントの管理に関しては、アクセス権の変更・削除も重要です。特に、**業務で使うアカウントは、異動や退職のときに適切にアクセス権を変更したり抹消したりすることが大事です**。

3-5-2 セキュリティ教育

— MEMO —

技術者および管理者への教育もユーザへの教育と基本的な部分では同じ。しかし、一般ユーザに比べて必要な知識水準が高く、知識のライフサイクルも比較的短いことから、より頻繁な教育、高水準の教育が必要になる。一般ユーザへの教育はこうした管理者が講師を務める場合が多くなるが、管理者への教育は専門ベンダなどに依頼するケースもある。

ユーザへの教育

セキュリティレベルを維持するためには、すべての社員が同質のセキュリティ意識をもち、高いモラルを実現することが必要です。これは実際には困難なことですが、情報セキュリティ担当者は地道なセキュリティ教育を継続して実践し続けなければなりません。

教育の時期

セキュリティ教育の実施に重要なのはタイミングです。

〔セキュリティ教育に適した時期〕
* 新入社員の入社時
* セキュリティポリシやプロシジャの変更時
* 新システムの導入時

セキュリティ教育のタイミング

入社

システムの
変更・更新

これらの事象の発生に合わせてセキュリティ教育を実施すべきでしょう。教育のよい機会となるイベントがない場合にも年度ごとに定期的に実施すべきです。

教育の方式

ユーザ教育で一般的に行われるのは座学講義形式の研修ですが、より実践的な教育の実施や、ユーザのスキルにあわせた教育を行うために、PBLやカフェテリア方式の研修を行う企業も増加しています。

さらに研修に実際的な効果をもたせるために、セキュリティポリシの中で研修受講の義務化や罰則規定をうた

用語

▶ PBL
Project Based Learning。与えられた課題について、受講者が主導して解決策を導く教育技法。

用語

▶ カフェテリア方式
用意されたコースの中から、受講者自身がピックアップして受講する方式。

うなどの措置が望ましいでしょう。研修を受けやすい職場の土壌の醸成や、人員シフトの考慮も必要です。

教育方式の例

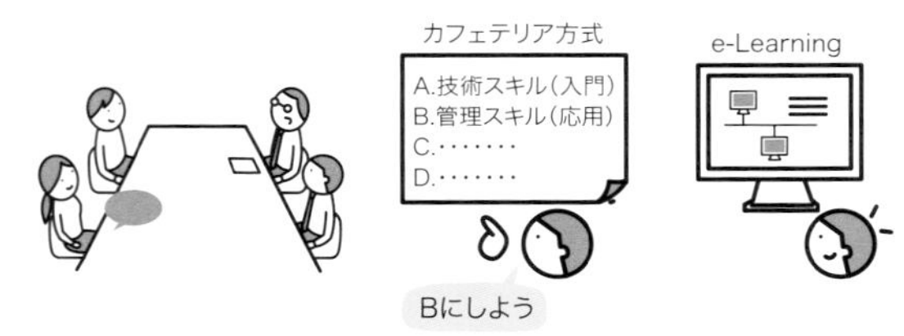

セキュリティ研修が効果的に運用されているかチェックをすることは重要です。プロフィットに直接結びつく研修ではないため、セキュリティ意識の薄い上司が部下を参加させないなどの事例は実際に存在します。新人研修とともに、管理職クラスの人材についてもセキュリティ教育を浸透させる必要があります。

演習方式

サイバーレンジトレーニング

講義聴講型のトレーニング（クラスルームトレーニング）は経済効率は高いものの、学習効率は低いという欠点があります。サーバーレンジトレーニングは、こうした欠点を補うトレーニング形式です。情報セキュリティの分野で用いられる場合は、例えば攻撃側・防御側の役割分担をし、実機を使った疑似攻撃を実施するなど、セキュリティ実務のシミュレーションに多くの時間が割かれます。

用語

▶ **SNSガイドライン**
SNSへの投稿はログがずっと残るので、過去のまずい行為を簡単に遡及して見つけたり指弾したりできてしまう。こうした状況を受けて、企業・学校でSNSガイドラインを作る例が増えた。うまく行っている例では、SNSの利用にどんなリスクがあるか明らかにしつつも、「情報発信自体はするべき」としているものが多い。セキュリティ管理者は、自組織にあったSNSガイドラインをうまく使って、セキュリティ水準を高めたい。

レッドチーム演習

　レッドチーム演習はガチンコの疑似攻撃で組織や人を鍛えます。元は軍事用語で、冷戦下の米軍が自軍内にソ連を模したチーム（レッドチーム：装備や食事までソ連風にしていた）を作って演習していた故事に由来します。ペネトレーションテストに似ていますが、あれは脆弱性の発見が目的である点が異なります。

参照
▶ ペネトレーションテスト
→p.366

COLUMN

セキュリティ教育の限界

　セキュリティ施策が最終的には社員のモラルや行動に依存する以上、セキュリティ教育が必要なのはいうまでもありませんが、その限界も知っておくべきです。

　セキュリティへの意識が先行している米国などでは、

・金に困った社員＝金銭的な見返りを期待する（リスク中）
・降格された社員＝会社への恨み（リスク大）

など、社員の経済状態や精神状態までも脅威評価してリスクアセスメントを行う企業も存在します。また、社員相互の監視機能を業務手順に組み込むなどの手法も積極的に取り入れられています。

　日本の現状では、社員のプライバシー保護との背反や家族的経営体質の残存などからここまでの施策に至っているケースはまれですが、今後こうした方向が指向される可能性は考慮しておくべきでしょう。

　意外に多い失敗例が内部社員への過度の信頼です。同僚同士を疑いあう会社というのも非常にぎすぎすしていますが、少なくとも「最後の1%の部分は誰も信用できない」という意識をもつことがセキュリティ維持のためには重要です。試験対策としても、内部犯やヒューマンエラーの可能性は常に出題ポイントになります。

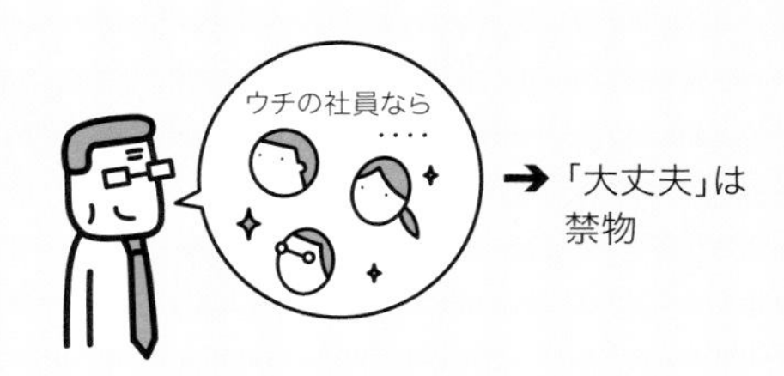

試験問題を解いてみよう

平成30年度春期　情報セキュリティマネジメント試験　午前問4

退職する従業員による不正を防ぐための対策のうち、IPA“組織における内部不正防止ガイドライン（第4版）”に照らして、適切なものはどれか。

ア　在職中に知り得た重要情報を退職後に公開しないように、退職予定者に提出させる秘密保持誓約書には、秘密保持の対象を明示せず、重要情報を客観的に特定できないようにしておく。
イ　退職後、同業他社に転職して重要情報を漏らすということがないように、職業選択の自由を行使しないことを明記した上で、具体的な範囲を設定しない包括的な競業避止義務契約を入社時に締結する。
ウ　退職者による重要情報の持出しなどの不正行為を調査できるように、従業員に付与した利用者IDや権限は退職後も有効にしておく。
エ　退職間際に重要情報の不正な持出しが行われやすいので、退職予定者に対する重要情報へのアクセスや媒体の持出しの監視を強化する。

平成31年度春期　情報セキュリティマネジメント試験　午前問13

入室時と退室時にIDカードを用いて認証を行い、入退室を管理する。このとき、入室時の認証に用いられなかったIDカードでの退室を許可しない、又は退室時の認証に用いられなかったIDカードでの再入室を許可しないコントロールを行う仕組みはどれか。

ア　TPMOR（Two Person Minimum Occupancy Rule）
イ　アンチパスバック
ウ　インターロックゲート
エ　パニックオープン

平成29年度春期　情報セキュリティマネジメント試験　午前問15

デジタルフォレンジックスの説明として、適切なものはどれか。

ア　あらかじめ設定した運用基準に従って、メールサーバを通過する送受信メールをフィルタリングすること
イ　外部からの攻撃や不正なアクセスからサーバを防御すること
ウ　磁気ディスクなどの書換え可能な記憶媒体を廃棄する前に、単に初期化するだけではデータを復元できる可能性があるので、任意のデータ列で上書きすること
エ　不正アクセスなどコンピュータに関する犯罪に対してデータの法的な証拠性を確保できるように、原因究明に必要なデータの保全、収集、分析をすること

平成31年度春期　情報セキュリティマネジメント試験　午前問25

データベースのアカウントの種類とそれに付与する権限の組合せのうち、情報セキュリティ上、適切なものはどれか。

	アカウントの種類	レコードの更新権限	テーブルの作成・削除権限
ア	データ構造の定義用アカウント	有	無
イ	データ構造の定義用アカウント	無	有
ウ	データの入力・更新用アカウント	有	有
エ	データの入力・更新用アカウント	無	有

解説 1

「組織における内部不正防止ガイドライン」はIPAが定めたガイドラインで、基本原則は「犯行を難しくする」「捕まるリスクを高める」「犯行の見返りを減らす」「犯行の誘因を減らす」「犯行の弁明をさせない」の五つです。選択肢の中では、監視の強化を謳った**エ**が正解です。

答：**エ**（→関連：p.244）

解説 2

この文章はいわゆる「共連れ」のことを説明しています。誰かのパスで出たり入ったりしてしまうことで、セキュリティ上の重大な脅威です。そこで、いくらカードを持っていても、出たり入ったりの一連の記録に矛盾がある人を通さないしくみにします。これがアンチパスバックです。

答：**イ**（→関連：p.248）

解説 3

サイバー犯罪などの捜査のために、ログなどの各種記録を情報システムから収集・分析すること、またそのための体制や取組をデジタルフォレンジックスとよびます。

答：**エ**（→関連：p.246）

解説 4

最小権限の原則に関する設問です。権限は自分の仕事が遂行可能な最低限の範囲にとどめるのが基本です。この場合、データ構造の定義用アカウントは、レコード更新権限×、テーブルの作成・削除権限○、データの入力・更新用アカウントは、レコード更新権限○、テーブルの作成・削除権限×で運用すべきです。

答：**イ**（→関連：p.248）

情報セキュリティ関連法規

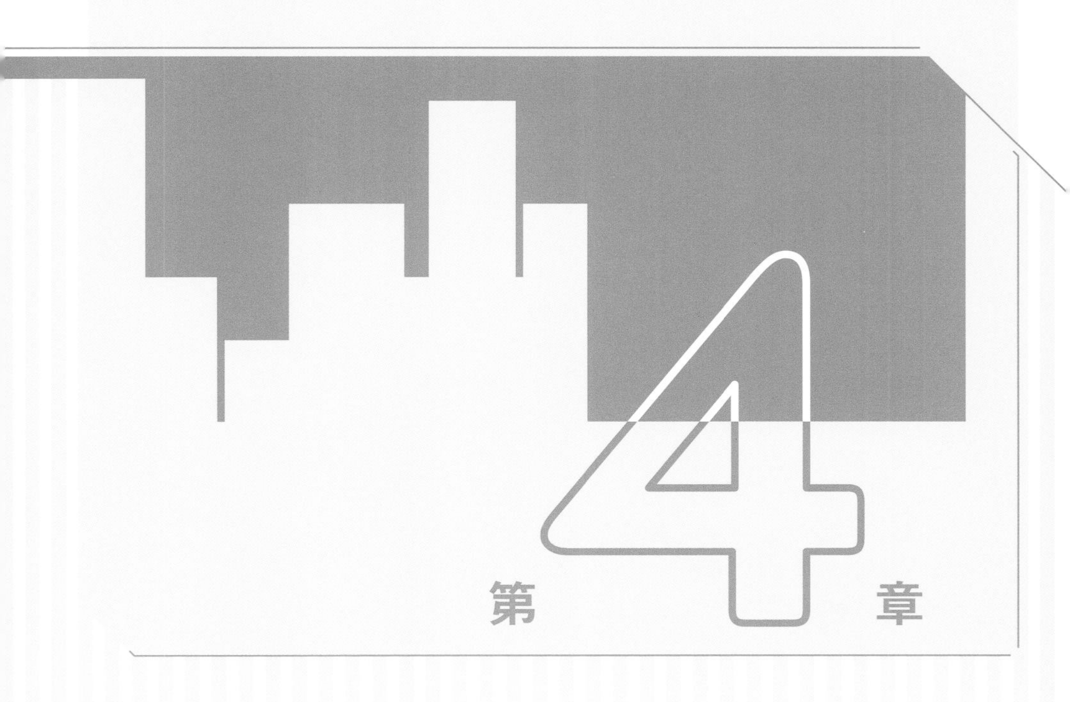

4-1 知的財産権と個人情報の保護

重要度：★★★

著作権法は、技術者にも深く関わってくる法律である。コピーがしやすいデジタル情報において、どんな行為が違反になるかをよく理解しておこう。個人情報保護法では個人情報取扱事業者の要件や要配慮個人情報の知識が大事。

POINT

- 著作権は、著作者人格権（譲渡不能）、著作財産権、著作隣接権で構成される
- 産業財産権には、特許権、意匠権、実用新案権、商標権がある
- 要配慮個人情報は、人種、信条、社会的身分、病歴、犯罪歴など

4-1-1 知的財産保護

著作権法

著作権法は創作された表現物を保護するための法律です。著作権は特許権などと異なり、創作された段階で発生します。本来は小説や音楽を対象とした概念でしたが、改正により**プログラムやデータベースなどもその保護対象に含まれる**ことが確認されています。開発言語やアルゴリズムなどはその対象に含まれないことと、会社の業務で作成した著作物は特別な契約がない限り、**会社に著作権が帰属する**点に注意が必要です。

著作権は著作者人格権、著作財産権、著作隣接権によって構成されます。公表権、氏名表示権、同一性保持権からなる著作者人格権が譲渡不能な権利であるのに対して、複製権、公衆送信権といった著作財産権は売買が可能です。なお、著作権の有効期限は**著作者の死後70年間**（無名・変名・団体名義の場合は公表後70年間）です。ただし、保護期間に第二次世界大戦期を含む場合は戦時加算があります。

ソフトウェアの著作権は自動的に発生しますが、著作権関係の法律事実の公示や、著作権が移転した場合の取引の安全の確保のため、登録制度が設けられています。

用語

▶ **OSS**

Open Source Software。ソースコードを公開したソフトウェア。フリーソフトと混同されることが多いが、フリーソフトでもソースコードを公開していないものは存在するので注意。逆にソースコードが公開されていても付加価値で対価をとることもある。

登録は財団法人ソフトウェア情報センターで行えます。

著作権の構成

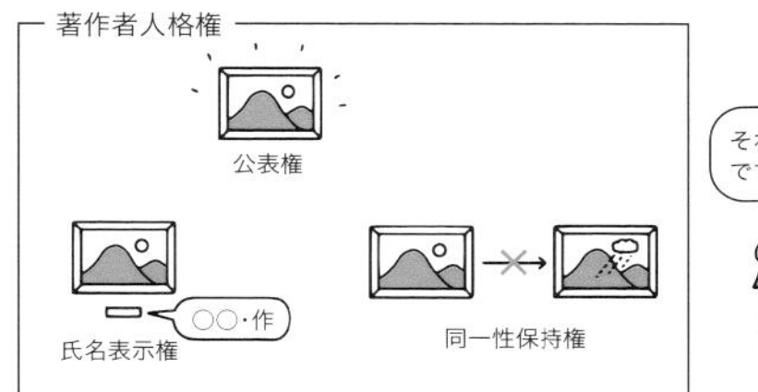

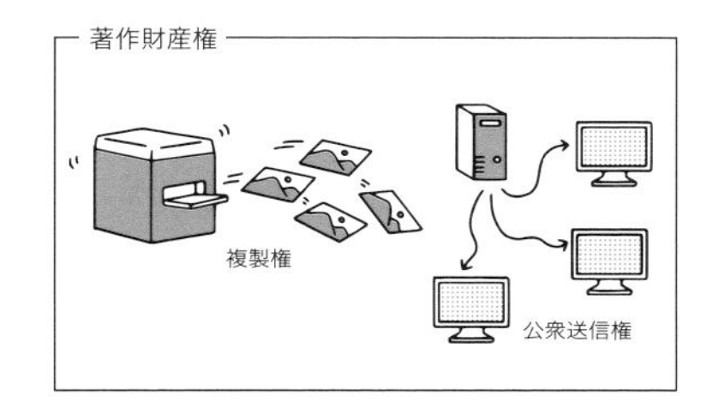

コピープロテクト

ブルーレイやDVD、CDなどのメディアから、不正なコピーを行うことを防止する機能やソフトウェアをコピープロテクトと呼びます。コピープロテクトは、DRM（デジタル著作権管理）の一部です。

一般的にバックアップ目的など、個人利用の範囲内であれば、コピーを行うことが可能ですが、コピープロテクトが行われている場合に、これを無効化してコピーすることは違法となります。コピープロテクトを無効化する機能を持つソフトウェアは、著作権法によって販売が禁じられています。

▶ **DRM**
Digital Rights Management

用語

▶ **DTCP**
Digital Transmission Content Protection
デジタル放送の録画データの不正コピーを防止する規格。

著作権法の改正

2019年1月に著作権法の改正が行われました。主旨は、デジタル化・ネットワーク化への対応、教育の情報化への対応、障害者の情報アクセス機会の充実、アーカイブの利活用促進です。

このうち、本試験での出題が見込まれるのが、デジタル化・ネットワーク化への対応で、より具体的な三つの項目に分割できます。以前より、柔軟・簡便な著作物利用が可能になりました。

1. 著作物に表現された思想又は感情の享受を目的としない利用（第30条の4関係）
→著作物を、AI開発の学習用データにすることなどが簡単になった
2. 電子計算機における著作物の利用に付随する利用等（第47条の4関係）
→情報システムの高速化のために、キャッシュを作成するなど
3. 電子計算機による情報処理及びその結果の提供に付随する軽微利用等（第47条の5関係）
→書籍検索サービスが、書籍の一部分を表示するなど

用語

▶ **NDA**
Non-Disclosure Agreement。秘密保持契約のこと。NDAを結んでから商談を進めることが多くなった。

用語

▶ **著作隣接権**
著作者に隣接して関わる人の権利で、最近注目されています。作曲家（=著作者）に対する演奏者の権利である「演奏権」などがあります。

特許権

著作権と類似していますが、自然法則を利用した技術的思想の創作のうち、高度のもの（発明）に対して付与される権利である点と、出願することで権利が発生する点で異なります。特許は先願主義なので、同種の発明が前後して出願された場合は、たとえ発明が行われた日時が逆であった場合でも、先に出願した発明者が特許権者となります。

特許を取得するためには、そのアイデアに実現性があり、新奇で、公共の益となり、容易に考え出せないものである必要があります。特許権の定める保護期間は出願日から20年です。

このほか、特許庁の管轄する産業財産権には意匠権・

実用新案権・商標権があります。なお著作権や産業財産権をまとめて、知的財産権と呼びます。

▼産業財産権（工業所有権）

	保護内容	保護期間
特許権	自然法則を利用した新規性のある発明	出願時から20年間
意匠権	工芸品、工業製品のデザイン	登録時から25年間
実用新案権	物品の形状・構造・組合せに関する考案	出願時から10年間
商標権	商品やサービスにつけられた商標（文字・図形・記号などの標章）	登録時から10年間

COLUMN

頻出！著作権対策

著作権についての問題は、情報処理技術者試験ではよく問われます。ここでは、過去問題をもとに著作権について間違いやすい事柄を見ていきます。

従業員が開発したソフトウェアの著作権はだれのもの？

従業員が職務上開発したソフトウェアの著作権は、契約等で特に定められない限り、その従業員の所属する会社にあります。

開発委託契約に明記されていれば、著作者のすべての権利を譲渡できる？

著作財産権は譲渡できますが、著作者人格権は譲渡できません。

ソフトウェアの設計書やマニュアルは、ソフトウェアと一体となることで著作物として保護される？

設計書およびマニュアルは、それ単体で著作物として扱われます。

個人の Web サイトに他人の著作物を無断で掲載しても、私的利用だから著作権侵害にならない？

著作物の無断公開は著作権侵害です。

インターネット上で公開したフリーウェアは、著作権法による保護の対象とならない？

フリーウェアは、無料で公開されているものの、著作権を放棄したわけではないので、保護対象となります。

試用期間中のシェアウェアを使用して作成したデータを、試用期間終了後もWeb サイトに掲載することは、著作権の侵害に当たる？

　このケースは著作権侵害にはあたりません。また、作成したデータは、作者の著作物として保護されます。

特定の分野ごとに Web サイトの URL を収集し、簡単なコメントをつけたリンク集は、著作権法で保護される？

　情報の体系化を行ったデータベースは著作権保護の対象となります。このリンク集もある種のデータベースといえます。

4-1-2 個人情報保護

高度なIT環境下における個人情報

　かつてはあまり重要視されていなかった個人情報についても、IT環境の整備によって情報の伝達速度が高速化し、企業の情報収集能力、体系化能力が向上すると問題点が表面化しました。例えば、従来であれば個別のアンケート結果などは別々に処理され、それぞれに接点はありませんでしたが、高度にIT化された環境では企業がこれを体系化したデータベースを構築できます。一つ一つは断片的な情報でも、全体としてその個人の全体像が非常に細かく浮かび上がります。本人よりも企業の方が詳しくその人のことを知るようになるかも知れません。

高度IT化環境での個人情報の利用

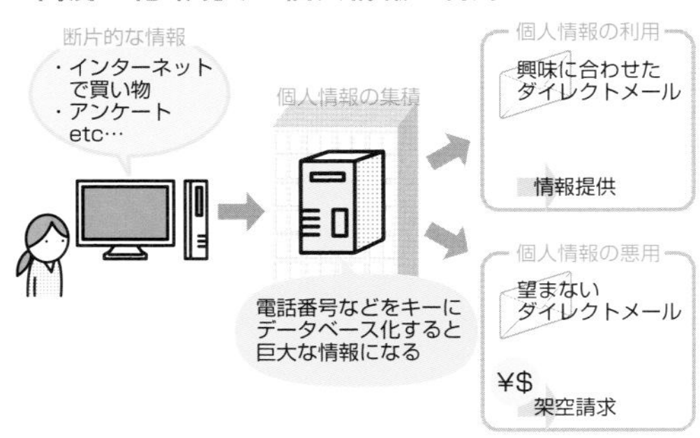

個人情報保護法

こうした状況に対応するために作られたのが**個人情報保護法**です。それまで個人情報はJIS Q 15001やOECDプライバシーガイドラインというガイドラインで守られてきましたが、これを一歩進めて法律として昇格させたものです。具体的には、個人情報収集の際には範囲や用途について情報主体の同意を得ること、などの基本理念が盛り込まれています。

参照
▶ JIS Q 15001
→p.168

個人情報保護法では、体系的に整備された個人情報を事業に使っている者を**個人情報取扱事業者**とし、これに該当する場合には個人情報の利用に対して、個人の権利利益の保護のため制限と義務が課されます。事業に使わない個人情報、市販されている電話帳などを使っているだけの場合は除外されます。

なお、ここでいう個人情報とは、**①生存する個人に関する情報で、②特定の個人を識別できる情報**のことを指します。

2015年の改正では、バイオメトリクスが個人識別情報であること、病歴などの**要配慮個人情報**は本人の同意を得ない第三者提供を禁止することが明文化されています。

— MEMO —
2015年の改正により、改正前は適用が免除されていた小規模取扱事業者（個人情報5000人以下）にも、適用される。

個人を識別できないよう加工した匿名加工情報は、情報の項目や提供方法を公表すれば第三者提供が可能です。また、内閣府の外局として、個人情報保護委員会が新設されました。

COLUMN

特定個人情報

特定個人情報とは、マイナンバーをその内容に含む個人情報で、厳格な保護措置が要求されるものです。組織的安全管理措置、人的安全管理措置、物理的安全管理措置、技術的安全管理措置の四つで構成されます。

試験問題を解いてみよう

平成29年度春期　情報セキュリティマネジメント試験　午前問34

著作権法による保護の対象となるものはどれか。

ア　ソースプログラムそのもの
イ　データ通信のプロトコル
ウ　プログラムに組み込まれたアイディア
エ　プログラムのアルゴリズム

平成31年度春期　情報セキュリティマネジメント試験　午前問35

著作者人格権に該当するものはどれか。

ア　印刷、撮影、複写などの方法によって著作物を複製する権利
イ　公衆からの要求に応じて自動的にサーバから情報を送信する権利
ウ　著作物の複製物を公衆に貸し出す権利
エ　自らの意思に反して著作物を変更、切除されない権利

令和元年度秋期　情報セキュリティマネジメント試験　午前問34

A社は、B社と著作物の権利に関する特段の取決めをせず、A社の要求仕様に基づいて、販売管理システムのプログラム作成をB社に委託した。この場合のプログラム著作権の原始的帰属に関する記述のうち、適切なものはどれか。

ア　A社とB社が話し合って帰属先を決定する。
イ　A社とB社の共有帰属となる。
ウ　A社に帰属する。
エ　B社に帰属する。

平成30年度春期　情報セキュリティマネジメント試験　午前問33

個人情報保護委員会"個人情報の保護に関する法律についてのガイドライン（通則編）平成29年3月一部改正"に、要配慮個人情報として例示されているものはどれか。

ア　医療従事者が診療の過程で知り得た診療記録などの情報
イ　国籍や外国人であるという法的地位の情報
ウ　宗教に関する書籍の購買や貸出しに係る情報
エ　他人を被疑者とする犯罪捜査のために取調べを受けた事実

解説 1

著作権法では、プロトコルやアイデア、アルゴリズムが保護対象にならないことをしっかり覚えておきましょう。頻出問題です。他にはデータも保護対象になりません。プログラムは著作権で保護されますが、業務中に作成したプログラムの著作権は特段の定めがない限り、会社に帰属します。

答:**ア** (→関連:p.256)

解説 2

ア　著作財産権の複製権についての説明です。

イ　著作財産権の公衆送信権についての説明です。

ウ　著作財産権の貸与権についての説明です。

エ　正解です。著作者人格権の同一性保持権についての説明です。

答:**エ** (→関連:p.256)

解説 3

ソフトウェアは作った者(会社)に帰属します。A社はB社に委託してプログラムを作らせており、実際に作ったのはB社です。したがって、特段の定めがない限り著作権はB社に帰属します。ただし、社員が職務で作成したプログラムは、特段の定めがない限り会社に著作権が帰属します。

答:**エ** (→関連:p.256)

解説 4

要配慮個人情報とは、個人情報の中でも差別や偏見につながる恐れがあるなど、特に注意して扱う必要がある情報のことです。ガイドラインでは、人種、信条、社会的身分、病歴、犯罪歴、犯罪被害者になった履歴があげられています。エは取り調べを受けていますが、被疑者は他人ですから該当しません。

答:**ア** (→関連:p.261)

4-2 セキュリティ関連法規

重要度：★★☆

意外によく問われるのが刑法である。ややこしい「電磁的記録〜」が並ぶ部分を、丁寧に解きほぐしておきたいところ。迷惑メール防止法がオプトイン原則を採用している点は注意しよう。

POINT

- 処理を誤らせようと不正データを意図的に作ると → 電磁的記録不正作出及び供用
- 不正なコマンドやデータで利益を得ると → 電子計算機使用詐欺
- ドメイン名の不正取得は → 不正競争防止法に引っかかる

4-2-1 コンピュータ犯罪関連の法規

用語

▶ **コンピュータ不正アクセス対策基準**

1996年に制定され、2000年に最終改訂された通商産業省発行のガイドライン。コンピュータ不正アクセスによる被害の予防、発見及び復旧、再発防止に資する具体的な対策が述べられている。利用者ごとにシステムユーザ基準、システム管理者基準、ネットワークサービス事業者基準、ハードウェア・ソフトウェア供給者基準があり、それぞれ行うべきセキュリティ対策のカテゴリとレベルが異なっている。

不正アクセス禁止法

不正アクセス行為を処罰するための法律です。不正アクセスだけでなく、不正アクセスを助長する行為（他人のパスワードを流出させるなど）にも罰則規定があり、また不正アクセスを受けた管理者への援助措置についても定められています。

不正アクセスと認められるのは、ネットワークを介してアクセス制御されたシステムに**正当な権限をもたずにアクセスしようとする**行為です。また、**セキュリティホールを突く攻撃**も処罰の対象となります。

不正なパスワードの入力、他人のパスワードの漏えいなどでも処罰される適用範囲の広い法律です。

刑法で規定されるコンピュータ犯罪

コンピュータ犯罪についても**刑法**で定められた処罰の対象となります。

電磁的記録不正作出及び供用（第161条の2）

事務処理を誤らせることを目的に、電磁的記録を不正に作成することを処罰する条文です。

支払用カード電磁的記録不正作出等（第 163 条の 2）

キャッシュカードの偽造を行い、金銭を取得することを罰する条文です。実際に金銭的な利益を得なくても、不正なキャッシュカードを作成したり所持したりするだけで罪になります。

不正指令電磁的記録に関する罪（第 168 条の 2・3）

刑法にはウイルスの作成と提供を処罰するための条文もあります。「不正指令電磁的記録作成等」と「不正指令電磁的記録取得等」がそれに当たり、「ウイルス作成罪」とも呼ばれます。

— MEMO —

バグにより意図せずウイルス的に振る舞ったソフトは大丈夫。

電子計算機損壊等業務妨害（第 234 条の 2）

電子計算機を物理的に破壊したり、不正なデータを投入したりすることで業務を停止、妨害することを処罰する条文です。電磁的記録不正作出及び供用罪との差異に注意してください。

電子計算機使用詐欺（第 246 条の 2）

事務処理に使用するシステムに虚偽のデータや不正なコマンドを与えて、不当な利益を得るなどの行為を罰した条文です。コンピュータを不正操作して、自分の口座に他人の預金を振り込むなどの事例で適用されます。10年以下の懲役です。

▼ 刑法上でのコンピュータ犯罪の区別

電磁的記録不正作出及び供用	不正データでシステムを誤作動させるなど
支払用カード電気的記録不正作出等	金銭目的のカード偽造
不正指令電磁的記録に関する罪	ウイルス作成
電子計算機損壊等業務妨害	業務妨害。壊す、不正データ投入
電子計算機使用詐欺	詐欺。不正送金など

不正競争防止法

業務上、競合関係にある他社の悪い噂を流したり、他社製品のコピー商品を販売したりするなどの不正競争を処罰する法律です。ポイントとしては1991年に営業秘密（トレードシークレット）が追加されたことを覚えておきます。

営業秘密について、クラッキングなどが行われた場合、これを処罰します。この法律の制定によって日本でも営業秘密が実効的に保護されるようになりました。

ただし、ある情報が営業秘密であることを証明するためには、以下の3要件が必要になります。

〔営業秘密の3要件〕

＊秘密として管理されている

＊営業上有効である

＊それが常識の類として周知されていない

また、ドメイン名の不正取得を規制するのも、この法律です。不当な利益を得るために、他社の名義や商品に類似したドメインを取得して相手の利益を侵害する（ドメインを高値で買い取らせるなど）行為が生じた場合、ドメインの使用を差し止めることができます。

— MEMO —

迷惑メール防止法は、スマホなどで使うSMSも対象。非営利団体や個人のメールは対象外である。

迷惑メール防止法

いわゆる「迷惑メール防止法」は、「特定電子メール送信適正化法」と「特定商取引法」の二法から構成されています。広告メールを送る際には、事前に受信者の承諾を得なければならず、また受信者が拒否した場合は送信を停止しなければなりません。再送も禁止です。メールアドレス探索のための架空メールアドレスへの送信、送信者情報を偽ったメールの送信も処罰の対象です。

この法律の原則はオプトインです。また、受信者が広告を不要と判断したときにオプトアウトするための連絡先や手段、事業者名を明示する義務もあります。メールの大量送信で電気通信事業者の設備に過大な負荷がかかったときは、事業者はメールの配信を停止してよいことになっています。

〔メール送付の原則〕
オプトイン：未承諾の広告メールを送信してはならないこと。
オプトアウト：未承諾で広告メールを送ってよいが、拒否された場合には速やかに登録を抹消すること。

プロバイダ責任制限法

ネット上で権利侵害や誹謗中傷などがあった場合の、プロバイダの権限と責任について示した法律です。被害者が書き込みの削除や書き込みを行った者（発信者情報）の開示を請求した場合に、プロバイダはそれが正当と認められれば、削除や開示を行うことができます。また、インシデント発生時に、その事実を知って放置したのでなければ、免責されます。

— MEMO —
もちろん、無条件には開示できない。損害賠償請求を行うなどの理由が必要である。

参照
▶ インシデント
→p.127

電波法

無線LANの盗聴（通信の秘密の侵害）は、電波法によって罰されることになっています。知る、漏らす、利用する、のどれもが処罰の対象です。積極的傍受（たとえば、無線通信に施されている暗号を解読するなど）は、すぐに処罰の対象となりますが、隣の家の電波が入ってきてしまうようなケースは対象外です。

通信の秘密関連の法律

対象	法律
通信事業者	電気通信事業法
有線LAN	有線電気通信法
無線LAN	電波法

通信傍受法

正式名称は「犯罪捜査のための通信傍受に関する法律」です。通信の秘密は憲法で保障されていますが、他の方法で捜査を行うことが著しく困難である場合、裁判所の令状があれば捜査機関が合法的に通信傍受を行うことができると定めた法律です。電話、FAX、メールなどが対象で、実施時には不正がないか立会人がチェックをします。

電気通信事業者は正当な理由なく捜査機関への協力を拒否することはできず、傍受できる期間は10日以内です。ただし、最大30日まで延長することができます。

外国為替及び外国貿易法(外為法)

暗号化技術をはじめ、軍事技術などに転用可能な技術は、この法律によって輸出規制の対象になっています。

4-2-2 サイバーセキュリティ基本法

サイバー攻撃をめぐる状況

情報システムへの攻撃、サイバー攻撃はますます洗練され、攻撃が行われた際の被害が大規模化しています。

20世紀の後半、戦争は総力戦→ゲリラ戦→テロの順番で当事者の人数を減らしていきました。サイバー攻撃を駆使すれば、理屈の上では技術と機材さえあれば、1人で大国を相手に戦争をすることも可能です。米国は、従来の陸・海・空・宇宙に加えて、サイバー空間を第五の戦場として規定しました。

事実、近年では地域・国家を相手取った大規模攻撃も目立つようになってきました。2007年にエストニアで起こったDDoSが有名です。この攻撃は3週間続き、政府や銀行のポータルサイトが使えなくなるなどの被害が生じました。

個人もまた脅威に晒されています。スマートフォンの普及により、潜在的な攻撃対象は大幅に増えました。そして、それを使っているのは、パソコンのそれよりも技術水準が低い利用者です。海外からの攻撃が常態化し、対処するための人材も足りません。

— MEMO —

サイバーセキュリティの対象として規定されているのは、電磁的方式によって、記録、発信、伝送、受信される情報に限られる。

サイバーセキュリティ基本法とは

こうしたリスクに対応するためにサイバーセキュリティ基本法が制定されました。サイバーセキュリティ基本法では、サイバーセキュリティ戦略本部長がサイバーセキュリティ協議会を組織することや（第17条）、内閣にサイバーセキュリティ戦略本部を置くこと（第25条）などを定めています。この法律に基づきサイバーセキュリティ戦略本部が置かれ、IT戦略本部、NSCとの緊密な連携のもとで、サイバーセキュリティ戦略を実行していきます。

用語

NSC

National Security Counsil。国家安全保障会議。内閣に置かれ、緊急事態に対応する組織。

日本におけるサイバーセキュリティ戦略組織図

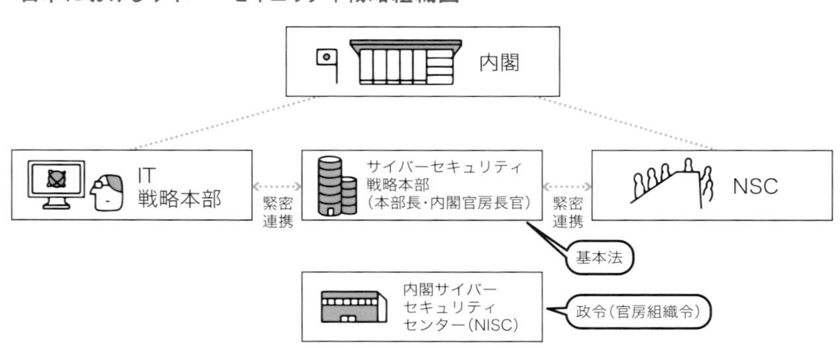

日本で問題になっているのは、セキュリティに関わる人材の不足と、意思決定層のセキュリティ意識の希薄さです。サイバーセキュリティ基本法を制定することで、セキュリティの重要さを周知し、この二つを解消していくことが企図されています。迂遠なようですが、社会を構成する一人一人が適切なセキュリティの知識・技術を持つことが、安全な社会を構築する最も確実な手段です。

— MEMO —

国民に対し、サイバーセキュリティの重要性につき関心と理解を深め、その確保に必要な注意を払うよう努めることを求める規定がある。

試験問題を解いてみよう

平成30年度秋期　情報セキュリティマネジメント試験　午前問32

不正アクセス禁止法で規定されている、“不正アクセス行為を助長する行為の禁止”規定によって規制される行為はどれか。

ア　正当な理由なく他人の利用者IDとパスワードを第三者に提供する。
イ　他人の利用者IDとパスワードを不正に入手する目的でフィッシングサイトを開設する。
ウ　不正アクセスを目的とし、他人の利用者IDとパスワードを不正に入手する。
エ　不正アクセスを目的とし、不正に入手した他人の利用者IDとパスワードをPCに保管する。

平成28年度秋期　情報セキュリティマネジメント試験　午前問32

刑法の電子計算機使用詐欺罪が適用される違法行為はどれか。

ア　いわゆるねずみ講方式による取引形態のWebページを開設する。
イ　インターネット上に、実際よりも良品と誤認させる商品カタログを掲載し、粗悪な商品を販売する。
ウ　インターネットを経由して銀行のシステムに虚偽の情報を与え、不正な振込や送金をさせる。
エ　企業のWebページを不法な手段で改変し、その企業の信用を傷つける情報を流す。

平成30年度春期　情報セキュリティマネジメント試験　午前問35

不正競争防止法で禁止されている行為はどれか。

ア　競争相手に対抗するために、特定商品の小売価格を安価に設定する。
イ　自社製品を扱っている小売業者に、指定した小売価格で販売するよう指示する。
ウ　他社のヒット商品と商品名や形状は異なるが同等の機能をもつ商品を販売する。
エ　広く知られた他人の商品の表示に、自社の商品の表示を類似させ、他人の商品と誤認させて商品を販売する。

平成31年度春期　情報セキュリティマネジメント試験　午前問33

企業が、"特定電子メールの送信の適正化等に関する法律"における特定電子メールに該当する広告宣伝メールを送信する場合に関する記述のうち、適切なものはどれか。

ア　SMSで送信する場合はオプトアウト方式を利用する。
イ　オプトイン方式、オプトアウト方式のいずれかを選択する。
ウ　原則としてオプトアウト方式を利用する。
エ　原則としてオプトイン方式を利用する。

平成30年度春期　情報セキュリティマネジメント試験　午前問19

内閣は、2015年9月にサイバーセキュリティ戦略を定め、その目的達成のための施策の立案及び実施に当たって、五つの基本原則に従うべきとした。その基本原則に含まれるものはどれか。

ア　サイバー空間が一部の主体に占有されることがあってはならず、常に参加を求める者に開かれたものでなければならない。

イ　サイバー空間上の脅威は、国を挙げて対処すべき課題であり、サイバー空間における秩序維持は国家が全て代替することが適切である。

ウ　サイバー空間においては、安全確保のために、発信された情報を全て検閲すべきである。

エ　サイバー空間においては、情報の自由な流通を尊重し、法令を含むルールや規範を適用してはならない。

解説 1

ア　正解です。
イ　「識別符号の入力を不正に要求する行為の禁止」規定です。
ウ　「他人の識別符号を不正に取得する行為の禁止」規定です。
エ　「他人の識別符号を不正に補完する行為の禁止」規定です。

答:**ア**（→関連:p.265）

解説 2

電子計算機使用詐欺と電子計算機損壊等業務妨害は似ていて試験で狙われます。前者は不正なコマンドやデータで不当な利益を得ることを、後者はコンピュータの物理的・論理的な破壊で業務を妨害することを禁じています。

答:**ウ**（→関連:p.265）

解説 3

商品表示の誤認を狙う行為は、不正競争防止法に抵触します。したがって、**エ**が正解です。イは独占禁止法に抵触します。**ア**と**ウ**は通常の営業行為です。

答:**エ**（→関連:p.267）

解説 4

オプトインは事前に許可をとる形式です。オプトアウトは事前許可をとりませんが、広告配信などを拒否する意思表示を利用者が簡単、確実にできるようにする形式です。特定電子メール、すなわち広告メールは、オプトインでなければなりません。

答:**エ**（→関連:p.267）

解説 5

サイバーセキュリティ戦略の基本原則は次の五つです。サイバー空間の開放性に言及しているアが正解です。一部の主体に占有されることは、この基本原則に反します。

1. 情報の自由な流通の確保
2. 法の支配
3. 開放性
4. 自立性
5. 多様な主体の連携

答:**ア**（→関連:p.270）

4-3 その他の法規やガイドライン

重要度：★★☆

出題頻度が高いと予想されるのは、派遣契約、請負契約、出向の指揮命令関係の違いについてである。誰と誰が契約を結んでいるのかも出題ポイント。労働基準法が何を定めているかも注意しよう。

POINT

- 派遣先企業と派遣労働者の間にあるのは → 指揮命令関係
- 派遣＝完成責任や瑕疵担保責任なし。請負＝完成責任、瑕疵担保責任あり
- マイナンバーの利用目的は → 社会保障・税・災害対策分野

4-3-1 電子文書関連の法規

— MEMO —

▶ **IT書面一括整備法**

電子署名法と同時期に施行された法律。法定書類を書面だけでなく電子文書で作成することも認めた。

参照

▶ PKI
→p.114

— MEMO —

▶ **電子帳簿保存法とe-文書法**

国税関係帳簿書類を紙だけでなく電子ファイルとして保存することも認めた法律が電子帳簿保存法。それを一般的な文書にまで範囲を拡大したのがe-文書法。改ざんへの対策として電子署名とタイムスタンプの付与を義務づける。

＝行政文書の電子化

日本の行政分野でもITを活用して新しい行政サービスを創造し、行政運営を効率化しようという動きが本格化しています。効率化の核になるのが、文書の電子化です。文書の電子化に関連しては、2001年より同時に施行された電子署名法とIT書面一括整備法をはじめ、電子帳簿保存法、e-文書法（電子文書法）といった法律が整備されています。

＝電子署名法

公文書などがその効力を発揮するためには、文書の真正性を証明する必要があります。従来、真正性の証明には印鑑登録された印鑑の捺印が利用されてきました。

電子文書においては、なりすましや改ざん、事後否認が容易に行われるため、真正性の証明は困難でした。しかし、PKIなどのインフラ整備が進み、業務ニーズもあったことから、電子的なデジタル署名も真正性を保証する手段として公的に認められるようにしました。

＝ マイナンバー

行政手続に使うための12桁の個人識別番号のことを、**マイナンバー**（**個人番号**）と呼びます。行政は、これまでにも個人を識別するための番号や符号をたくさん運用してきましたが、採番や運用システムが個別に行われた結果、事務の連携や効率化がなかなか実現しませんでした。

そこで、行政事務の効率化、利用者の利便性向上、社会の公平性確保のためにマイナンバー法が施行され、マイナンバーが使われることになったのです。各種の行政手続がマイナンバーで受けられる、省庁横断的なワンストップサービスも作りやすくなることが予想されます。

ただし、情報や運用が集約されると、利便性とともにリスクも大きくなります。そのため、今のところマイナンバーを使うのは、社会保障、税、災害対策の特定用途に限られています（将来的に金融などへ拡張予定）。また、マイナンバーを含む個人情報は特定個人情報とされ、個人情報保護法より厳密な運用がもとめられています。他人のマイナンバーを不正入手したり、第三者に教えたりすることはできません。

— MEMO —

マイナンバー法の正式名称は「行政手続における特定の個人を識別するための番号の利用等に関する法律」。

▶ **特定個人情報**
→p.261

4-3-2 労働関連の法規

＝ 労働基準法

労働時間や賃金、残業、休息時間、休日などについて、最低ラインの基準を示している法律です。労働基準法によれば、働くのは1日8時間、週に40時間までと決まっています。それ以上働く場合は、労使協定を交わし、労働基準監督署に申請します。この協定のことを三六（サブロク）協定と呼びます。

— MEMO —

三六協定の名前の由来は、労働基準法の36条で、そう決まっているから。

＝ 労働者派遣法

必要な人的資源の増減に対応するため、外部企業からの労働力の提供を受けるシチュエーションも多くなってきています。外部からの労働力提供に関連して、労働者派遣法によって規定される「派遣」と、そのほかの契約の形態の違いをおさえておきましょう。

派遣

派遣契約では労働者は派遣元企業に雇用され、派遣先企業に派遣されます。業務上の指揮命令は派遣先から受けますが、雇用関係は派遣元と結ばれており給与も派遣元から支給されます。派遣元と派遣先との間には、労働者派遣契約が結ばれます。派遣されて働いているだけですので、完成責任や瑕疵担保責任は生じません。

請負

請負では労働者は請負企業に雇用され、業務上の指揮命令は請負企業から受けます。請負を依頼した企業内で業務を行うこともありますが、その場合でも指揮命令関係は請負企業と労働者の間にあります。なお、請負契約では受託側が納期までに成果物を完成させて、それを納期までに委託側に納品することになります。請負企業と依頼企業の間には請負契約が結ばれ、完成責任、瑕疵担保責任が生じます。委託側は成果物と納期を明示する義務があります。

用語

▶ **準委任契約**
委託者が受託者に業務を委託する形態。完成責任、瑕疵担保責任がない点が、請負契約と異なる。

出向

出向では労働者は出向元企業と出向先企業双方と雇用関係を結びます。指揮命令関係は出向先企業と労働者の間にあり、出向元企業と出向先企業の間には出向契約が結ばれます。

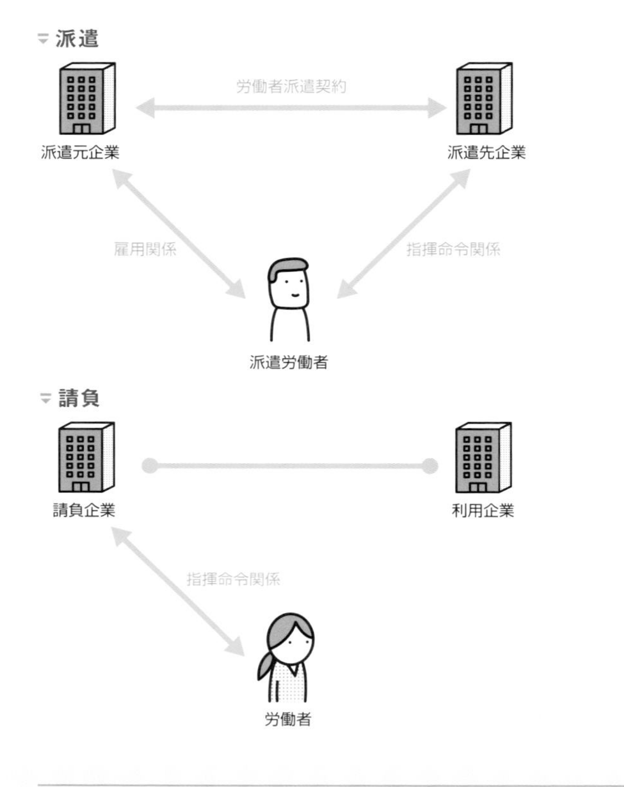

COLUMN

下請法

下請け事業者と親事業者の関係を考えた場合、どうしても親事業者の方が立場が強くなります。その立場を利用して、下請け事業者に無理難題を飲ませるような事態を防ぐための法律が下請法（下請代金支払遅延等防止法）です。

たとえば、代金を明示しないで発注し、仕事が完了してから価格を言い渡すようなやり方が禁止されています。

下請法のポイント

・委託をする場合、直ちに発注の諸元を書面にして、発行する
・書面は、電子文書や電子メールでも OK
・予想しにくい費用（交通費など）の場合は、金額ではなく計算式を決めておくのでも OK
・業務の一部が定まっていないような場合には、その部分だけ後から書面を発行することができる

4-3-3 各種標準化団体と国際規格

JIS（ジス）

日本産業規格のことで、国内の工業製品についてさまざまなことを定めています。缶詰からねじまで、あらゆるものにJISマークが付いていますが、情報処理の用語や文字コード、各種マネジメントシステムもJIS規格になっていることを覚えておきましょう。JIS Q 27000(情報セキュリティマネジメントシステム)は頻出です。

▶ JIS
Japanese Industrial Standards

用語

▶ JISC
日本産業標準調査会。JISCの名称は「Japanese Industrial Standards Committee」の略。経済産業省の機関で、JISの制定、改正などを審議する。

ISO

国際標準化機構のことで、国際規格を決める組織です。世界各国の利害関係を調整するので、一つの規格が定まるまでに何年もかかることが珍しくありません。他国の動画が問題なく見られるのも、写真の感度が合わせられるのもISOのおかげです。情報分野は国際電気標準会議(IEC)と共同で標準化を行っているため、「情報セキュリティマネジメントシステムの国際規格はISO/IEC27000だ」のような書き方をします。

▶ ISO
International Organization for Standardization

▶ IEC
International Electrotechnical Commission

▶ IEEE
Institute of Electrical and Electronic Engineers

IEEE（アイトリプルイー）

米国電気電子学会のことで、米国の組織ではありますが、情報分野の国際規格策定に強大な力を有しています。このテキストに載っているだけでも、無線LANのIEEE802.11シリーズや、イーサネットのIEEE802.3など色々あります。

試験問題を解いてみよう

平成30年度秋期　情報セキュリティマネジメント試験　午前問33

電子署名法に関する記述のうち、適切なものはどれか。

ア　電子署名には、電磁的記録ではなく、かつ、コンピュータで処理できないものも含まれる。
イ　電子署名には、民事訴訟法における押印と同様の効力が認められる。
ウ　電子署名の認証業務を行うことができるのは、政府が運営する認証局に限られる。
エ　電子署名は共通鍵暗号技術によるものに限られる。

令和元年度秋期　情報セキュリティマネジメント試験　午前問35

A社はA社で使うソフトウェアの開発作業をB社に実施させる契約を、B社と締結した。締結した契約が労働者派遣であるものはどれか。

ア　A社監督者が、B社の雇用する労働者に、業務遂行に関する指示を行い、A社の開発作業を行わせる。
イ　B社監督者が、B社の雇用する労働者に指示を行って成果物を完成させ、A社監督者が成果物の検収作業を行う。
ウ　B社の雇用する労働者が、A社の依頼に基づいて、B社指示の下でB社所有の機材・設備を使用し、開発作業を行う。
エ　B社の雇用する労働者が、B社監督者の業務遂行に関する指示の下、A社施設内で開発作業を行う。

平成21年度秋期　応用情報技術者試験　午前問80　一部改変

日本産業標準調査会を説明したものはどれか。

ア　経済産業省に設置されている審議会で、産業標準化法に基づいて産業標準化に関する調査・審議を行っており、JISの制定、改正などに関する審議を行っている。

イ　電気機械器具・材料などの標準化に関する事項を調査審議し、JEC規格の制定及び普及の事業を行っている。

ウ　電気・電子技術に関する非営利の団体であり、主な活動内容としては、学会活動、書籍の発行、IEEEで始まる規格の標準化を行っている。

エ　電子情報技術産業の総合的な発展に資することを目的とした団体であり、JEITAで始まる標準規格の制定及び普及の事業を行っている。

解説 1

ア　電子署名は電磁的記録で、かつコンピュータで処理できるものです。
イ　正解です。
ウ　民間企業が運営する認証局も多数存在します。
エ　電子署名には、公開鍵暗号が使われています。

答：**イ**（→関連：p.275）

解説 2

ア　正解です。A社の従業員がB社の労働者に指揮命令を行っています。
イ　請負契約の説明です。B社の労働者がB社の指揮命令で働いています。
ウ　請負契約の説明です。
エ　請負契約の説明です。

答：**ア**（→関連：p.276）

解説 3

結構マニアックな出題だと思います。これを覚えているほどがりがり暗記を行うのは勉強のコスパがよくありません。問題と選択肢にヒントがちりばめられていますから、「日本産業標準調査会。ああ、直訳してJapanese Industrial Standards・・・JIS関連かな」とその場で思いつければ十分です。

ア　正解です。
イ　電気規格調査会（JEC）の説明です。
ウ　米国電気電子学会（IEEE）の説明です。
エ　電子情報技術産業協会（JEITA）の説明です。

答：**ア**（→関連：p.279）

第5章 ネットワークとデータベース

5-1 ネットワーク

重要度：★★☆

今日のセキュリティ技術はネットワーク技術と切り離して考えることはできない。IPアドレス・TCP/IPの概念やプロトコル、無線LANの暗号化技術など、広く理解しておく必要がある。

POINT

- ポート番号でサービスを識別できる。余計なポートは閉じる
- ルータとは → ネットワーク層で動作する通信機器
- SPFとは → 送信ドメイン認証の一種。DNSを活用する

5-1-1 ネットワークの基礎

プロトコル

プロトコルを日本語に訳す場合、「規約」という語を用います。通信を行う際に、事前に取り決めるルールという意味です。

例えば、対面して会話を行う場合でも、空気という物理媒体を使い、音声というデータリンクで、日本語というプレゼンテーションを行います。これらはすべてプロトコルです。

— MEMO —

のろし、伝書鳩、手旗信号など、どのような通信手段においても事前の取決め（プロトコル）が必要となる。

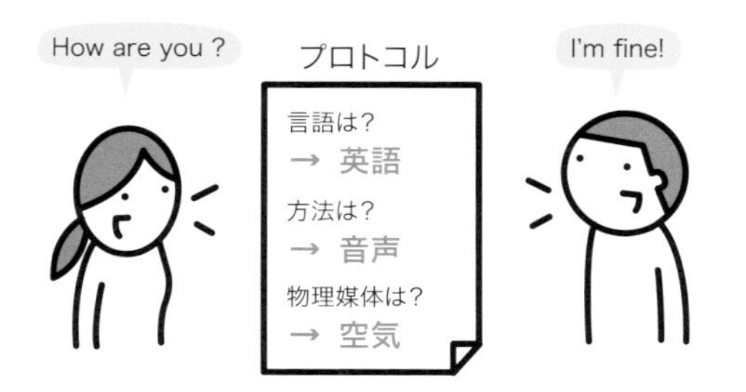

これらの要素が欠けたり、使われるプロトコルが日本語と英語のように異なっていたりすれば、会話は成り立ちません。しかし、人種や年齢が違っていても同じプロトコルを使えば会話することができます。このようにプロトコルとは通信における最重要概念です。

OSI基本参照モデル

ISOで検討され、異なる設計思想や世代のシステムと円滑に通信を行うことを目的に制定された規約がOSI基本参照モデルです。

OSI基本参照モデルはプロトコルを標準化するのに当たって、どのように作成すればよいのか、ガイドラインを示すものです。その特徴は、プロトコルの階層化を強く推奨している点です。

7階層モデルと対応機器の例

上位層	第7層(レイヤ7:L7)	アプリケーション層	ゲートウェイ
	第6層(レイヤ6:L6)	プレゼンテーション層	
	第5層(レイヤ5:L5)	セッション層	
下位層	第4層(レイヤ4:L4)	トランスポート層	
	第3層(レイヤ3:L3)	ネットワーク層	ルータ、L3スイッチ
	第2層(レイヤ2:L2)	データリンク層	ブリッジ、スイッチングハブ
	第1層(レイヤ1:L1)	物理層	リピータ、ハブ

OSI基本参照モデルでは、通信全体の機能を7階層に分割しています。その中でも特に1層～4層を下位層、5層～7層を上位層とよび、大まかな区別とします。下位層は通信そのものを制御し、上位層は通信でやり取りされるデータの形などを規定します。

階層化のメリット

このような階層化を行うメリットは大きく分けて二つあります。

用語

▶ **スタック**
スタックはデータ構造の一種だが、通信スタックと表現される場合は、一連の通信プログラムを指す。

シンプルである

階層化によって通信プロトコルをシンプルにまとめることができる点です。一つ一つの機能を小さく絞り込むことで、安定した通信プログラムを開発できます。多くの機能が必要な場合は、通信スタックを束ねてプロトコルスイート（プロトコル群）とすることで機能を実現します。

交換が容易である

階層を分けると、各層の要件をぴったり過不足なく満たしたプロトコルをとり決めることになります。

プロトコルが規定する範囲を絞ることで、何らかの理由でそのプロトコルが更新されたとしても、更新された箇所だけを交換することで対処できます。

— MEMO —

仮に、一つのネットワークが下位層から上位層まで一つのプロトコルで開発された場合、何らかの理由でそのプロトコルが更新されると、それに合わせてシステムのすべての箇所を変更する必要が生じる。

コネクション型通信とコネクションレス型通信

ノード間のコネクション（接続）確立の方式には、コネクション型とコネクションレス型があります。

コネクション型通信

データ伝送を行うに先立って、**送信ノードと受信ノードの間に伝送路が固定される通信方式**をコネクション型通信とよびます。伝送路の固定には相手ノードとのやり取りが必要であるため、通信相手が有効な状態で機能しており、伝送データも届く状態にあることを確認してから、データの授受が始まることになります。

したがって、安定性の高い通信を行うことが可能です。ただし、コネクションを確立するための確認手順などを踏まなければデータ伝送ができないため、通信に関わるオーバヘッドは増加します。

コネクションレス型通信

データ伝送を行う際に、**相手ノードの確認や伝送路の確保を行わずにすぐにデータを伝送しはじめる通信方式**です。この方式の特長は通信手順を大幅に省略することができる点にあります。余分な処理を行わずにいきなりデータ伝送を開始するため、リアルタイム通信などに向いています。通信機器にかかる負荷も減少させることが可能です。

反面、通信の確実な伝達は保証されないため、データの授受を確認したい場合は、別の手段を用意する必要があります。

5-1-2 TCP/IP

IPとTCP/IPプロトコルスイート

IPはネットワーク層におけるプロトコルで、インターネットワーキングに特化することによって機能を絞り込み、軽量化を図って設計されました。そのため、IPが単独で利用されることは少なく、TCPをはじめとする他のプロトコルと組み合わせて機能を形成します。これらのIPと整合性の高い、あるいはIPを下位プロトコルとして使用することを前提としたプロトコル群を差してTCP/IPプロトコルスイートとよびます。

現在の主流はIPバージョン4（IPv4）ですが、徐々にIPバージョン6（IPv6）への移行が行われようとしています。

用語

▶ イーサネット

MACアドレスでアドレス管理を行い、通信制御にはCSMA/CDを用いる伝送方式。物理層として10BASE-Tなどを利用する。

用語

▶ MACフレーム

MACフレームには、あて先MACアドレス、送信元MACアドレス、情報、FCSなどのフィールドをもつ。イーサネットフレームともよばれる。

▼ TCP/IPプロトコルスイートの階層

OSI基本参照モデル	TCP/IP	実装例
アプリケーション層	アプリケーション層	HTTP、SMTP、FTP、DHCP、DNS、POP、Telnet
プレゼンテーション層		
セッション層		
トランスポート層	トランスポート層	TCP、UDP
ネットワーク層	インターネット層	IP、ICMP、ARP、RARP
データリンク層	ネットワークインタフェース層	イーサネット
物理層		

TCP/IPプロトコルスイートは独自のネットワーク階層モデルをもちます。OSI参照モデルが7階層なのに対して、TCP/IPの階層モデルは4階層で構成されます。これはあまり細分化された階層モデルは実業務においてかえって実装しにくいという設計思想に起因しています。

IPはインターネット層のプロトコルであり、ネットワークインタフェース層には依存しないので、この部分は任意の物理層技術、データリンク層技術で構成します。現在最もよく利用されている規格はイーサネットです。

IPの特徴

IPはコネクションレス型通信を提供するインターネットワーキングプロトコルです。IPの基本的な特徴は以下の3点です。

①パケット通信技術である
②ベストエフォート型のコネクションレス型通信である
③経路制御を行う

IPを利用した通信においても、通信品質を向上させたいというニーズは存在しますが、その場合はIPの中で解決するのではなく、別の技術を組み合わせることによって信頼性を実現します。IPはそれ自身による機能の提供をできるだけシンプルな形にまとめており、その他の機能が必要な場合は他のプロトコルを組み合わせることによって拡張機能を利用できるようにしています。

IPヘッダ

パケット通信では、パケットの先頭には送信元や送信先、パケットの大きさなど、パケット自体に関する情報が付加されます。TCP/IPでは、各層ごとにこのヘッダ情報がデータに付加され、次の層へ受け渡されます。

IPはトランスポート層のプロトコルからデータグラムを受け取るとIPヘッダを付与してパケットを作成し、

用語

▶ **ベストエフォート**
通信をあて先ノードに届けるために最大限の努力はするが、最終的な通信品質を保証しないことを指す。コスト的には、大きなアドバンテージがある。

参照

▶ **経路制御**
→p.301

用語

▶ **ICMP**
ネットワーク層において送達確認を行うプロトコル。伝送プロトコルとしてIPを利用するため、IPレベルでの送達の可否を検査し、送信エラー報告などの制御メッセージで通知することができる。

データリンク層に受け渡します。

IPで取り扱われるパケットをIPパケット(IPデータグラム)といいます。

用語

▶ **pingコマンド**
ノードに対してICMPパケットを送信し、応答の可否、応答にかかる時間などを確認するために使われる。

階層ごとのヘッダ付与

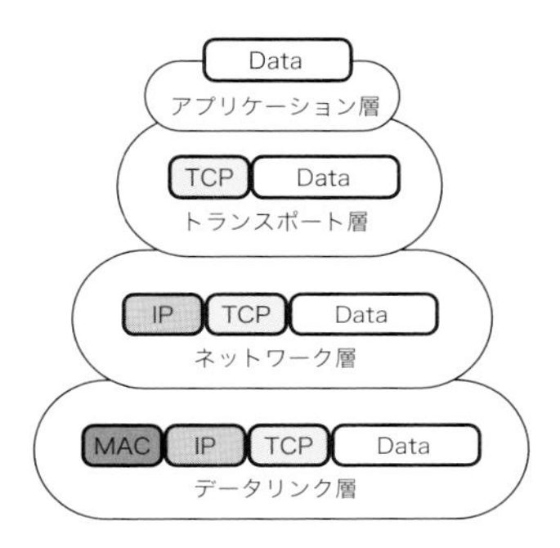

IPヘッダの構成

IPヘッダの詳細について覚える必要はありませんが、送信元IPアドレス、送信先IPアドレスが挿入されていることを把握しておくことが重要です。

IPヘッダ

ビット0　　ビット31

バージョン	ヘッダ長	優先順位	パケット長	
識別番号			フラグ	フラグメントオフセット
TTL（生存時間）		プロトコル番号	ヘッダチェックサム	
送信元IPアドレス				
送信先IPアドレス				
オプション				

IPバージョン6(IPv6)

IPアドレスの枯渇問題に対応するための本命技術がIPv6です。もともと現行のIPv4の後継技術として設計されており、IPアドレス空間の拡張やIPsecの実装以外にも多くの機能強化がはかられていますが、やはり現状で注目されているのは収容できるノードの数です。

参照

▶ **IPsec**
→p.238

アドレス空間の拡張

IPv6では、アドレス空間がIPv4の4倍である128ビットに拡張されたため、そこで扱えるアドレスのバリエーションは2の128乗≒43億の4乗と天文学的な数字になります。これは事実上無限ともいえる広大なアドレス空間です。

— MEMO —

IPv6のアドレス数は、現在地球上で暮らしている人間のすべての細胞にIPアドレスを割り当ててもまだ余剰が出るほどの数となる。

表記方法

IPv6ではアドレス空間を16進数で表記します。

例：FFFF:0000:FFFF:0000:0000:0000:0000:FFFF

このうち:0000:が連続する箇所は、短縮してよいことになっています。ただし1箇所だけです。

例：FFFF:0000:FFFF::FFFF

先頭から連続する0は、省略可能です。ただし::の中に必ず一つは数値が入っている必要があります。

例：FFFF:0:FFFF::FFFF

= TCP

下位層に位置するIPが通信の完全性を保証しないことから、その補完のために送達管理、伝送管理の機能を追加したトランスポート層のプロトコルが**TCP**です。

コネクションの確立

IPなどのコネクションレス型通信と異なり、TCPは通信に先立ってコネクションの確立を行う**コネクション型通信**を提供します。

TCPはコネクションを確立するために**3ウェイハンドシェイク**を行います。これはコネクション確立要求パケットとそれに対する確認応答パケットのやり取りを3回行うことから命名された手法です。ここで利用されるコネクション確立要求パケットのことを**SYN**、確認応答パケットのことを**ACK**といいます。

— MEMO —

通信に先立つ段階でこうしたやりとりを行うことから、クラッカーが不正アクセスに利用する場合がある（クラッカーからの探索通信にSYNを返してしまう）。

また、TCPはコネクション切断時にもハンドシェイクを行います。これによりコネクションの確立と切断を完全に管理しています。

▼3ウェイハンドシェイク

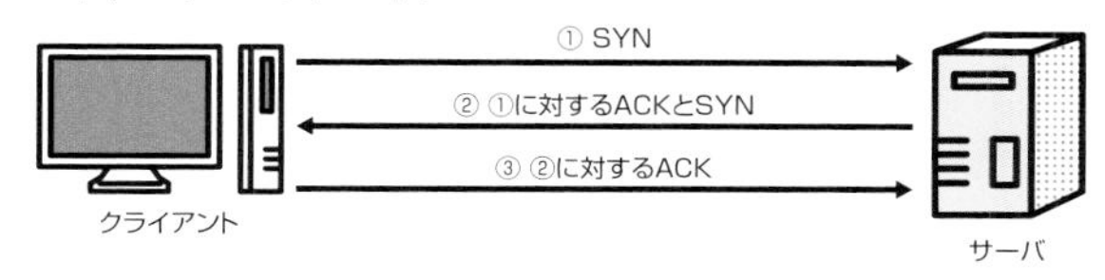

TCP ヘッダフォーマット

TCPはフロー制御などを行うため、TCPヘッダがもつ情報は複雑です。

ヘッダ情報のうち、注意すべきフィールドはシーケンス番号とACK番号です。

シーケンス番号は送信するセグメントのデータ全体での位置をオクテット（8ビット）単位で表します。これにより、分割したパケットをもとの順序通りに受信側で組み直すことができます。

ACK番号はセグメントデータを受信した際のACK応答時に利用される番号で、次に受信すべきシーケンス番号が挿入されます。

クラッカーが不正アクセスを行うために使うパケットは、これらのシーケンス番号やACK番号の整合性がとれていない場合が多く、フィールドの内容を確認することによって不正なパケットを検出できます。

▼TCPヘッダフォーマット

0　15　31ビット

<table>
<tr><td colspan="4">送信元ポート番号</td><td colspan="2">送信先ポート番号</td></tr>
<tr><td colspan="6">シーケンス番号</td></tr>
<tr><td colspan="6">ACK番号</td></tr>
<tr><td>データオフセット</td><td>予約</td><td colspan="2">コードビット</td><td colspan="2">ウィンドウサイズ</td></tr>
<tr><td colspan="4">チェックサム</td><td colspan="2">緊急ポインタ</td></tr>
<tr><td colspan="5">オプション</td><td>パディング</td></tr>
</table>

第5章　ネットワークとデータベース

UDP

UDPはTCPと同様にトランスポート層のプロトコルですが、トランスポート層の本来の目的である送達管理を行いません。アプリケーションの識別機能のみを提供します。

これは送達確認を行うプロトコルであるTCPに対してUDPが劣っている、という意味ではないことに注意してください。UDPは送達性の保証は提供しませんが、その分、通信手順やヘッダ構造がシンプルで、トラブルが起こらない限りオーバヘッドの少ない通信環境を提供します。

TCP、UDPの長所と短所

	長所	短所
TCP	・信頼性が高い	・複雑で処理が重い ・通信機器への負担
UDP	・通信速度が速い ・シンプル	・信頼性が低い

トランスポート層のプロトコルとポート番号

TCP、UDPというトランスポート層のプロトコルは、ヘッダに通信の相手先を特定するための送信先ポート番号と送信元の識別のための送信元ポート番号を付与します(p.291の図参照)。

通信を受けた送信先からは、このヘッダの「送信元ポート番号」へ向けて通信が返されます。

— MEMO —

通信速度が非常に重要なシステムで、伝送路の品質が保証されており、またデータ授受の確認がアプリケーションのレベルでも行われるような環境であれば、トランスポートプロトコルとしてUDPを選択するメリットが大きくなる。また、リアルタイム性に重要な価値がある動画や音声のストリーミング配信などでもUDPプロトコルが利用される。

— MEMO —

TCPとUDPのポート番号はそれぞれ独立している。例えば、TCPポート番号1番の通信とUDPポート番号1番の通信は区別され、混同することはない。したがって、平行した通信が可能である。

参照

▶ ポート番号
→p.297

— MEMO —

相手を特定しないブロードキャスト通信ではUDPを使う(TCPは相手が特定できないと通信を開始できない)。

5-1-3 IPアドレス

IPアドレス

IPアドレスはインターネット上のノードを一意に特

定するためのアドレス体系で、IPを利用したインターネットワーキングの根幹をなす情報です。そのため、重複は許されません。

IPv4ではIPアドレスを**32ビット**で表現しますが、人が判読しやすいように8ビットごと（オクテット）に区切って10進数化する表記方法がとられます。

IPアドレスは、インターネット接続されている機器であれば必ず設定されています。

— MEMO —
32ビットで、約43億（2の32乗）台のノードを識別できる。

— MEMO —
通信機器やIPプロトコルスタック（IPを処理するための通信プログラム）は、2進数のまま処理を行う。通常、どのようなネットワーキングソフトウェアも、IPアドレスの表示や入力には10進数形式を用いる。

▼IPアドレスの例

2進数表記	11000000	10101000	00000000	00000001
10進数表記	192	168．	0．	1

ネットワークアドレスとホストアドレス

IPアドレスは**ネットワークアドレス部**と**ホストアドレス部**の二つの部分に分かれています。その境目を決めるのが**サブネットマスク**です。

— MEMO —
米シスコ社の製品などでは、IPアドレスの後ろにネットワークアドレス部の長さを付与して、サブネットアドレスを表記する。
例：192．168．0．1／16
（本文中の表記法では、サブネットマスクは「255.255.0.0」となる）

サブネットマスク

サブネットマスクはIPアドレスと同じように32ビットで表される情報で、1で表される部分がネットワークアドレス部を、0で表される部分がホストアドレス部であることを意味します。

次の例では8ビットごとのブロックの分かれ目でアドレスが分割されていますが、現在ではブロックの途中であってもネットワークアドレス部とホストアドレス部の境目が存在する場合があります。これを**クラスレスサブネットマスク**といいます。クラスレスサブネットマスクを利用する場合は、10進数表記した際に255と0以外の値をとることになります。

▼ IPアドレスとサブネットマスク

	10進数表記	2進数表記			
サブネットマスク	255.255. 0. 0	11111111	11111111	00000000	00000000
		ネットワークアドレス部		ホストアドレス部	
IPアドレス	192.168. 0. 1	11000000	10101000	00000000	00000001
ネットワークアドレス	192.168. 0. 0	11000000	10101000	00000000	00000000
ノードのIPアドレス	192.168. 0. 1	11000000	10101000	00000000	00000001
ブロードキャストアドレス	192.168.255.255	11000000	10101000	11111111	11111111

ネットワークアドレス部

ネットワークに対して付与される番号です。他のネットワークの重複は許されません。また、同じネットワークに所属しているノードのネットワークアドレス部は同一である必要があります。

ルータはIPアドレスのネットワークアドレス部を見て、そのIPパケットを転送する必要があるかどうかを判断します。同じネットワークアドレスをもつノード同士の通信であれば、他のネットワークには転送する必要がありません。このようにネットワークを分割することによって、トラフィックの管理を実現しています。

ホストアドレス部

同じネットワークに参加しているノードを一意に判別するための番号です。ネットワーク内でホストアドレス部が重複してはいけません。このネットワークアドレス部とホストアドレス部の組合せにより、全体としてIPアドレスの一意性が保証されるわけです。

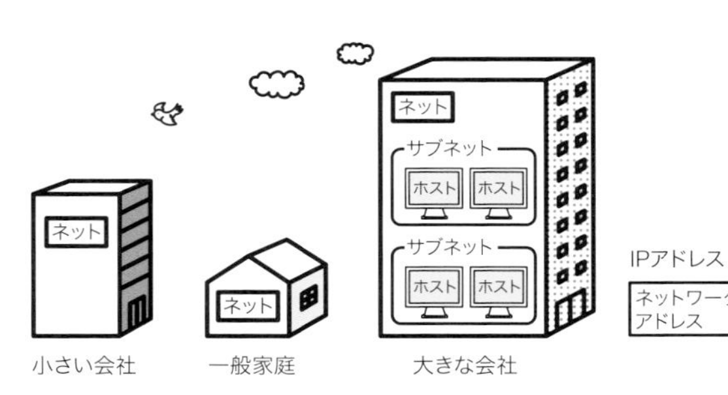

用語

▶ ブロードキャストアドレス
ホストアドレス部がすべて1のアドレスはそのネットワーク内のすべてのノードあての通信を意味する。

用語

▶ IPマルチキャスト
マルチキャスト通信とは、あるグループに所属しているすべてのノードをあて先に指定して送信を行うための技術。ブロードキャスト通信とは異なり、IGMPというプロトコルを使うことで所属グループを特定して1対nの通信を行う。

▶ ネットワークアドレス
ホストアドレス部がすべて0のアドレスは、そのネットワークそのものを意味する。ノードを表すものではない。

参照

▶ ルータ
→p.299

IP アドレスクラス

初期のIPネットワークではアドレスクラスという概念が採用されていました。これはIPアドレスをその先頭アドレスによって三つの種類に分けるというものです。

▼ クラスによるアドレスの割当て

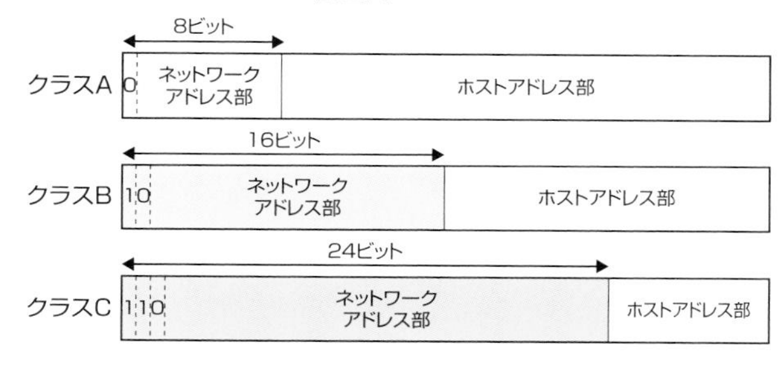

— MEMO —

各クラスに設置できるノード数
クラスA：16777214個
クラスB：65534個
クラスC：254個

— MEMO —

RFC（1918）で推奨されるクラスごとのプライベートIPアドレスは以下のとおり。
クラスA：10.0.0.0～10.255.255.255
クラスB：
172.16.0.0～
172.31.255.255
クラスC：
192.168.0.0～
192.168.255.255

クラス概念では、各クラスをIPアドレス先頭のビットパターンで判別するため、サブネットマスク情報がいらないことに注目してください。大規模ネットワークでは**クラスA**が、中規模のネットワークでは**クラスB**が、小規模のネットワークでは**クラスC**が利用されました。ただし、ネットワークに配布するIPアドレス数が固定されているため、実運用時にはIPアドレスに余剰が出るのが一般的で、IPアドレスがひっ迫している状況では利用しにくいという欠点があります。クラスレスサブネットマスクの方がネットワークの実情に即したきめの細かいIPアドレス管理が可能です。

用語

▶ **グローバルIPアドレス**
プライベートIPアドレスに対し、通常のIPアドレスのことをこうよぶ。

プライベート IP アドレス

IPアドレスはインターネット上で一意に定まることが絶対条件です。これがIPネットワークにおける伝送の要になっている基本事項です。しかし、一方で通信というものはそのほとんどのケースが同一ネットワーク内で完結してしまいます。

そこで発案されたのが**プライベートIPアドレス**です。これは正規のIPアドレスの形をとっているため、IPプロトコルスタックを装備しているノードはそのまま利用することができるアドレスです。それでいて、異なるネットワークであれば重複を許すことで実質的に利用できるIPアドレスの数を増やすことができます。

プライベートIPアドレスは、組織内で利用し、インターネット上に送出しないことを前提に使用が認められます。また、組織内では一意なアドレスである必要があります。

▼プライベートIPアドレス

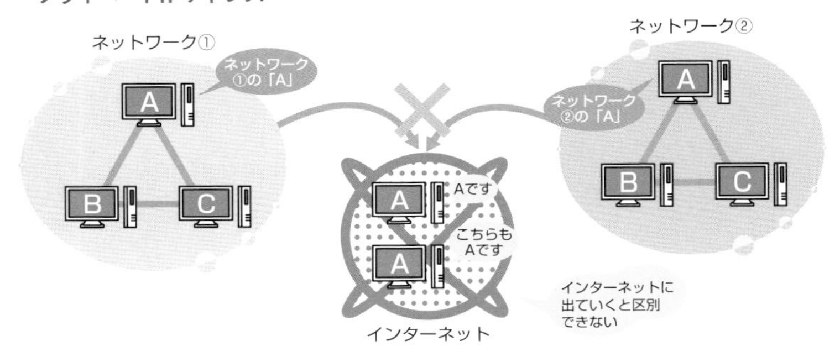

MACアドレス

MACアドレスは、ネットワーク層に位置するIPアドレスとは存在する階層が異なりますが、強い関連をもつためここで学習します。

MACアドレスは、イーサネットやFDDIで使用されるNIC（ネットワークインタフェースカード）に割り振られる6バイトの情報です。IEEEの管理の下、必ず一意に定まるよう製造段階で焼きこまれ、後で変更されないため、物理アドレスともよばれます。

これは、データリンク接続を行うためのデータリンク層のアドレスで、同じネットワークに接続された隣接ノード間での通信で相手を識別するために使用されます。

▼MACアドレス（16進数表記）

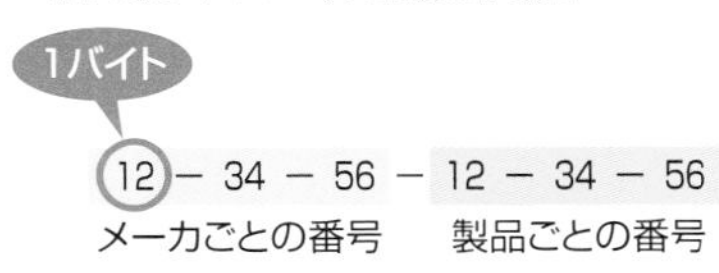

— MEMO —

MACアドレスの偽装は技術的に可能である。

▶ **ARP**

Address Resolution Protocol。IPアドレスとMACアドレスを関連づけるために使われるプロトコル。IPアドレスからMACアドレスを得るARPの他に、MACアドレスからIPアドレスを得るRARP（Reverse Address Resolution Protocol）がある。ブロードキャストによって解決したいIPアドレスを通知し、該当するノードにMACアドレスを返信してもらうことで成立する。

5-1-4 ポート番号

トランスポート層の役割

トランスポート層はデータ送信の品質や信頼性を向上させるための層です。ネットワーク層までで、エンド to エンドの通信環境は確立されていますが、IPは送達保証のないコネクションレス型の通信のみを提供していました。IPにない通信の品質管理を補完する役割をトランスポート層はもっています。

また、トランスポート層のもう一つの大きな役割に**アプリケーション間通信の実現**があります。現在、多くのノードはマルチタスク環境をもっています。通信を行う主体はノードにインストールされたアプリケーションですから、IPアドレスがわかってノードを特定できてもそれだけではアプリケーション間通信を実現できません。ノード内のどのアプリケーションが行っている通信か、ということを識別して管理するのもトランスポート層の役目です。

用語

▶ **マルチタスク**
1台のコンピュータ上で同時に並行して複数の処理を実行すること。

ポート番号

トランスポート層においてアプリケーションの識別に利用する番号を**ポート番号**といいます。ポート番号は16ビットで表されます。MACアドレスやIPアドレスと比較して小さな情報量ですが、これはMACアドレスやIPアドレスがノードの位置を特定しなければならないアドレスであるのに対して、ポート番号はローカルノード内でアプリケーションを識別するための番号であることに起因しています。

トランスポート層のプロトコル(TCP、UDP)では、ヘッダに**送信元ポート番号**、**送信先ポート番号**の情報をもち、これによって二者間で通信相手のアプリケーションを識別しています。

システムポート

16ビットの情報であることから、ポート番号は0〜65535の範囲で指定することになります。アプリケーションを特定できればよいわけですから、基本的にアプリケーション間の重複がなければどの番号を指定してもよいわけですが、不特定多数の人が共有して利用するアプリケーションについては世界的に標準のポート番号を決めて利便性を上げています。これをシステムポートとよび、TCP、UDPそれぞれで0〜1023番までの番号を割り当てています。

ダイナミックポート

システムポート以外のポート番号は、ローカルノード内で重複しなければどのように利用しても構いません。現在ではこれらのポート番号の管理はOSが行いますので、アプリケーションが立ち上がるごとに自動的に空いているポート番号がOSによって採番されます。

ポート番号の使われ方

通信の際には、クライアント側でアプリケーションに割り振られたポート番号を送信元ポート番号としてヘッダに付加し、サーバ側のアプリケーションへ向けて送信します。送信先のアプリケーションは、このポート番号へ向けて返信します。

ポート番号による通信

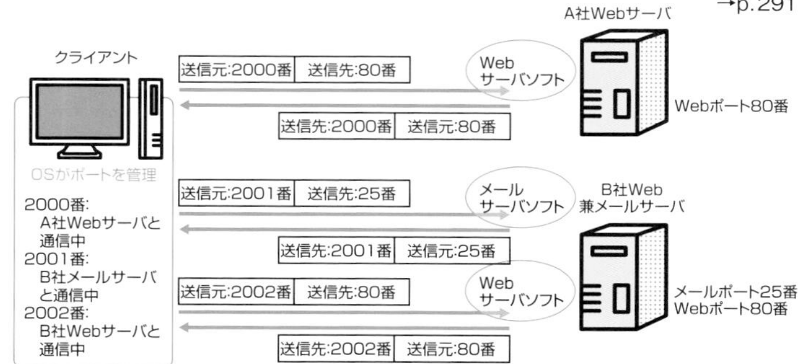

— MEMO —

主なシステムポート
HTTP(Webサーバ)
…TCP80番
SMTP(電子メールの送信・転送)
…TCP25番
POP3(電子メールの受け取り)
…TCP110番

— MEMO —

Windowsでファイル共有のために使用する139番や445番(TCP/UDP両方)などもセキュリティホール絡みで話題となる。

— MEMO —

本来のルールとしては、このような動的割当のポート番号は49152〜65535までを使用することになっていたが、現在のOSでは1024番以降の任意のポート番号を利用している。

参照

▶ TCPヘッダフォーマット
→p.291

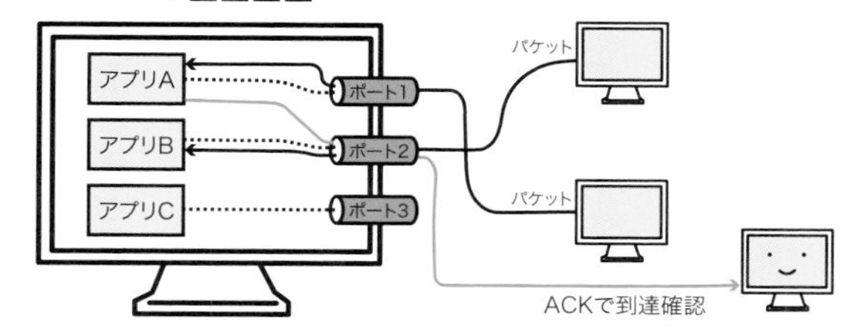

5-1-5　ネットワーク層の通信装置

ルータ

IPはインターネットワーキングをするために作られたプロトコルですから、ネットワークとネットワークを接続するための通信機器が必要になります。これが**ルータ**です。ルータがネットワークを分割する単位であり、IPネットワークにおける最重要の通信機器です。

用語

▶ **インターネットワーキング**
異なるネットワーク同士を接続すること。

ブロードキャストドメイン

ネットワークとは、ブロードキャスト通信が届く範囲です。したがって、ここでいうネットワークはブロードキャストドメインと同じ意味です。ルータはブロードキャストドメインを分割する装置であると認識してもよいでしょう。

ルータはIPアドレスを参照して、それが自ネットワーク内あてか否かを判断します。自ネットワーク内の通信であれば転送を行わず、あて先が他ネットワークあてである場合のみ通信を転送します。この機能によって、ネットワーク上のトラフィックを抑制します。

— MEMO —

それぞれのネットワークは異なるネットワークアドレスをもっている。

ルータがネットワークを分ける

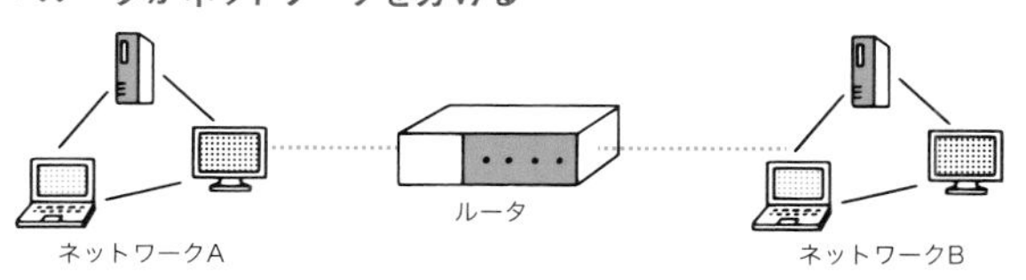

ネットワークの適正サイズ

ネットワークには構成されているケーブルやプロトコルによって適切な参加ノード数があります。ノード数が増加するとネットワークの帯域を圧迫しますし、また、自分に関係のない通信を受信する機会が増え、ノード自身のシステム資源も圧迫されます。

— MEMO —

厳密にいえば、スイッチを使ってコリジョンドメインを分割すれば図のような事態は避けることができる。しかし、その場合でもOSなどが使うブロードキャスト通信は通過させてしまい、結果として図のような現象が起こる。

次の図ではAからBあての通信が行われていますが、実際には関係のないCもパケットを受信してしまいます。IPヘッダのあて先IPアドレスを参照して、Bは上位層へパケットを転送し、Cは自分あての通信ではないためパケットを破棄します。関係のないパケットを受信する機会が増えると通信に参加していないノードのCPU資源、I/O資源も浪費されます。

▼ブロードキャストドメイン内の通信

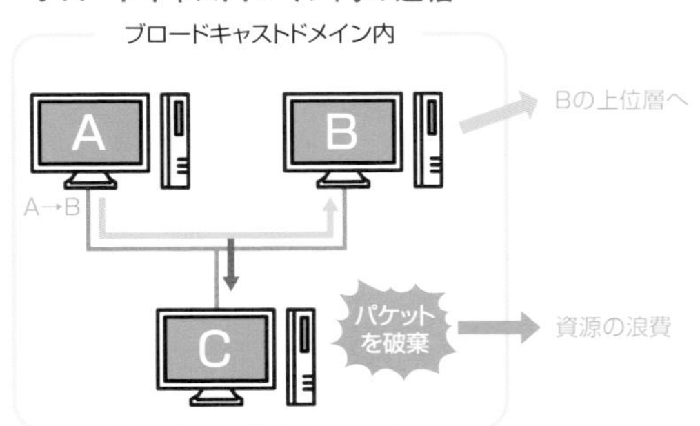

このような場合、どこかでネットワークを分割して互いのネットワークに影響を及ぼさないようにしなければなりません。その結節点に配置するのがルータです。余計な通信を外部に漏らさないようにするのは、トラフィック管理だけでなくセキュリティの視点からも重要です。

経路制御

ルータの重要な機能として経路制御があります。ルータが単純に二つのネットワークを結んでいるだけであれば、通す・通さないという制御を行うだけでよいのですが、現実にはルータは3個以上のネットワークを結んでいる場合がありますし、そのネットワークの先にもさらに別のネットワークが存在します。

こうした環境下で、通信を行うためにはルータはあて先までの距離と方向を知っており、その知識に従って通信の伝送を制御する必要があります。これが**経路制御**です。

用語

▶ **NAT**

Network Address Translationの略。プライベートIPアドレスとグローバルIPアドレスを相互変換する技術。通信経路上にあるルータなどがその役割を担う。プライベートIPアドレスを使うマシンが円滑にインターネットと通信できるように、パケットに記述されたアドレスを書き換える。

経路制御のしくみ

以下の図を例にルータによる経路制御の方法を確認します。

▼ルータによる経路制御

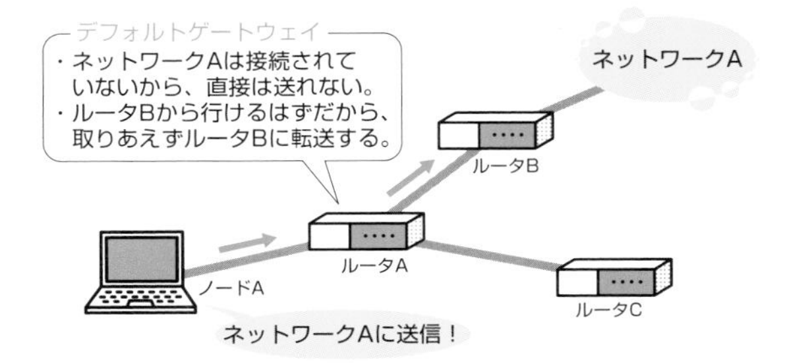

用語

▶ **NAPT**

NATは同時通信するマシンの分だけグローバルIPアドレスを保有する必要があるが、ポート番号を組み合わせることにより一つのグローバルIPアドレスでも複数マシンの同時通信が可能。IPマスカレード、eNATとも。

ノードAがネットワークAに通信を送りたがっているとします。このとき、ネットワークAに直接送信できればよいのですが、ノードAはネットワークAに参加していないのでそれはできません。したがって、他ネットワークへの接点であるルータAに転送を依頼します。ノードAから見たルータAのことを**デフォルトゲートウェイ**といいます。ノードAは自分では直接通信を行うことができない相手に対してデータを送る際は、すべてこのデフォルトゲートウェイを中継することになります。

— MEMO —

この場合のデフォルトゲートウェイは、後述するゲートウェイの機能であるプロトコル変換はしない。ネットワークの玄関という意味でゲートウェイと呼んでいる。

ルータAはノードAの通信を受け取りますが、ルータAもまた直接ネットワークAと結ばれていません。しかし、ルータAは自分とつながっているルータのうち、ルータBがネットワークAに接続されていることを知っています。そこで、通信内容をルータBに転送します。この一連の作業を経路制御とよびます。

ルーティングテーブル

先の例のようにルータはいろいろな目的地までのルートと距離を知っている必要があります。この情報はルータ内に保存されており、ルーティングテーブル（経路表）という形にまとめられています。

ルーティングテーブルには、あて先アドレスとそこに至るために転送すべきルータ、あて先アドレスまでの距離が書かれています。ベンダによって細かい書式の違いはありますが、基本的な記載事項は変わりません。

用語

▶ **スタティックルーティング**
ネットワーク管理者がルーティングテーブルを手作業で作成する方法。

▶ **ダイナミックルーティング**
ルーティングプロトコルを利用することによってルータ同士が情報の交換を行い、自律的にルーティングテーブルを作成する。

= VLAN

スイッチの特徴的な機能にVLAN（Virtual LAN）機能があります。これは、MACアドレスやIPアドレス、利用するプロトコル種別などを用いて、仮想的なグループ化を行う機能です。

VLANのしくみ

VLAN機能をもっているスイッチは、自分が保有しているポートの先に存在するノードがどんなMACアドレスとIPアドレスなのかという情報を保持しているデータベースにVLAN IDを追加することができます。これは、ネットワーク構成に関係なく、分割したいグループごとに任意に設定できます。

同じIPローカルネットワークに所属している場合、通常ネットワーク内の通信はブロードキャストされますが、スイッチはVLAN IDを参照してグループ定義を解釈することで、仮想的なグループ内でのみ通信を行うことができます。

VLAN IDはIPアドレスに対して透過的なので、この機能によってIPアドレス体系を変更することなく、ネットワークの分割・統合を行うことができます。一般的にVLAN IDの付け替えの方がIPアドレスの設定変更よりも簡易なので、ネットワークの運用に柔軟性をもたせる

— MEMO —

MACアドレスは付け替えがきかず、IPアドレスは体系的に厳密に運用しなければならないため気軽には変更できない。そこでVLAN IDを使って物理的な構成やIPアドレスの枠組みを変えずにグループを作ったり削除したりするのである。

— MEMO —

複数のスイッチ間でVLANを構成する場合は、スイッチ同士が情報を交換するためパケットにタグとよばれる情報が付加される。これをVLANタギングとよぶ。

ことができます。

5-1-6 アプリケーション層のプロトコル

アプリケーション層の役割

アプリケーション層では、次の表にあるようなメールの送受信やWebなどの具体的なサービスを提供するプロトコルが設定されています。

— MEMO —

速度優先ならUDP、品質優先ならTCPが使われる。

用語

▶ **DHCP**
IPアドレスをはじめ、サブネットマスク、アクセスすべきDNSサーバなど、ネットワーク構成情報を自動設定するための技術。DHCPを使う設定をしたマシンは、電源を投入するとDHCPサーバとブロードキャスト通信しIPアドレスを貸与してもらう。電源オフ時にはIPアドレスを返却するので、アドレス節約効果もある。

▼ 主なアプリケーション層プロトコル

プロトコル名	用途	ポート番号
DHCP	クライアントへの自動IPアドレス割振り	546、547(UDP)
DNS	完全修飾ドメイン名(FQDN)をIPアドレスに変換	53(UDP)
SMTP	メール送信	25(TCP)
POP3	メール受信	110(TCP)
IMAP4	メール受信	993(TCP)
TELNET	他端末への遠隔ログイン	23(TCP)
HTTP	HTMLデータの送受信	80(TCP)
FTP	ファイルの送受信	20、21(TCP)
HTTPS	TLS機能を用いたHTTP通信	443(TCP)

DNS

TCP/IPでは、各ノードに対してユニーク（一意）なIPアドレスが割り当てられています。しかし、IPアドレスは人間にとっては覚えにくいアドレスであることから、別名を付けるための機構が考えられてきました。これが**DNS**です。

IPアドレスと対応する名前を結びつけることを**名前解決**といい、その名前のことを**ドメイン名**とよびます。

▶ **DNS**
Domain Name System

ドメイン名の構成

単純にノードに名前を付ける方法では全世界のどこかで必ず重複が発生します。そこで、ドメイン名では名前空間を階層構造にして管理のしやすさと重複対策を同時に対処しています。

ドメイン名の例

ドメインの名前空間は／(ルート)を頂点に階層化されています。例えば、"www.gihyo.co.jp"などと表現します。ドメインは右からjp(日本の)→co(営利組織の)→gihyo(技術評論社にある)→www(wwwというマシン)と読み替えます。

ここで"gihyo.co.jp"はドメイン名です。ドメインとはグループのことで、技術評論社には沢山のコンピュータがありますから、ここからだけではIPアドレスへの変換は行えません。しかし、"www.gihyo.co.jp"になると、技術評論社の中のwwwというコンピュータという指定が加わるため、IPアドレスに変換することができます。これを完全修飾ドメイン名(FQDN)とよんで区別します。

名前解決のしくみ

DNSシステムの優れたところは名前解決のためのデータベースを分散させた点です。

世界中のFQDNを解決するためのデータベースとなると、膨大なデータが格納され、メンテナンスしきれません。しかし、DNSでは、ルートDNSサーバは世界中のすべてのノードのIPアドレスを知っているわけではありません。代わりに、TLD DNSサーバのIPアドレスを知っています。TLD DNSサーバは自分の管理下のSLD

用語

▶ **TLD**
Top Level Domain。ドメイン名のうち最上位の階層を示す。最後尾に記述される。基本的には国名の省略形だが、米国は組織種別がTLDになる。

▶ **SLD**
Second Level Domain。TLDの次の階層を示す。後ろから二番目に記述される。

— MEMO —

ルートDNSサーバは全世界に13台(日本に1台)存在する。

▶ **FQDN**
Fully Qualified Domain Name

DNSサーバを知っています。というように、知識の連鎖によって、いつかはFQDNがIPアドレスに解決できることになります。

こうした方法であれば、全体としては膨大な情報量をもっていても、それぞれのDNSサーバがもつ情報量を抑制することができます。

用語

▶ **リゾルバ**
DNSのクライアント。DNSサーバにドメインを通知しアドレスの検索を依頼したり、逆にIPアドレスを通知しドメイン名の検索を依頼したりする。一般的なパソコンには最初からインストールされており、意識する機会はない。

— MEMO —
TLDの上にはルートサーバが存在する。

それぞれのDNSサーバがもつ情報の範囲

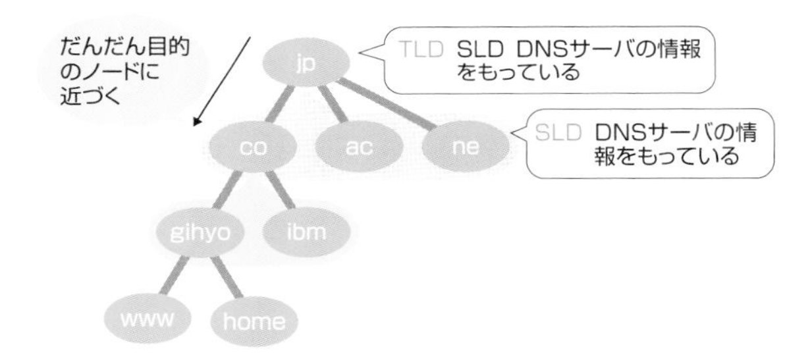

代表的なメールプロトコル

SMTP と POP3

現在のメール配信のしくみの中心は、メールを配送するプロトコルSMTPと、メールサーバからメールを受信するプロトコルPOP3です。

▶ **SMTP**
Simple Mail Transfer Protocol

▶ **POP3**
Post Office Protocol ver.3

— MEMO —
例えば、携帯電話のメールは各社固有のプロトコルを利用しているが、ゲートウェイを用意して、SMTPに変換してインターネットに送信している。

— MEMO —
SMTPクライアントソフトウェアをMUA、SMTPサーバソフトウェアをMTAという場合がある。

SMTP

メールを配送するプロトコルです。SMTPをサポートしているノードであれば、事実上全世界のコンピュータへメッセージを送信できます。

POP3

メール受信のプロトコルです。メールサーバに蓄積された自分あてのメールを手元のクライアントマシンにダウンロードします。

メールの配信・受信プロセス

SMTPの配送方法は本来非常に単純なものでした。メールの送信ノードと受信ノードの2台の間でコネクションが張られ、直接データのやり取りを行うというものです。

しかし、1対1で直接やり取りをするのでは、相手が電源を切っていると送受信ができなくなります。メールが社会の中で重要な役割を担うようになると、電源を切っている間は届かないという運用は許されなくなってきました。そこで、メールサーバを利用するモデルが考案され、現在に至っています。

— MEMO —

SMTPのメールアドレスは、「名前@ドメイン名」という構造をとる。このドメイン名は、DNSなどの名前解決に利用されるものと同一となる。名前はドメイン内で重複してはならない。

▼SMTP配送モデル

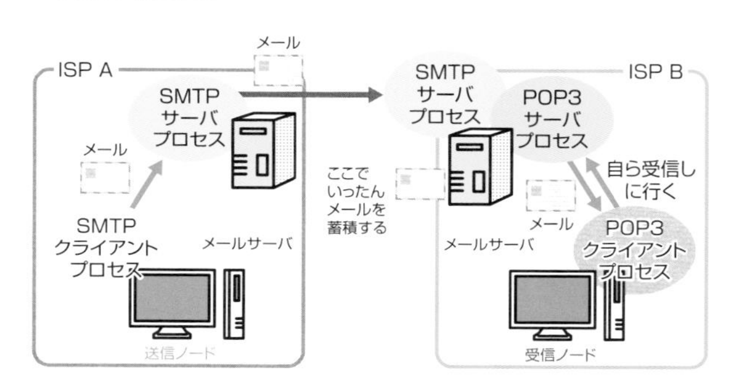

用語

▶ ISP
Internet Service Provider。インターネットへの接続代行業者。

POP3の認証機能

メールサーバには多くのユーザのメールが蓄積されています。これらが他人に読まれると困るため、POP3では当初から本人認証の機能が実装されています。

しかし、この機能は認証時にクリアテキストでパスワードを交換するため、盗聴に対する脆弱性が指摘されています。そのため、暗号化されたパスワードを使用するAPOPや、さらに安全性の高いPOP3S(POP3 over SSL/TLS)の実装が進んでいます。

スペル

▶ APOP
Automatic Processing Options Protocol

▼POP3の本人認証

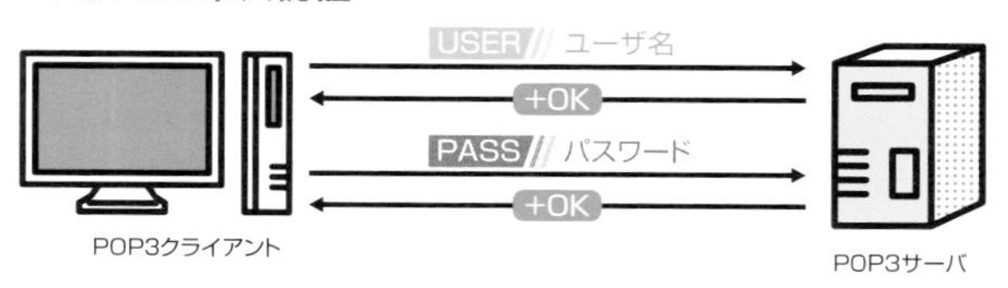

IMAP4

POPの次の世代のメール受信プロトコルです。モバイル環境を意識しているため、メールボックスの管理は基本的にサーバ側で行います。

セキュアなプロトコル
(S/MIME)

その他のメールプロトコル

SMTPは簡単な定義でメール機能を実現させるプロトコルであるため、拡張性やセキュリティ面に不都合があります。そこで、ほかのプロトコルで補います。

MIME

SMTPの仕様では題名や本文として扱える文字コードはASCIIコード(ASCIIテキスト)に限定されています。これは現在に至っても変更されていません。しかし、メールを送受信する環境が整ってくると、アプリケーションのデータや画像データなどをメールに添付したいというニーズも発生しました。

そこで、SMTPにおいてASCIIコード以外のデータも扱えるよう、機能拡張を定義したのが**MIME**です。

従来のSMTPの構造を崩さずに機能拡張を行うため、漢字のような2バイトコードや画像データなどのバイナリデータをASCIIコードによるテキストに変換します。

— MEMO —

MIMEによる文字変換ルールなどはRFC 2045～2049で規定されている(BASE64エンコード)。

▶ **PGP**

Pretty Good Privacy。電子メールを暗号化するための規格。主にメールに利用され、暗号アルゴリズムとしてはRSAとIDEAのハイブリッド方式を利用する。S/MIMEと違い、公的な認証局を介さずに利用者が利用者を紹介しあう相互認証方式を採用している。

S/MIME

MIMEを拡張して、暗号化と認証の機能を付け加えたのが**S/MIME**です。RSA公開鍵暗号方式でメッセージを暗号化して、盗聴対策をします。また、認証局が発行したX.509形式のデジタル証明書が必要です。認証によって本人確認と改ざん・否認の防止も実現します。

出題ポイントの一つとして、S/MIMEの**暗号化と認証の対象になるのはメールのボディ部だけ**、ということを覚えておきましょう。メールのデータは、送信先や送信元などを記述したヘッダと、メール本文のボディに分けることができます。さらにメールの「ヘッダ+ボディ」に、SMTPコマンドのやり取り(エンベロープ)が加わったものがメールで送られるデータの全貌です。エンベロープ部はメールサーバがメールの伝送に使い、メールの「ヘッダ＋ボディ」はクライアントのメールソフトが送受信に使います。したがって、エンベロープとヘッダには情報の重複も見られます。

▼ 暗号化・認証の対象はボディのみ

メールへのヘッダ部分は暗号化・認証の対象外で、リスクが残る

メール本文（ボディ）は盗聴・改ざんさせない！

　このうち、S/MIMEの保護対象になるのはメールのボディのみです。したがって、メールアドレスやサブジェクトなどは対象外になります。差出人や送信先、経由したサーバなどの情報などには盗聴されるリスクが残りますし、改ざんされても検出することができません。

セキュアなSMTP

　SMTPは、本人認証のような機能は組み込まれず、なりすましに対して脆弱でした。そこで、メールの送信時にも本人認証を行い、メールシステムのセキュリティを向上させる方法がいくつか考えられました。

SMTP-AUTH

　SMTPに直接認証機構を組み込んだ仕様です。ユーザIDとパスワードによる認証を行うもので、数種類の認証方法が提供されています。SMTPの仕様を改良しているため、従来のSMTPに対応したソフトウェアでは通信を行うことができません。サーバ側、クライアント側がともに対応している必要があります。

	長所	短所
SMTP	世界中に普及済	認証機能がなく迷惑メールの温床に
SMTP-AUTH	強固な認証	導入のハードルが高い

送信ドメイン認証

SMTP-AUTHや、SMTPをTLSで暗号化するSMTPS(SMTP over TLS)が普及すると、攻撃者が正規のメールサーバから迷惑メールを送信するのが困難になります。

そこで、攻撃者が自前のメールサーバを用意するようになるのは自然な流れです。もちろん、自前のメールサーバの情報をちゃんと記載して迷惑メールを送るようなことはしません。なりすまし対象のドメイン情報などを詐称します。リテラシの低い一般利用者がぱっと見たぶんには、正規のメールサーバから送られてきたメールに見えます。

こうした事態に対処するために考えられたしくみが、送信ドメイン認証です。送信ドメイン認証では、IPアドレスを詐称しにくいことを利用して迷惑メールを見抜きます。攻撃者が送ったメールは正規のメールサーバを経ていないので、そこを確認するのです。

試験対策の文脈では、SPFとDKIMが覚えておきたい送信ドメイン認証技術です。

SPF（Sender Policy Framework）

SPF(Sender Policy Framework)は送信元認証の機能を持っていないSMTPを補完するしくみです。ある企業(あるドメイン)がメールを送信するIPアドレスをSPF情報としてDNSサーバに登録し、受信側メールサーバに確認させることで詐称を見抜きます。迷惑メールの

判定は以下の流れで行われます。

①メールサーバはメール受信時に、送信元になっているドメインのDNSサーバに問い合わせをする。
②DNSサーバはSPF情報にもとづいて、IPアドレスを回答する。
③メールサーバは、送られてきたメールの送信元IPアドレスとDNSサーバからの回答を比較して、迷惑メールか判定する。

▼SPF

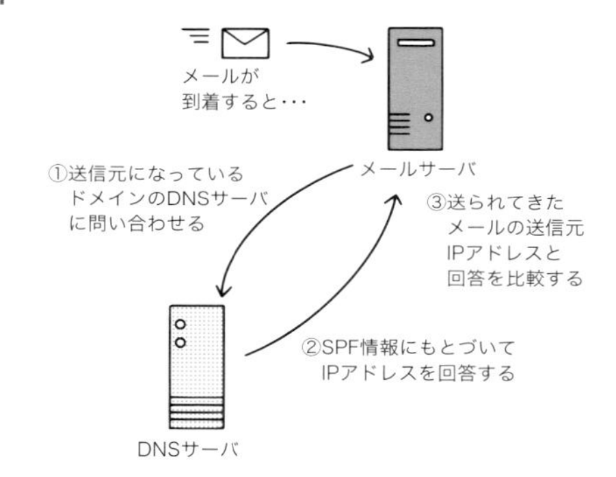

送信ドメイン認証は、SMTP-AUTHなどと異なり、すべてのクライアントが対応する必要はありません。メールサーバのみに適用すれば、使い始めることが可能です。したがって、導入しやすいのが利点です。もちろん、SMTP-AUTHなどと排他的な関係にはありませんので、併用することができます。

DKIM

DKIMも送信ドメイン認証の技術です。こちらは、DNSとデジタル署名を使うのがポイントです。

▶ **DKIM**
DomainKeys Identified Mail

①送信側メールサーバは、送り出すメールにデジタル署名をする。
②受信側メールサーバは、DNSから公開鍵を入手し、メールを検証する。

DKIMの特徴はデジタル署名を使ってメールを検証することにあります。メールヘッダの一部と、メール本文に対して署名を行うので、これらに改ざんがあればそれも検出できます。

検証に使う送信元ドメインの公開鍵を、送信元ドメインのDNSから入手する（送信ドメインではDNSサーバに公開鍵を登録します）ので、SPFとのしくみの違いに注意しましょう。

SPFと比べるとデジタル署名が加わるので、導入のハードルは上がります。また、送信中にメールの内容が変わるような場合は、それが正規の動作であっても改ざんとして認識されてしまうので、運用に工夫が必要です。

HTTP

HTTP

HTTPは構造化文書の記述言語であるHTMLを送受信するために設計されたプロトコルです。HTTPもSMTPなどと同じようにTCPを下位プロトコルとして用い、WebサーバとWebクライアント（ブラウザ）の間で対話型の処理を行います。HTTPにはシステムポートとしてTCP80番が指定されています。

WebクライアントがWebサーバにHTTPコマンドを発行することで通信が始まります。

HTTP接続

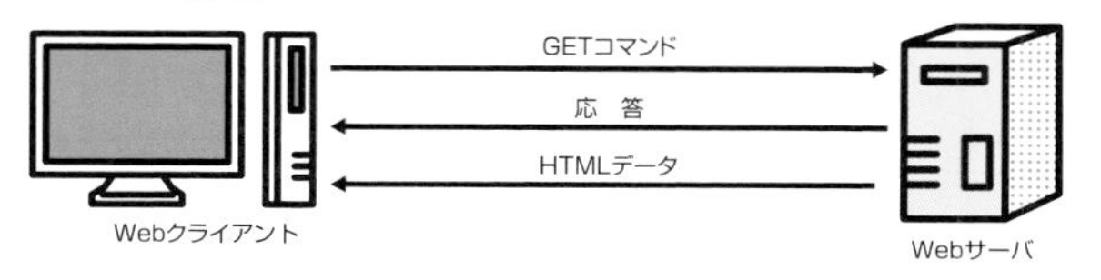

用語

▶ **URI**
Uniform Resource Identifier。データの位置を特定することで、そのデータを利用できるようにする概念。具体的な特定方法としてはURLなどがある。

▶ **URL**
Uniform Resource Locator。データの位置を特定するために、場所を指定する方法。www.gihyo.co.jp/data/bunsho.docなどはURLである。コンピュータとそのコンピュータ内のディレクトリ構造における場所を指定してデータにアクセスしている。

第5章 ネットワークとデータベース

HTTPには、一度確立されたHTTP接続におけるTCPリンクを通信終了まで維持し続ける機能があります(キープアライブ)。現在のWebページではWebサーバに対して連続した要求をすることがほとんどなので、これによってTCPリンク確立のオーバヘッドを減少させることができます。

HTTPでは、ユーザ名とパスワードの組合せでログインし、ユーザを認証するしくみ(HTTP基本認証)がありますが、接続を切断しない限り、ログイン時の認証情報が残ったままになるため、セキュリティ上の注意が必要です。

参照
▶ パスワード
→p.95

HTTPS

HTTPSはHTTPに伝送データの暗号化、デジタル署名、認証機能を付加した拡張プロトコルです。Webページでのクレジット決済や個人情報のやり取りが増加している現状に対応するために開発されました。

HTTPではクリアテキストでデータがやり取りされるため、クレジットカードの番号や個人情報が盗聴される可能性があります。またオンラインショッピングにおけるなりすましや、購入後の事後否認などのトラブルも増加しています。そこで暗号化などのセキュリティ機能を拡張し、これらの不正行為が行えないようにしたものがHTTPSです。

HTTPSではトランスポート層のプロトコルであるTLSを使うことによって、IPやアプリケーションのしくみを変更することなくセキュアな通信を行えることがポイントです。TLS通信には現在ほとんどのブラウザが対応しています。下位プロトコルとしてTCP443番を利用しますが、こちらもほとんどのファイアウォールが通過させます。

参照
▶ TLS
→p.232

HTTPS通信中はブラウザに鍵のアイコンが表示されたり、URLが「http://～」から「https://～」に変更されたりするので、見分けることが可能です。

5-1-7 無線LAN

無線LAN

無線LANとは、従来、同軸ケーブルやツイストペアケーブルなどを使用していたLANの媒体に無線を使う方法です。

有線のケーブルは伝送効率はよいのですが、来客の多いオフィスでは見栄えの問題があったり、取り回しの大変さにより柔軟な変更が行いにくかったりして、現在の企業のフットワークに合わない部分があります。そこでこれらの問題を解決するために無線LANが開発されました。以前から有線ケーブルを使わない方法として赤外線通信などがありましたが、遮蔽物があると使えず、一方向としか通信できないなどの弱点がありました。電波を使う無線LANではこうした問題は生じません。

ただし、電波が届く範囲では通信ができてしまうため、社屋を超えて伝送データが送信されクラッカーに傍受されるなどのリスクも伴います。また、有線のケーブルに比べると伝送速度の点で見劣りすることは避けられません。電波を使う性質上、通信の衝突検出も不可能なため、CSMA/CA方式で伝送制御を行います。

用語

▶ **CSMA/CA**

Carrier Sense Multiple Access with Collision Avoidance。送信を開始する際に一定の待ち時間を設けて衝突を回避することと、受信ノードからのACK信号を確認することで無線LANでのアクセス制御を行う方式。

無線LAN

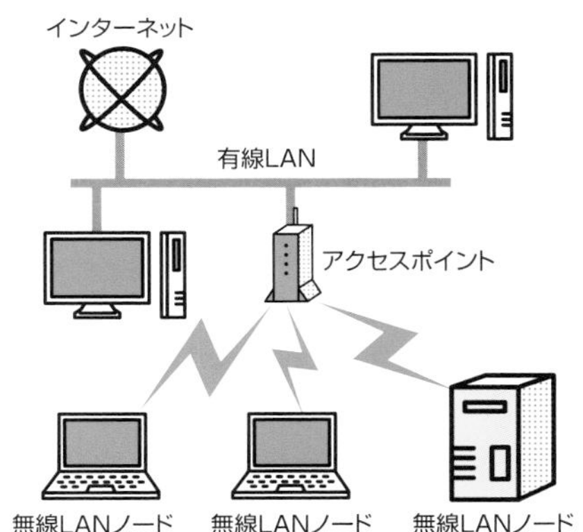

第5章 ネットワークとデータベース

無線LANの規格

無線LANの規格はIEEE802委員会が定めています。現在普及している主要な規格は次のとおりです。

用語

▶ **Wi-Fi**
業界団体WECAが無線LAN製品どうしの互換性を保証するために定めたブランド名。

主な無線LANの規格

規格名	最大通信速度	周波数	特徴
IEEE802.11b	11Mbps	2.4GHz	早くから普及
IEEE802.11a	54Mbps	5GHz	周波数帯により場所等に制限
IEEE802.11g	54Mbps	2.4GHz	11bの上位互換
IEEE802.11n	600Mbps	2.4GHz/5GHz	11a、11b、11gの上位互換
IEEE802.11ac	6.9Gbps	5GHz	2.4GHz帯を使う過去製品の運用も配慮されている
IEEE802.11ax	9.6Gbps	2.4GHz/5GHz	多数の利用者が同時にアクセスしても、処理能力が落ちにくい

無線LANのアクセス手順

無線LANのアクセスポイントにクライアントが接続するまでは次の手順をたどります。

①ビーコン信号の受信

アクセスポイントは常にビーコンを送信しており、無線LANを使うノードはこのビーコンによりアクセスポイントを認識して通信を始めます。

② ESS-ID の確認

ESS-IDはアクセスポイントに設定されるネットワークの名前です。同一のESS-IDを設定した各ノードはネットワークへのアクセスが許可されます。

ただし、ESS-IDは複数のアクセスポイントが利用可能な場合に、自分のネットワークを識別するためのものです。

たとえステルスモードを使ってESS-IDの発信を抑制したとしても、パスワードがわりに使うことは避けます。アクセス制御を行う場合は、認証プロトコルやMACアド

用語

▶ **ステルスモード**
ビーコン信号の発信を止めるアクセスポイントの機能。ESS-IDの流出を防ぐことができる。

レスによるフィルタリングを導入するのが一般的です。また、接続先のESS-IDを指定しないANYモードと呼ばれる接続方法もあります。公共の無線LANなどで利用されますが、意図しないアクセスポイントに接続して情報が漏えいするなどの事故が考えられるので、注意が必要です。

③認証と暗号化

クライアントを認証し、送信するパケットを暗号化する手続きを行います。

無線LAN接続手順

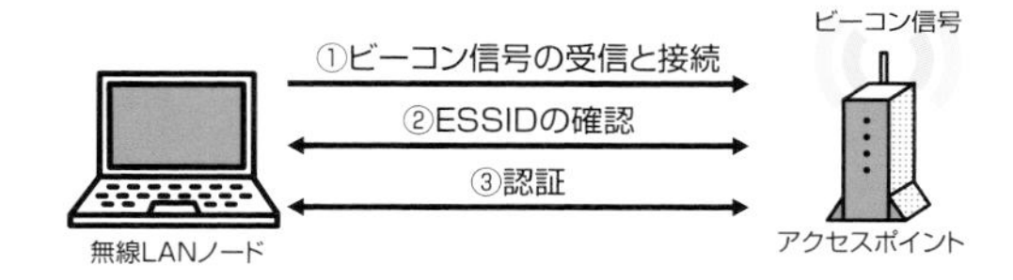

無線LANの暗号化

ESS-IDの確認が終了すると暗号化の手順が始まります。暗号化を行わなくても通信は可能ですが、必ず暗号化を行うべきです。

無線通信は無指向通信ですから、クラッカーに簡単に傍受されます。これは防ぎようがありません。

このため、無線LANにおいて暗号化は必須の手順だと認識してください。しかし、以前よく使われていたWEPにはよく知られた構造上の欠陥があります。

〔WEPの弱点〕

①MACヘッダは暗号化できず、ペイロードのみを暗号化する。
②アクセスポイントごとにWEPキーが設定される。ユーザごとにキー(秘密鍵)を変えることができない。
③暗号化方法に構造上の弱点がある。

— MEMO —

多くのアクセスポイントはMACアドレスによるフィルタリングに対応している。あらかじめ利用するノードのMACアドレスをアクセスポイントに設定しておき、それ以外のノードからのアクセスを拒否すればセキュリティを向上させることができる。

用語

▶ **ANYモード**
無条件に接続を許すモード。これは現在のネットワーク環境を考えるとアクセスポイント側で無効にする処置をとるべきである。

用語

▶ **無指向通信**
特に方角を定めずに360度周囲の相手とやり取りできる通信のこと。同じ無線通信でも、レーザや赤外線では通信する方向が定まるため、無指向通信ではない。

— MEMO —

電波漏えいを防ぐシールドなどの製品もある。

用語

▶ **メッシュネットワーク**
広い空間を同じネットワークとしてカバーできるしくみ。複数のアクセスポイントに同じESS-IDを設定し、最も接続状態のよいアクセスポイントに接続するようクライアントを設定する。

セキュリティの向上

無線LANによる顧客情報の流出などが続いており、セキュリティの向上は緊急の課題です。現時点で考えられている主なセキュリティ向上策は以下のとおりです。

WPA/WPA2/WPA3

WPAは、脆弱性があり容易に盗聴できてしまうWEPに代わる次世代無線LAN暗号方式としてWi-Fi Allianceが策定した規格です。WPA2では次世代暗号アルゴリズムであるAESを採用し、また、キーを一定時間ごとに更新するなど、セキュリティ効果を高めています。また、IEEE802.1xを標準で採用しています。

家庭で利用する場合は、パーソナルモードと呼ばれる事前共有鍵を使う方式を、企業で利用する場合はエンタープライズモードと呼ばれるIEEE802.1xを使う方式を選びます。

なお、WPA2の老朽化、危殆化を受けて定められたセキュリティ規格も存在します。それがWPA3です。WPA2と比較すると、AES-GCMP暗号化アルゴリズムが追加されました(WPA2はAES-CCMPのみ)。認証方法は、パーソナルモードではPSKからSAEに変わり、エンタープライズモードでは暗号鍵のサイズとして192ビットが選べるようになりました。

IEEE802.1x 認証の導入

IEEE802.1x認証によって、ユーザごとに異なるキーを配布し認証することができます。また、認証のしくみとしてRADIUSを採用しています。このため、アクセスポイントと認証情報を分離することができます。

用語

▶ **LANアナライザ**
LAN上を流れるパケットを取得し、内容を分析するプロトコルアナライザ。無線LANの場合は、暗号化をしないと電波が届く範囲にいるすべての利用者がLANアナライザによる分析を試行可能。

▶ **ミラーポート**
ルータやスイッチが送受信するフレームやパケットをコピーすることをミラーリングと呼ぶ。ミラーリングしたパケットを送出するポートがミラーポート。ミラーポートにLANアナライザを接続してパケットを分析する。

用語

▶ **Wi-Fi Alliance**
IEEE 802.11規格群の推進をはかる業界団体。

試験問題を解いてみよう

平成30年度秋期　情報セキュリティマネジメント試験　午前問46

TCP/IPネットワークのトランスポート層におけるポート番号の説明として、適切なものはどれか。

ア　LANにおいてNIC（ネットワークインタフェースカード）を識別する情報
イ　TCP/IPネットワークにおいてホストを識別する情報
ウ　TCPやUDPにおいてアプリケーションを識別する情報
エ　レイヤ2スイッチのポートを識別する情報

平成29年度秋期　情報セキュリティマネジメント試験　午前問47

IPv4において、インターネット接続用ルータのNAT機能の説明として、適切なものはどれか。

ア　インターネットへのアクセスをキャッシュしておくことによって、その後に同じIPアドレスのWebサイトへアクセスする場合、表示を高速化できる機能である。
イ　通信中のIPパケットを検査して、インターネットからの攻撃や侵入を検知する機能である。
ウ　特定の端末宛てのIPパケットだけを通過させる機能である。
エ　プライベートIPアドレスとグローバルIPアドレスを相互に変換する機能である。

平成31年度春期　情報セキュリティマネジメント試験　午前問46

PCを使って電子メールの送受信を行う際に、電子メールの送信とメールサーバからの電子メールの受信に使用するプロトコルの組合せとして、適切なものはどれか。

	送信プロトコル	受信プロトコル
ア	IMAP4	POP3
イ	IMAP4	SMTP
ウ	POP3	IMAP4
エ	SMTP	IMAP4

令和元年度秋期　情報セキュリティマネジメント試験　午前問7

SPF（Sender Policy Framework）の仕組みはどれか。

ア　電子メールを受信するサーバが、電子メールに付与されているデジタル署名を使って、送信元ドメインの詐称がないことを確認する。

イ　電子メールを受信するサーバが、電子メールの送信元のドメイン情報と、電子メールを送信したサーバのIPアドレスから、送信元ドメインの詐称がないことを確認する。

ウ　電子メールを送信するサーバが、電子メールの宛先のドメインや送信者のメールアドレスを問わず、全ての電子メールをアーカイブする。

エ　電子メールを送信するサーバが、電子メールの送信者の上司からの承認が得られるまで、一時的に電子メールの送信を保留する。

平成30年度春期　情報セキュリティマネジメント試験　午前問9

ネットワーク障害の発生時に、その原因を調べるために、ミラーポート及びLANアナライザを用意して、LANアナライザを使用できるようにしておくときに、留意することはどれか。

ア　LANアナライザがパケットを破棄してしまうので、測定中は測定対象外のコンピュータの利用を制限しておく必要がある。

イ　LANアナライザはネットワークを通過するパケットを表示できるので、盗聴などに悪用されないように注意する必要がある。

ウ　障害発生に備えて、ネットワーク利用者に対してLANアナライザの保管場所と使用方法を周知しておく必要がある。

エ　測定に当たって、LANケーブルを一時的に抜く必要があるので、ネットワーク利用者に対して測定日を事前に知らせておく必要がある。

解説1

IPアドレスはノード（端末）の識別はできますが、アプリケーションの識別ができません。複数のアプリの動作時に、どのアプリの通信なのかポート番号で識別します。TCPポート番号とUDPポート番号は異なるものなので、注意しましょう。

答：**ウ**（→関連：p.297）

解説2

NATはLAN内にあるプライベートIPアドレスを割り当てられた端末が、インターネットと通信する際に経由する通信装置です。グローバルIPアドレスに変換することで、支障なく通信ができます。

答：**エ**（→関連：p.301）

解説 3

送信プロトコルはSMTP一択です。受信プロトコルはPOP3とIMAP4があるので混乱しないように注意しましょう。IMAP4はサーバにメールを蓄積し、複数の端末で読むことを考慮したプロトコルです。一部のメールのみダウンロードすることもできるので、シンクライアントやスマホでも使いやすい利点があります。

答:**エ**（→関連:p.305）

解説 4

SPFは送信ドメイン認証の一種です。メールを送信したサーバの正当性を検証することで、スパムメールを抑制します。これを知っているだけで**ウ**と**エ**は除外できます。デジタル署名で検証するのはDKIMで、DNSを使って送信元ドメインとIPアドレスの対応で検証するのがSPFです。

答:**イ**（→関連:p.309）

解説 5

ア　アナライザはパケットを取得して分析する装置です。破棄はしません。

イ　正解です。ネットワーク上を流れるパケットを取得できるため、使い方を誤ればいくらでも悪用ができます。

ウ　アナライザは悪用が容易であるため、利用者に対して保管場所と使用方法を知らせるのは危険な運用です。

エ　パケットのコピーを送出できるミラーポートを使うので、LANケーブルの抜き差しなどは発生しません。

答:**イ**（→関連:p.316）

5-2 データベース

重要度：★☆☆

データベースは多くの業務システムにおいて利用され、それ故に攻撃のターゲットになりやすい。SQLインジェクションなどの攻撃方法を理解し、対策を考えられるようになるためにも、基本的なしくみについて理解しておこう。

POINT

- データベースにおいて、データを特定できる属性は主キー
- 他のユーザがデータの読み込みはできるものの、更新できないロックは共有ロック
- トランザクションには原子性、一貫性、独立性、耐久性の特徴があり、ロールフォワード、ロールバックができる

5-2-1 データベースのモデル

リレーショナルデータベース

一口にデータベースといっても、色々な形式があります。階層モデル、ネットワークモデル、リレーショナル（関係）モデルなどです。現在のデータベースの大半はリレーショナルモデルをもとにした、**リレーショナルデータベース**です。表の形式でデータを保存するところに特徴があります。

リレーショナルデータベースの構成要素

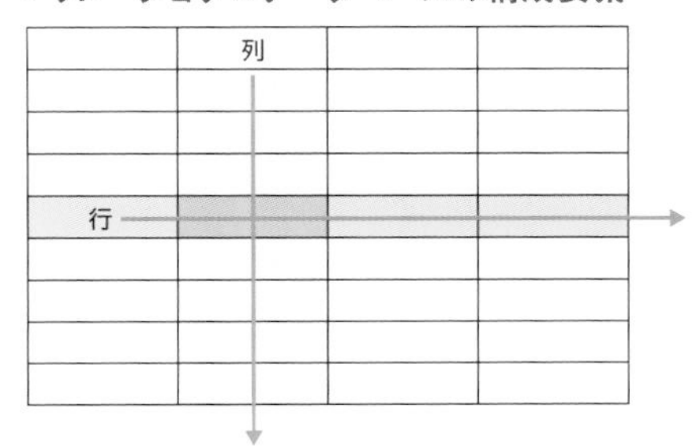

1件のデータは1行に格納されます。列はデータにおける一つ一つの属性を表しています。たとえば、住所録

の1人分のデータは1行に格納され、ある列には住所が、隣の列には電話番号が記されているといった具合です。ソフトウェアにより、構成要素を別の呼び名で呼ぶこともあります。

〔データベースの構成要素〕
・表　－　テーブル
・列　－　属性、フィールド：項目
・行　－　レコード、組、タプル：1件分のデータ

主キー

データベースにはたくさんのデータが格納されますから、同じデータ（たとえば住所録における同姓同名）が存在することがあります。このとき、名前を手がかりにデータを見つけようとすると、どちらのデータが求めているデータなのかわからなくなります。

そこで、必ずデータを特定できる属性を決めます。これを主キーと呼びます。主キーの値は、NULL（空）ではだめで、ほかのデータと重複しない値にします。通し番号をつけることが多く、社員番号や学籍番号なども使われます。

— MEMO —
主キーになりうるものが、複数ある場合でも、主キーは一つに定める。

データベースに対する操作

データベースでは、データに対してさまざまな操作を加えることができます。集合演算と関係演算をマスターしましょう。

用語
▶ **複合キー**
主キーは組み合わせでもOK。氏名に同姓同名があっても、住所＋氏名を主キーにできるかもしれない。

集合演算

構造が同じである複数の表の演算です。

— MEMO —
積演算は、共通演算ともいう。

▼ 集合演算

和演算	二つの表の足し算。それぞれの表からすべての行を抜き出して、新しい表を作る。重複データは排除する
差演算	二つの表の引き算。引かれる表から、引く表にある行を削除した、新しい表を作る
積演算	二つの表の共通部分を抜き出して、新しい表を作る

関係演算

構造が違う表の演算です。選択や射影は一つの表だけでも演算ができます。

▼ 関係演算

選択	表から、必要な行だけを抜き出す
射影	表から、必要な列だけを抜き出す
結合	二つの表に同じ列があるとき、それを手がかりに両表をくっつける

例えば下の社員表から鈴木さんのことを知りたければ、選択によって、1行(1レコード)分の情報を抽出しますし、全体の出身地の割合を知りたいのであれば3列目の情報を抽出します。

一方で、部署表が別にあるようです。両方の表に部署番号の項目がありますから、ここで照らし合わせて一つの表にまとめれば、「鈴木さんの部署は、お湯が常備されている」と知ることができます。

社員表

氏名	部署番号	出身地
鈴木	003	山形県
加藤	002	山梨県
田中	002	山口県

部署表

部署番号	部署名	常備ドリンク
001	社長室	コーヒー
002	営業部	お茶
003	経理部	お湯

関係演算の例

選択

氏名	部署番号	出身地
鈴木	003	山形県
加藤	002	山梨県
田中	002	山口県

氏名	部署番号	出身地
鈴木	003	山形県
田中	002	山口県

射影

氏名	部署番号	出身地
鈴木	003	山形県
加藤	002	山梨県
田中	002	山口県

氏名	出身地
鈴木	山形県
加藤	山梨県
田中	山口県

結合

氏名	部署番号	出身地
鈴木	003	山形県
加藤	002	山梨県
田中	002	山口県

部署番号	部署名	常備ドリンク
001	社長室	コーヒー
002	営業部	お茶
003	経理部	お湯

氏名	部署番号	出身地	部署名	常備ドリンク
鈴木	003	山形県	経理部	お湯
加藤	002	山梨県	営業部	お茶
田中	002	山口県	営業部	お茶

5-2-2 DBMS

DBMS

データベースマネジメントソフト。いわゆる「データベースソフト」です。データベースを作り、適切に管理・運用するためのさまざまな機能が盛り込まれています。

特に重視されているのは、データを壊さないこと、矛盾を生じさせないことです。これらは、データベースの生命線で、脅かされると安心して使うことができません。

▶ **DBMS**
DataBase
Management System

排他制御

住所録のような個人的なデータベースもありますが、多くのデータベースはチームなどで共有して使います。みんなでデータを更新すると、データがおかしくなることがあります。

▼みんなでデータを更新して、おかしくなる例

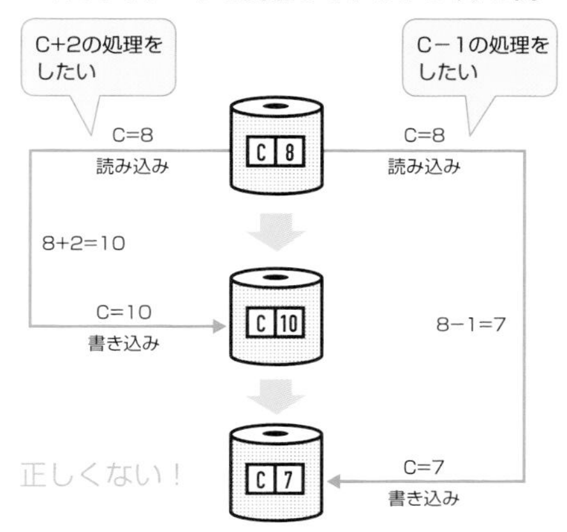

そのため、誰かがデータを使っているときは、ロックをかけてそのデータを読み込んだり、更新したりできないようにします。これを**排他制御**と呼びます。トイレに入ったら、鍵をかけるようなものです。ただし、あんまりロックをかけすぎると、他の人が不便です。

ロックには2種類あり、必要に応じて使い分けます。**共有ロック**はデータの更新はできませんが読み込むことができます。**専有ロック**（排他ロック）は更新も読み込みもできません。

共有ロックであれば、誰かが処理をしている最中でも、他の人が読み込みだけは可能なわけです。また、ロックの粒度でも工夫ができます。表全体をロックすると楽ですが、ロックにより更新や読み込みができない人がたくさん出ます。一部分だけのロックにすると、それによって迷惑する人は減りますが、DBMSの負担が大きくなります。

データのリカバリ

データベースの内容は、自社しか持っていないものがほとんどです。壊れてもどこにも売っていません。そこで、喪失を防ぐために要所要所で**バックアップ**が取られます。それに加えて**ジャーナル**と呼ばれるログを取ることで、故障などの際にデータベースを元通りにできる努

用語

▶ **リストア**
バックアップを復元すること。リハーサルしておかないと、本番でたいてい失敗する。

力が払われています。

データベースのHDDが壊れてしまったなど、**物理的な障害**に対処するのは**ロールフォワード**で、**処理を復元する**操作です。また、誤ってデータベース操作を行ってしまったような**論理的な障害**には**ロールバック**で**処理を取り消し**ます。

▼ ロールフォワード

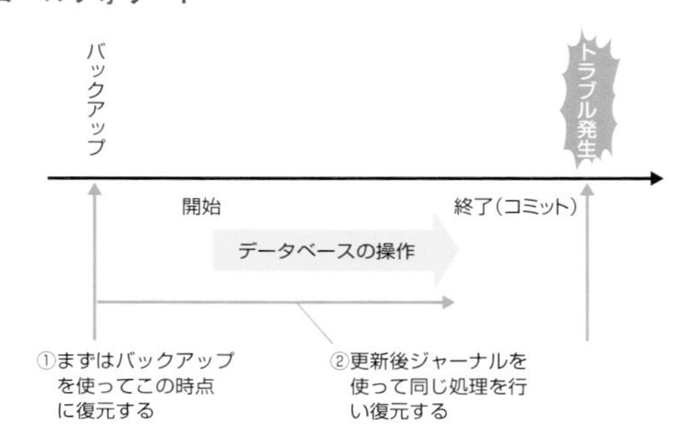

▼ ロールバック

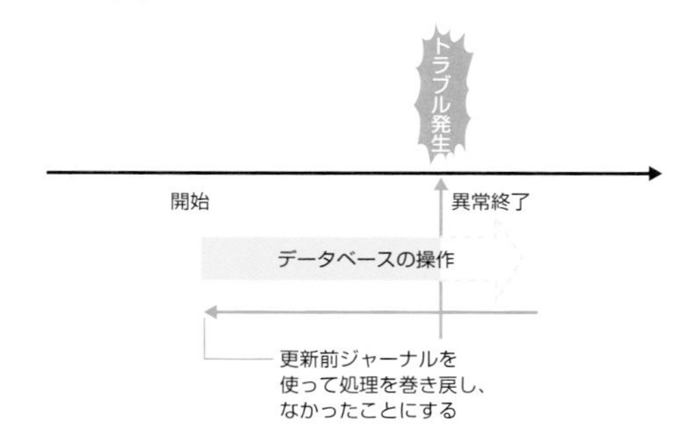

トランザクション

データベースで「トランザクション」が出てきたら、分割するとまずい、一かたまりの処理のことだと考えてください。お金の振り込みで、自分の口座を減額するのと、相手の口座を増額するのはセットです。減額だけ成功して、増額に失敗したら、お客さんは大変です。この「処理のセット」が**トランザクション**で、全部やり遂げるか、全部やらないかのどちらかにします。

▶ **ACID特性**
トランザクションの特性を表す。原子性（不可分性）、一貫性、独立性、耐久性（永続性）の四つ。

試験問題を解いてみよう

令和元年度秋期　情報セキュリティマネジメント試験　午前問46

データベースのトランザクションに関する記述のうち、適切なものはどれか。

ア　他のトランザクションにデータを更新されないようにするために、テーブルに対するロックをアプリケーションプログラムが解放した。
イ　トランザクション障害が発生したので、異常終了したトランザクションをDBMSがロールフォワードした。
ウ　トランザクションの更新結果を確定するために、トランザクションをアプリケーションプログラムがロールバックした。
エ　複数のトランザクション間でデッドロックが発生したので、トランザクションをDBMSがロールバックした。

平成30年度春期　情報セキュリティマネジメント試験　午前問46

DBMSにおいて、複数のトランザクション処理プログラムが同一データベースを同時に更新する場合、論理的な矛盾を生じさせないために用いる技法はどれか。

ア　再編成　　イ　正規化
ウ　整合性制約　　エ　排他制御

解説 1

ア　ロック操作はDBMSが行います。アプリがこれを実行できたらトランザクション管理が台無しです。

イ　異常終了したトランザクションは、「それが始まる前の状態」に戻したいので、ロールバックを行います。

ウ　アプリがそんなことをしてはいけませんし、確定したいのにロールバック（巻き戻し）するのも変な話です。これはコミットについての説明です。

エ　正解です。

答：**エ**（→関連：p.326）

解説 2

トランザクションは分割不可能な処理単位です。データベースの整合性を保つには、トランザクションの途中で他のトランザクションが割り込んでこないことが条件になります。トランザクション処理中にデータベースにロックをかける機能のことを、排他制御といいます。

答：**エ**（→関連：p.325）

経営とセキュアシステム

6-1 システム戦略と構成要素

重要度：★★☆

セキュリティは不正対策ばかりではない。安心して使えるシステムには可用性や保守性も要求される。また、一貫した設計思想のもとに、超上流工程から経営戦略やポリシとの整合を図る。

POINT

- 超上流工程は超重要！　企画と要件定義の内容を確認しよう！
- システム開発プロセスと、それをテストするプロセスを対応させて覚えよう！
- 遠隔地保存は事業継続計画との絡みでも出てくる。困ったときはバックアップ

6-1-1 情報システム戦略の策定

共通フレームとは

共通フレームはソフトウェアの取引を円滑に行うための枠組みです。たとえば、情報処理産業は新しい産業であるため、商習慣などが既存産業とかなり異なることが指摘されています。

取引の相手とは、同じ考え方や用語を共有していないと、プロジェクトがうまくいかなかったり、不満の残る結果に終わったりします。

— MEMO —

共通フレームはシステムやソフトウェアのライフサイクル全般にわたって必要な作業をまとめたガイドライン。JIS X 0160とJIS X 0170をもとに作られている。

用語

▶ **JIS X 0160**
ISO/IEC/IEEE 12207を和訳したもの。ソフトウェアライフサイクルプロセスに関する規格。

▼商習慣の違い

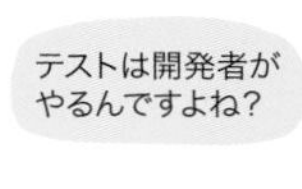

国際基準をもとに作られている

国際的にもこの点は憂慮されていたので、まずISOでISO/IEC 12207が制定されました。これを日本で扱い

用語

▶ **JIS X 0170**
ISO/IEC/IEEE 15288を和訳したもの。システムライフサイクルプロセスに関する規格。

▶ **SLCP**
SoftwareLifeCycle Process-Japan CommonFrame

やすいようにガイドライン化したのが共通フレームです。SLCP-JCFとも呼ばれます。これには、用語の統一や開発費の算出方法、品質保証のあり方などが含まれています。考え方や用語を統一することで、取引のトラブルを減らし、品質の高いシステムを構築することができます。

共通フレームでは、最初に企画、次に要件定義、さらに次はシステム開発……というように、システム開発のプロセスが示されています。規程では、この名称や作業順序は組織の状況にあわせて変えてよいことになっていますが、ひとまずこの名称は押さえておきましょう。

システム関連とソフトウェア関連のプロセス

	作業の流れ(作成)
企画プロセス	システム化構想立案 システム化計画立案
要件定義プロセス	要件定義
システム開発プロセス	システム要件定義 システム方式設計 システム結合 システム適格性確認テスト
ソフトウェア実装プロセス	ソフトウェア要件定義 ソフトウェア方式設計 ソフトウェア詳細設計 ソフトウェア構築 ・ソフトウェアコード作成 ・ソフトウェアユニットテスト ソフトウェア結合 ソフトウェア適格性確認テスト

手戻りを防ぎたい

この分野のトピックとして、近年、超上流工程と呼ばれる最初期作業(そもそも、そのシステムを作る意味があるのか判断することなど。初っぱなが間違っていると、後でどんなに努力しても取り返しがつかない)と運用工程(ものすごくいいものが完成しても、使い方を誤ると無用の長物になる)が重視されるようになっていることを理解しておきましょう。

超上流工程

システム化構想の立案

超上流工程とは、企画プロセスと要件定義プロセスのことを指すのが一般的です。この工程の特徴は、経営戦略や事業計画との整合性を考えることにあります。

情報システムというのは、業務効率をよくして利益率をあげるとか、顧客ニーズに応えるとか、何かの目標を達成するために存在するのであって、それ単独で価値があるわけではありません。情報システムは、その目的を達成する役に立たなければなりません。

経営層の関与が必須

無駄なシステムや使えないシステムの開発を避け、みんなが喜ぶ有用なシステムをつくるには、経営戦略、事業計画と合致したシステムにすることが必須です。そのすりあわせを行うのが、超上流工程、中でもシステム化構想立案の段階というわけです。ここでつまずくと、後でどんなに頑張ってもひどい目にあいます。そのため、この工程では必ず経営層が関与し、システム化計画に承認を与える必要があります。

これをなくしたい

システム化計画の立案

この段階では、システム化する範囲を確定させます。対象業務を決め、モデル化し、対象業務の中でも、システム化する範囲・しない範囲を切り分けます。何でもかんでもシステム化すればいいわけではありません。この切り分けは、費用対効果、納期、技術的難易度（実現可能性）などを根拠に行います。ここまでが、共通フレームでの企画プロセスに当たります。

要件定義プロセス

システム化する範囲を決めたら、利用者のニーズを吸い上げるための要件定義に進んでいきます。システム化の対象となる業務の業務手順や、関連する組織における責任、権限などを決めて、業務要件、組織及び制約条件として明確にします。

6-1-2 共通フレームの開発プロセス

システム要件定義

システムに求められることを、技術的な言葉に書き換えていくプロセスです。ここでは、システム化の目標と範囲を確定し、**システムの機能と能力**を決めます。

おおまかには、大きな作業・抽象的な作業から細かい作業・具体的な作業へと流れていきます。

必要なデータ項目や、関係者の利害関係の調整、稼働時間、保守の体制などを決めるのもこのプロセスです。システムで何ができ、何ができないか（**機能要件**）と、「できること」はどのくらいの品質や速度で行えるのか（**非機能要件**）を把握しておくことはとても重要です。

特に非機能要件はコストをかけるほどよくなるのが一般的です。どの水準にするか経営戦略のレベルから事前に決めておかないと、必要以上の性能を持つ高価なシステムになります。

なお、要件定義でコミュニケーションはとても重要です。発注者の説明不足、開発者の聞き取り不足、開発者の業務知識の乏しさ、要件の拡大解釈などの誤解は必ず起こります。合意内容が管理され、関係者が納得できるレベルまで練り上げます。

機能要件

ハンバーガー ¥200
（ポテト・ジュース込）
※スマイルは出ません

非機能要件

どのくらいおいしいのかなぁ

待たされるのかなぁ

用語

▶ **機能要件**
画面、システムの挙動、データモデル、帳票、バッチ処理、外部インタフェース

▶ **非機能要件**
機能性、信頼性、使用性、効率性、保守性、移植性、障害抑制性、効果性、運用性、技術要件

システム方式設計

ハードウェアで何をするか、ソフトウェアで何をするか、手作業で何をするかをより分けます。おおむね、利用者から見た機能を決める段階です。システム要件との整合性がポイントです。具体的には以下のような作業を行います。

・すべての要件を、それぞれの要素に割り当てる
・利用者用文書を作成する
・システムを複数のサブシステムに分割する
・画面や帳票のデザイン、レイアウトを決める
・会員番号など、システムで使うコードを決める

― MEMO ―

「設計」という言葉がたくさん出てきて混乱するが、システム方式設計→ソフトウェア方式設計→ソフトウェア詳細設計の順番。

ソフトウェア要件定義

システム方式設計によって定められた「ソフトウェアが解決すべき項目」について、何をすればいいか洗い出し文書化するプロセスです。以下のような作業を行います。

・ソフトウェアの外部インタフェースを決める
・セキュリティ仕様を決める
・データを定義する
・人的エラーへの対処をどうするか決める
・ソフトウェア受入れ対する要件を決める

― MEMO ―

システムとソフトウェアが明確に使い分けられている点に注意。システムは、ハードウェア、ソフトウェア、ネットワーク、人的資源を含んだ総体を指す。物流システムであれば、荷物を運ぶおじさんもシステムの一部。

ソフトウェア方式設計

ソフトウェア要件定義で決めたことを、システムの具体的な設計に当てはめていくプロセスです。システム方式設計では、利用者から見た機能を決めましたが、ソフトウェア方式設計では開発者から見た機能を決めると考えてください。サブシステム間のインタフェースもここで決定します。

・サブシステム　→　機能分割（ソフトの要件がすべて割り当てられ、細分化される）
・画面や帳票　→　入出力詳細設計
・IDや番号　→　物理データ設計

ソフトウェア詳細設計

ソフトウェアをコーディング（プログラミング）していくのに必要な、詳細な設計を行うプロセスです。ここで作られた詳細設計書があればコーディングできる、という状態にします。サブシステムをさらにモジュールにまで分解し、コーディングやテスト、保守を行いやすくします。

ソフトウェアコード作成

詳細設計書をもとに、コーディングを行います。

このあと、さまざまなテスト～検収と進んでいきます。

システムの移行

システムを開発した後は、旧システムを新システムに切り替える移行作業を行います。移行は場当たりにやると、失敗して大変なことになります。移行計画を、移行計画書として文書化し、作業時のチェックリストを作り、システムのバックアップを取得し、リハーサルを行い、問題が生じたときには旧システムに切り戻せる体制で移行に臨みます。

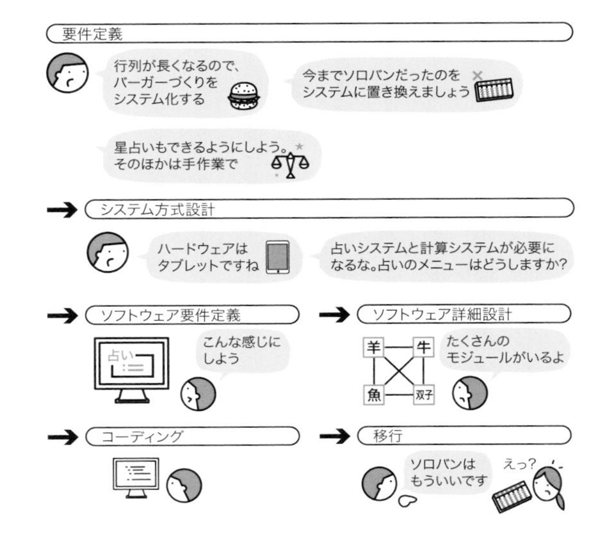

6-1-3 調達

＝SI（システムインテグレータ）

情報システムの高度化、複雑化にともなって、システムを自前で開発する企業は減りました。これを外部企業に委託することをアウトソーシングと呼び、情報システムの企画、設計、開発、運用、保守を専門に受け持つ企業をSIといいます。

SIは既存のハードウェアやパッケージソフトを組み合わせてシステムを構築することもありますし、独自のソフトウェアを開発することもあります。

パッケージソフトを導入する場合は、ライセンス管理に注意が必要です。違法コピーなどの規約違反をしてはいけないのは当然として、ライセンスによって大幅に費用が異なることがあります。

発注元とSIの役割分担を契約書の形で明確化することも重要です。SIに仕事を丸投げするのは最悪ですが、きちんと関わったつもりでもどちらがどこまでの仕事をするのかを決めておかないと、システムがうまく開発できないだけでなく、係争などに発展することがあります。なお契約する前の段階から、発注元は、発注候補となるSIに次のような書面を発行し、各種の依頼をしていきます。

▶ **SI**
System Integration

用語

▶ **サブスクリプション**
ソフトウェアの課金形態。買い切りではなく、月額、年額など利用期間に応じて価格が決まる。

用語

▶ **BPO**
Business Process Outsourcingの略語。業務プロセスを専門他社へアウトソーシングしようという話。もちろん、コアコンピタンスは自社に残しておかないとまずので、業務の切り分けが重要になる。

RFI

SIに基礎的な情報（技術情報や製品の特徴、過去の事例、費用など）の提供を要請する情報提供依頼書です。

RFP

提案依頼書のことです。情報システムの開発や運用を委託するに際して、SIからの具体的な提案を要請するものです。システムの概要や調達の条件が書かれます。SIはこれを受けて提案書を作成します。

RFQ

見積依頼書のことです。発注元が提案書を評価し、発

▶ **RFI**
Request For Information

▶ **RFP**
Request For Proposal

▶ **RFQ**
Request For Quotation

注候補となるSIに対して発行します。RFI→RFP→RFQの順番でやり取りが進んでいきます。

6-1-4 RASIS

＝RASIS

企業活動がシステムに依存するようになると、数分のシステムの停止が大きな経済的損失をもたらすことがあります。現在、システムの信頼性を向上させることは多くの企業にとって必須事項です。セキュリティは可用性、完全性、機密性から構成されますが、外部からの攻撃はこれらを脅かす要因の一部であるに過ぎません。システムの信頼性を向上させることもセキュリティ担当者に求められる重要なスキルの一つです。信頼性設計の基本的な考え方にRASISがあります。

R（Reliability）

信頼性を表します。これを数値化する尺度としてMTBF（平均故障間隔）があります。

▶ **MTBF**
Mean Time Between Failure

$$\mathrm{MTBF} = \frac{1}{\lambda} \quad (\lambda \text{は故障率})$$

MTBFが大きいほど、故障が発生しづらいシステムといえます。MTBFを増大させるには、より高品質な機器を導入するなどの方法があります。

A（Availability）

可用性を表します。利用したいときにシステムが利用できる状態である割合です。数値化する尺度として稼働率があります。

$$\text{稼働率}A = \frac{\mathrm{MTBF}}{\mathrm{MTBF} + \mathrm{MTTR}}$$

稼働率が大きいほどいつでも利用できるシステムとい

第6章 経営とセキュアシステム

えます。稼働率を大きくするにはMTBFを大きくする、MTTRを小さくする、機器が故障した場合は、修理を待たずに待機系へスイッチするなどの方法があります。

S（Serviceability）

保守性です。故障が発生した場合の修理のしやすさを表します。数値化する尺度はMTTR（平均修理時間）を用います。

$$\mathrm{MTTR} = \frac{1}{\mu} \quad (\mu \text{は修理率})$$

MTTRが小さいほど、故障時の修理にかかる時間を短縮できます。機器のモジュール化による修理工数の削減などでMTTRを減少できます。

I（Integrity）

保全性を表します。コンピュータシステムが保持するデータを過失や故意によって、喪失／改ざんされる可能性です。定量的な評価尺度はありませんが、エラープルーフ機構の導入、アプリケーション監査、バックアップの取得などで保全性を向上できます。

S（Security）

安全性です。自然災害やテロリズム、クラッカーなどの攻撃からシステムを守れる度合いを表します。JRMSなどいくつかの評価方法がありますが、多くは定性的なものです。セキュリティマネジメントシステムの導入などにより安全性を向上できます。

▼RASIS

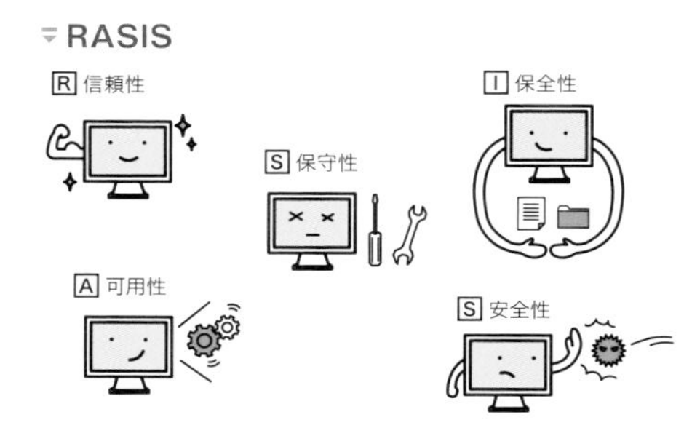

6-1-5 耐障害設計

耐障害設計の考え方

システムの信頼性向上を図る場合には、故障そのものを起こさないようにするフォールトアボイダンスと、故障しても問題が大きくならないようにしようとするフォールトトレランスの二つの考え方があります。

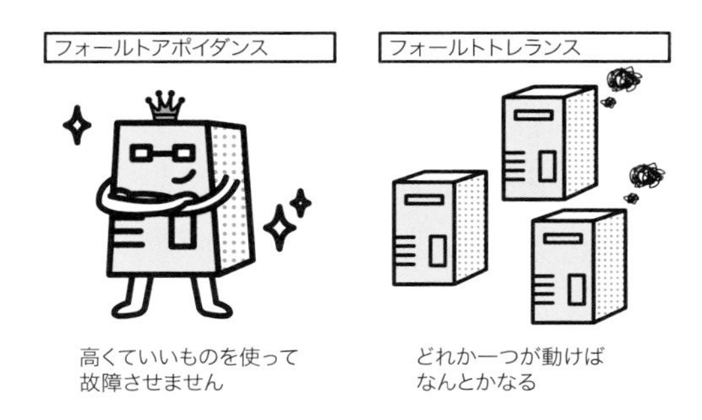

フォールトアボイダンス

機器の故障が起こらないよう、高品質なものを投入するなど、障害を起こさないよう管理する技術です。障害に対する古典的な対処方法ですが、一般的にコストがかかるのが難点です。

フォールトトレランス

故障が起きることを前提に、故障によって生じる被害を限定化し、正常な動作を保ち続ける技術です。フォールトアボイダンスよりも低コストで対策できる点に特徴があります。

フェールセーフ

故障が起こった際に処理を代替機に委譲する、データの破壊に対してバックアップを用意するなど、故障の被害を最小限に留めることを指します。フェールセーフの中でも、処理を代替機に引き継ぐことを特にフェール

用語

▶ RAID
複数のハードディスクを並列につないで、それを1台の論理ディスクとして利用する技術。
RAID0…一つのデータを複数のハードディスクに分散して配置する方式（ストライピング）。高速な書き込みが可能。
RAID1…2台のハードディスクに全く同じデータを書き込む方式（ミラーリング）。1台が故障しても復旧できる。
RAID5…3台以上のハードディスクを使用し、それぞれにパリティビットを配置する方式。1台の装置が故障しても、残った装置はパリティビットを利用して復旧できる。

オーバとよびます。

フェールソフト

故障が生じた場合に、核になる機能を損なわないようにする設計です。例えば、CPUの処理能力が低下した場合に、ユーザ情報系システムをダウンさせて、基幹業務は通常通り運用できるようにするなど、影響度の大きいシステムを継続して利用できるようにします。なお機能を限定して運転を続けることを縮退運転といいます。

エラープルーフ（フールプルーフ）

人為的なミスによるデータの破壊等を起こさないよう予防するシステムです。数値入力時に入力値が有効範囲の数値かチェックを行ったり、入力画面にヘルプ機能を付与したりといった手法があります。

フォールトマスキング

機器の冗長構成などにより、故障が生じても他の装置に対して故障を隠ぺいしたり、自律回復したりするシステムを指します。

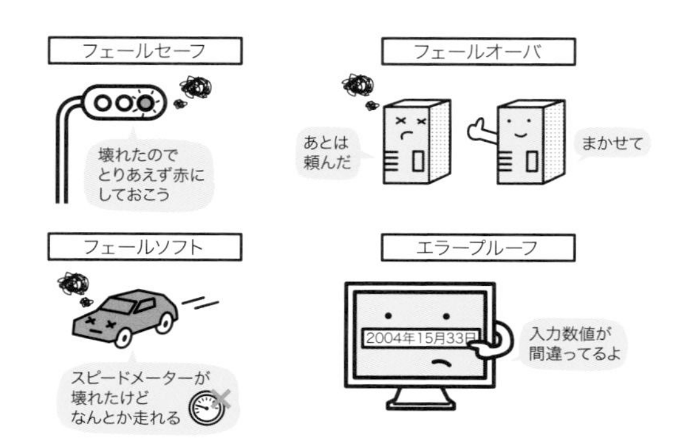

対障害設計の手法

ネットワークシステムの信頼性を向上させるためには、単一の機器の信頼性を向上させるだけでなく、ネットワーク全体の対障害設計を行うことで大きな効果を得

用語

▶ **パリティチェック**
データを一定の大きさで区切り、チェックビットを生成することで、1ビットの誤りを検出する誤り検出方式。

ることができます。

故障予防

故障予防とは、機器の故障の防止や、故障間隔を長くすることを目的とした活動です。故障を誘発する要因をあらかじめ取り除いたり、機器が正常に稼働している状態で保守（予防保守）を行ったりします。

* 納入機器に対して品質基準を設けるなど、設計時／設置時に十分なレビューを行う。
* サーバマシンは空調の効いたサーバルームに設置するなど、クーリング（冷却）対策を行う。
* UPSやCVCFを設置して、電源切断時にもデータの損失を回避する。また、電圧を安定させる。
* 重要な機器を並列系統に配置するなど、システム全体の可用性を向上させる。
* システムに関する権限管理を明確化し、権限のない部署はシステム資源にアクセスできないようにする。
* WANは複数の伝送路、特に異なるキャリアの回線を用意する。
* バックアップを取得し、世代管理する。
* バックアップからの回復（リストア）リハーサルを行う。

用語

▶ **UPS**
Uninterrupted Power Supply。電池や発電機を内蔵し、停電時に一定時間コンピュータに電気を供給する装置。ユーザはこの間にシステムを正常終了することができる。

用語

▶ **世代管理**
複数の日付のバックアップを保存することで、過去に遡ってデータを復元できる。最新のバックアップのみの保存では、バックアップ取得前に消去してしまったデータなどは復元できない場合がある。

故障予防

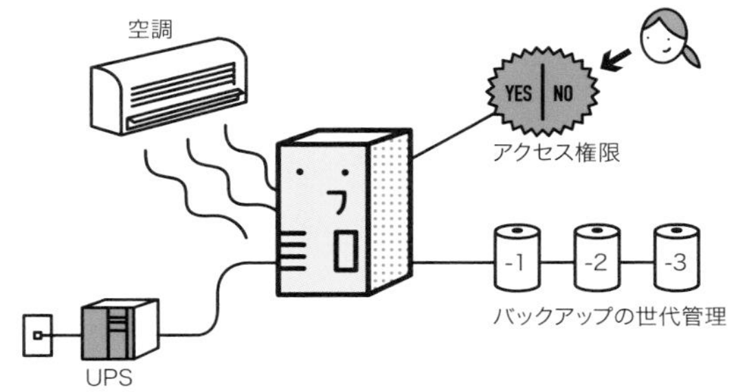

故障監視／運用

故障監視とは、故障が生じた場合にすぐに発見して手をうてる体制を整えることです。予防保守の実施や自己診断機能、人手による目視などの手段があります。また、故障を発見した場合の報告手順や連絡系統の整備など運用面の工夫も重要です。

＊システム資源のリアルタイム監視を行うなど、故障が生じた場合にすぐに検出できる体制を整える。
＊ベンダと保守契約を締結し、予防保守を行うことで故障の傾向を早期発見する。
＊故障に関する自己診断を行う機器を導入する。
＊ログを監査し故障の徴候を発見する。
＊機器運用を自動化し、人的ミスの発生を抑制する。
＊故障が生じた際の自動復旧、自動再構成を行う。
＊故障機器をシャットダウンする前にログやスナップショットを保存し、解析を行う。

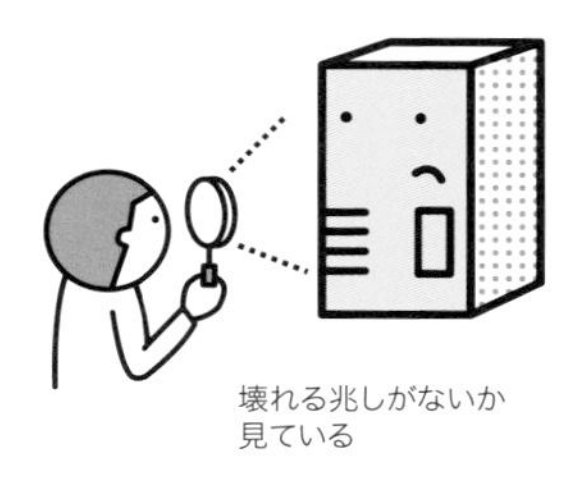

壊れる兆しがないか見ている

故障復旧

故障復旧とは、故障した機器をすばやく手当てして極力業務に影響が出ないようにするための活動です。モジュール化された製品を使って修理ではなく交換を行う、ナレッジマネジメントシステムで過去事例を素早く読み出して応用するなどの手法があります。

用語

▶ **センドバック保守**
故障した機器をベンダに送付して修理する。低コストだが、復旧に時間がかかる。

▶ **オンサイト保守**
ベンダの保守要員に自社で作業を行ってもらう。普及時間が短縮でき、持ち運び困難な大型機器にも対処しやすいが、高コストである。

用語

▶ **ナレッジマネジメント**
知識や情報を組織全体で共有、システム化することで効率的に活用する技法。

用語

▶ **FMEA**
Failure Mode and Effect Analysis。故障モード影響解析。

▶ **FTA**
Fault Tree Analysis。故障木分析。

＊重要機器については、予備部品、予備ユニットを用意して、修理を待たずに交換する。
＊モジュール化された機器を使用し、パーツの交換だけで修理を行えるようにする。
＊システム監査を行い、故障原因の特定と対策を分析し、業務手順の変更やシステム構成の変更を行う。
＊故障事例データベースを作成し、事故事例／復旧手法のノウハウを蓄積する。
＊パソコンなどはアプリケーションのインストール、設定などが完了したイメージデータを保存しておき、再インストールや設定作業を行わずに復旧できるようにする。

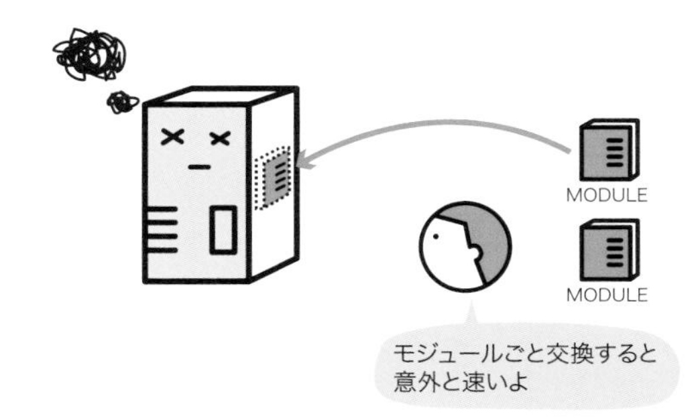

性能管理

故障管理の範ちゅうではありませんが、性能管理はネットワークシステムを運用する上で重要です。ネットワークシステムを運用する場合、将来の資源需要を勘案して性能設計を行いますが、往々にして実際の要求が設計を上回ることがあります。

そこで、システムログの検査などでシステムの利用状況をチェックし、システム資源がひっ迫する兆候があれば、システム資源の追加や業務フローの変更等を行って対処します。多くのOSやアプリケーションは、利用状況を監視するための機能をもっているので、グラフ化や統計処理を行って定期的にシステム資源（メモリ、ハードディスク、CPU、回線など)の残存キャパシティを監視する手順を確立します。

CPU使用状況やメモリ、ハードディスク容量がひっ迫するとシステムダウンの原因にもなるので、性能管理を行うことは障害管理にも寄与します。次のような管理ツールを利用した、システム資源の使用率がある水準を超過したら管理者に通報するしくみも有効です。

▼ 性能管理ツールの例

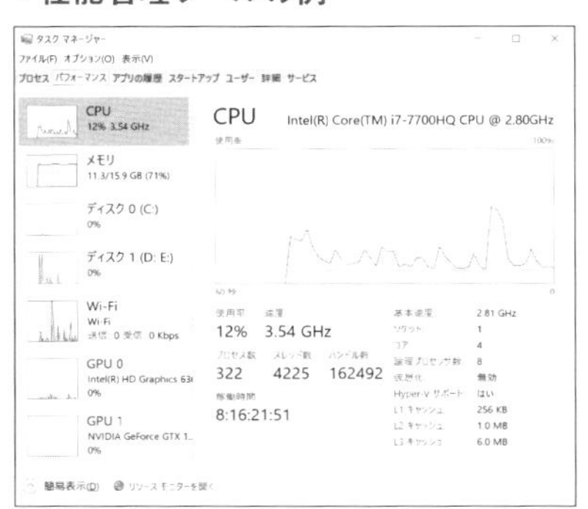

用語

▶ **BPM**

Business Process Managementの略語。業務プロセスを最適化するための管理手法・管理活動。現行プロセスから改善すべき点を見出してプロセスを変革し、それが効果的に実行されているかをフォローアップしつつ、また改善を繰り返していく。

6-1-6 バックアップ

バックアップとは

保全すべきシステム資源として、特に重要なものの一つに業務データがあげられます。通信機器などは仮に故障しても新しいものを購入し交換すれば事が足りますが、自社業務データは代替性がなく、失われた場合の復旧が非常に困難です。また、企業は競争力の源泉を自社業務データをはじめとするノウハウから得ている場合が多く、データの喪失は業務継続を困難にします。

こうしたリスクに対処するための手段が**バックアップ**です。バックアップは、ハードディスクに保存されるデータの多重化や、テープなどのさらに安定した媒体に保存することを指します。バックアップした媒体を使って失われたデータを復旧することを**リストア**といいます。

— MEMO —

バックアップデータはオンラインで使えるようにすることもあるが、ウイルス被害などがバックアップデータにまで及ぶ可能性があるため、保全性・安全性の見地から、通常オフラインで保存する。

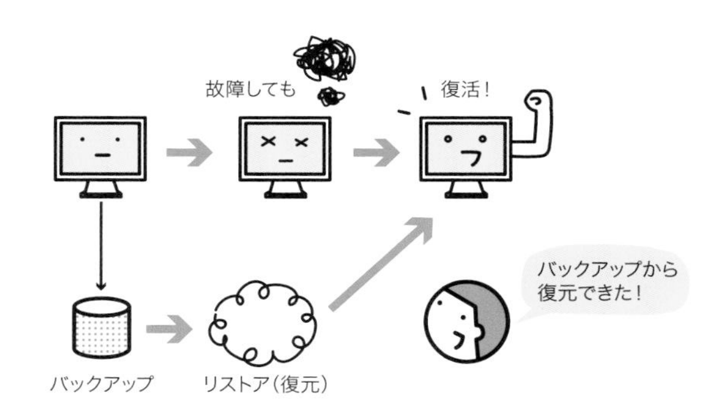

バックアップ計画

バックアップを計画する場合、次のような項目を決定する必要があります。

どの範囲のデータをバックアップするか

すべてのデータをバックアップするのが理想ですが、時間とコストのバランスから、重要なデータのみを取得することもあります。

バックアップの頻度と取得方法

毎日バックアップを取得するのか、1週間おきなのか、毎回すべてのデータをバックアップするのか、前回との変更箇所だけでよいのか、といった点を決定します。

バックアップに許容される時間

昼間バックアップを取得してよいのか、システムが止まる夜間でなければならないか、その場合何時間以内で終わる必要があるのか、などの項目を洗い出します。

世代管理の有無

最新のバックアップだけを取得できればよいのか、誤消去に対処するため、何世代分かのデータを保管するのかを決めます。

— MEMO —

設計時に入念にバックアップ取得時間を計算しても、業務の運用にしたがってデータが増大するのが普通なので、次第に始業時間にバックアップが間に合わなくなってきたなどの事態に注意する。

データの保存場所

自社内保存でよいのか、遠隔地保存するか、その場合配送業者は信用できるのか、といった点を考慮します。

バックアップ方法

バックアップ方法には、いくつかの種類がありますが、自社の業務とバックアップ対象の重要性やコストなどを考えて、選択します。また、複数の方法を組み合わせて行うことも考えられます。

— MEMO —

RAID (p.339) などは似た技術だが、バックアップではない。RAIDは現時点のデータの複製なので、間違って上書きしたデータを復旧させることなどはできない。

フルバックアップ

基本になるバックアップ方法です。バックアップ取得対象となるデータすべてのバックアップを取得します。リストアする場合に、1回の読み出しでリストアが終了しますが、取得にかかる時間は最大になります。

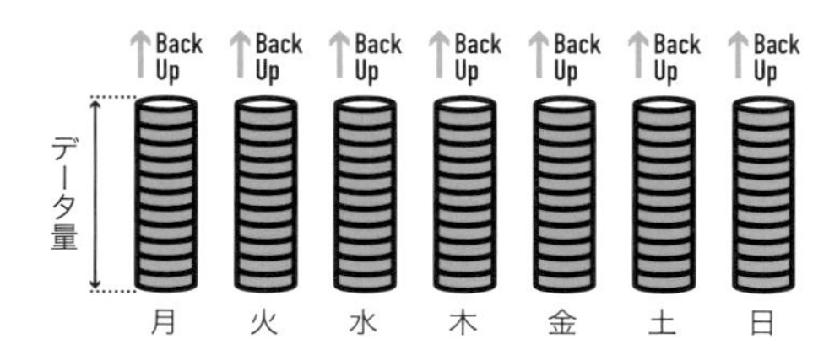

差分バックアップ

フルバックアップに対して変更分を取得する回を組み合わせることで、取得にかかる時間と復旧にかかる時間のバランスをとる方法です。

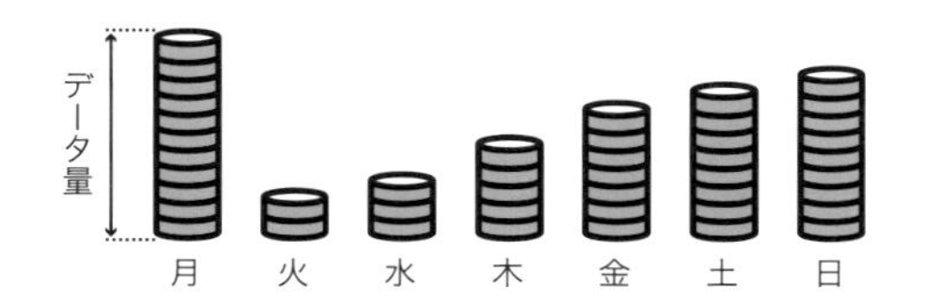

— MEMO —

現時点では、フリーソフトとして配布されている簡単なバックアップツールでも、ほとんどが差分バックアップに対応するようになってきている。

上図の例では、月曜日にフルバックアップを取得し、火曜〜日曜日では、月曜日からの変更分をバックアップします。こうすることで火曜〜日曜日のバックアップ取得時間を短縮できます。

復旧時には、例えば、土曜日に事故が発生してリストアする場合、月曜日のデータをリストアしてから、金曜のデータをリストアするという二つの工程が必要です。また、曜日が進むにつれてバックアップ取得時間が増加し、一定にならない点にも注意が必要です。

増分バックアップ

最初にフルバックアップを取得し、以降は前日に対する変更分だけをバックアップする方式です。バックアップ取得時間を最小にできます。

リストア時間は曜日によって異なります。1サイクルを1週間で行う場合、最悪で7回のリストア工程が必要です。

— MEMO —

Windowsのファイルシステムでは、ファイルごとにアーカイブ・ビットとよばれるフラグが立つことによって、前回バックアップ取得時からそのファイルが変更されたかどうかがわかるしくみになっている。

フルバックアップを取得する曜日以外は、前日からの変更分だけを保存するので、バックアップの取得にかかる時間は最小です。

しかし、例えば日曜日のバックアップ取得後にリストアするようなケースでは、月曜日のフルバックアップをリストアし、順次、火～日のバックアップをリストアする必要があります。この場合、リストアに必要な時間は最大です。

バックアップ方法の長所と短所

	長所	短所
フルバックアップ	リストアにかかる時間が最小	バックアップに必要な時間と容量が最大
差分バックアップ	バックアップやリストアに必要な時間と容量のバランスが良い	バックアップ取得時間が一定しない
増分バックアップ	バックアップに必要な時間と容量が最小	リストアにかかる時間が最大

バックアップ運用

バックアップをとることだけでなく、復旧時のリストアや保存・廃棄についても厳重な管理が求められます。

リストアのリハーサルを実施する

リストアのリハーサルは必ず実施する必要があります。バックアップからの復旧は短時間に行う必要があるため、手順を確認しておくことが重要です。

また、ほとんどの管理者はバックアップの取得で安心してチェックを怠る傾向にあります。媒体の劣化や、業務データの増加により媒体容量を超過したなどの要因でバックアップが有効に保存されていない事態は時々起こります。このような場合の対処としてもリハーサルは有効です。

廃棄管理

バックアップ媒体やバックアップデータには保存期間を定めて厳重に管理します。保存場所は鍵のかかる冷暗所など、セキュリティ対策や媒体劣化対策を考慮したものにする必要があります。

最も問題になるのが廃棄工程で、担当者の集中力が途切れやすくなります。個人情報保護法などにより、業務データの流出には社会的責任がともなうため、企業はデータの廃棄までをきちんと管理しなくてはなりません。

具体的には、媒体を物理的に破壊する、消磁機器を使用する、シュレッダを用いる、消去ソフトウェアを利用するなどの方法があります。

廃棄業者と契約する場合は、秘密保持契約(NDA)を結ぶようにします。

参照

▶ **個人情報保護法**
→p.261

用語

▶ **消磁**
メディアに埋め込まれた磁気粒子をランダムに配列させることでデータを意味のないものに変更すること。

— MEMO —

ディスクのフォーマットはテーブル情報だけを書き換えるだけなので、データはディスク上に残る。このため、ツールを使用して読み出すことが可能である。

用語

▶ **秘密保持契約**
Non-Disclosure Agreement。業務上知りえた情報を外部に漏らさないという取り決め。

データのライフサイクル

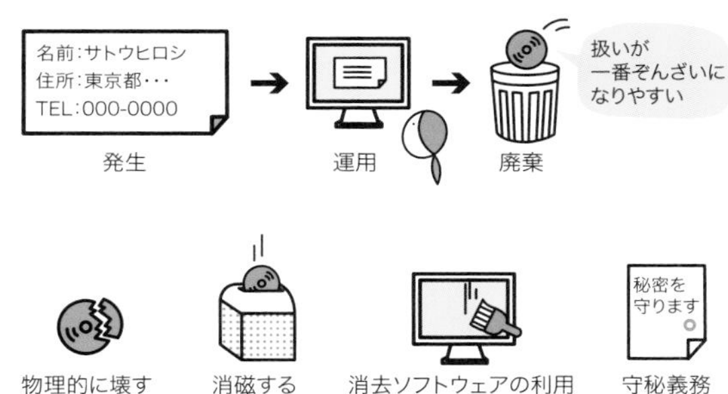

記録媒体やドライブには寿命があり、また、将来的にハードウェアの保守が打ち切られたり、メディアが入手できなくなったりする事態も考えられます。データを長期保存するのであれば、保存媒体の寿命を把握したうえで、寿命が尽きる前に新しい保存媒体やドライブ、異なる保存媒体にデータを移行する必要があります。

遠隔地管理

企業は業務の多角化、多国籍化によって24時間のシステム稼働を求められるケースが増大しました。業務継続性は現在のビジネスの重要な要素です。このような状況下では、テロリズムや自然災害などの発生にも対処しなくてはなりません。

用語

▶ **業務継続性**
ビジネスコンティニュイティ。企業が災害などの不測の事態が発生した際でも、主要業務を継続すること。

遠隔地管理

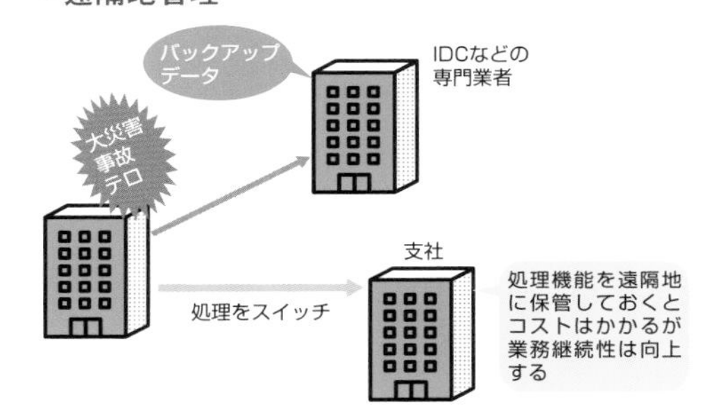

自社ビルの倒壊や炎上時にも業務を継続するためには、バックアップデータを広域災害なども及ばない遠隔

地に保存することが要求されます。これを遠隔地保存といいます。IDCなどを利用する場合もあります。

遠隔地保存する場所は、地震などが起こりにくい地層の安定した郊外がよいとされています。要件としては原子力発電所などとほぼ同じです。

自社が遠隔地に支社などをもっている場合はそこに保存するのが一般的ですが、支社や営業所に適切な設備がない場合などは、保存のための費用がかさみます。そこで、データの保存などを専門に扱う業者が登場しています。

遠隔地へのデータ移送には、ネットワーク伝送や媒体の配送などを利用します。媒体を運送業者に配送してもらう場合、秘密保持契約を結んだり、業者へのセキュリティ監査を行うなどして保安体制をコントロールします。

用語

▶ IDC
Internet Data Center。顧客の業務に必要な、コンピュータシステム、インターネットへの接続回線や保守・運用サービスなどを提供する施設・サービス。

▶ レプリケーション
システムやデータの複製を持つこと。あるハードウェアやデータベースが破損しても、複製を用いて処理を続行できる。世代管理はせず、リアルタイムにデータをコピーするが、タイムラグは発生する。

6-1-7 ストレージ技術

NAS

NASはネットワークに直接接続する形式のファイルサーバです。ファイルの保存に特化した単機能サーバで、ネットワークやファイル共有の設定が簡易なため、システムへの導入や追加が比較的簡単に行える利点があります。

ただし、通常の共有LAN上をストレージデータ（大容量記憶装置のデータ）が流れるため、LANの帯域を圧迫する欠点があります。

スペル

▶ NAS
Network Attached Storage

▶ SAN
Storage Area Network

NASの構成例

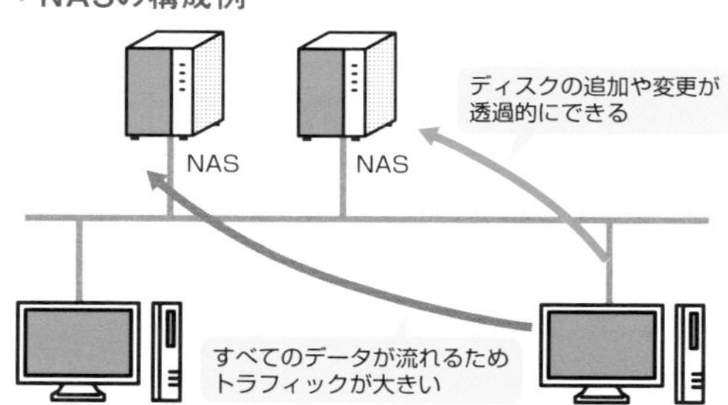

SAN

通常のデータを伝送するLANとは別に構成するストレージデータ専用のネットワークをSANといいます。高いスループットを求められるサーバが、クライアントが伝送する業務データなどに帯域を阻害されることなく高速にストレージデバイスにアクセスできます。クライアントにとっても、大容量のストレージデータでLANを圧迫されることがなくなります。

SANは高速伝送が要求されるため、SCSI-3のサブセットであるFiber Channelを用いることが多かったのですが（FC-SAN）、ギガビットイーサネットの普及によりIPネットワークも利用されるようになってきました（IP-SAN）。

一般的に高性能ですが、新たにストレージ専用のネットワークを構成する必要があるため、初期費用は比較的高額になります。

用語

▶ **SCSI-3**
入出力インタフェース規格のSCSIを拡張したもの。

用語

▶ **Fiber Channel**
光ファイバを用いて1Gbpsで通信する規格。最大伝送距離は10km。同軸ケーブルを用いる場合はそれぞれ133Mbps、30m。

SANの構成例

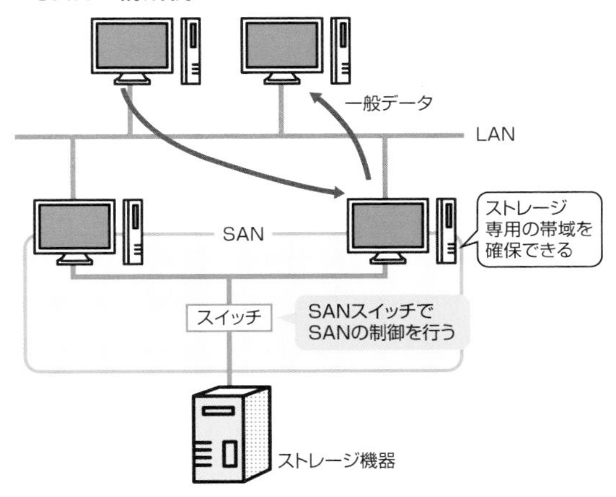

6-1-8 システムの形態と性能

集中処理と分散処理

すべての処理を中央に位置するコンピュータで行う形態を集中処理、多数のコンピュータが分担する形態を分散処理といいます。それぞれメリット・デメリットがあります。

集中処理と分散処理の特徴

	利点	欠点
集中処理	シンプルで管理しやすい	機能や規模が硬直する
分散処理	柔軟な構成変更が可能	複雑で管理が大変

用語

▶ **バッチ処理**
決まった時間などに、まとめて処理を行う方式。

▶ **リアルタイム処理**
仕事が発生したら、その都度即時に処理する方式。即時といっても実際は「一定時間内に必ず処理」という意味。

クライアントサーバシステム

分散処理の一形態です。サービスをする側(サーバ)とされる側(クライアント)に分けて運用します。Webが典型例で、Webサーバとブラウザ(Webクライアント)の役割分担によってシステムが動いています。対義語としてP2Pがあり、これは各コンピュータの関係が完全に対等な形態です。

クライアントサーバシステム

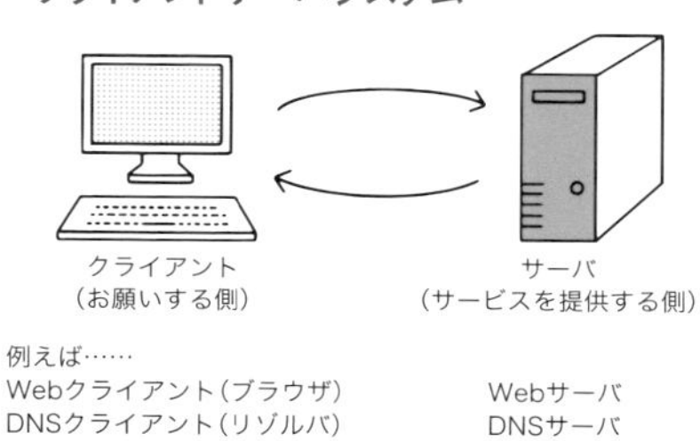

用語

▶ **デュプレックスシステム**
可用性を向上させるしくみの一つ。主系で重要業務、従系は待機させるかサブ業務を行う。主系に障害が発生した場合は従系に切り替えることで業務を継続する。デュアルシステムより効率的だが、切り替えには時間がかかる。

シンクライアントシステム

クライアントサーバシステムの利点は、クライアント側にも高度な計算能力があって処理を分担することですが、モバイル環境が当たり前になると問題が生じました。クライアントの紛失・盗難などで機密情報の漏えいが起こるのです。そこで、アプリケーションの実行やデータの保存などをサーバ側で行い、クライアントには最低限の機能しか持たせないシンクライアントシステムが登場しました。

— MEMO —
通常のクライアントをファットクライアント、リッチクライアントと呼んで区別することもある。

▼ シンクライアントサーバシステム

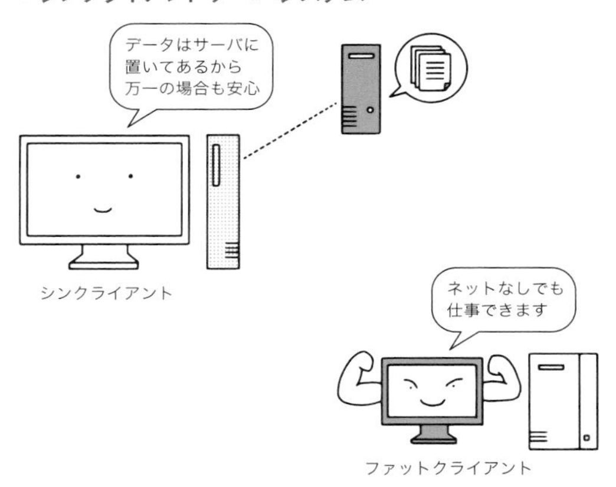

仮想化

コンピュータの物理的な装置と、利用する際に意識する装置とを切り離すことを、仮想化といいます。たとえば、複数のコンピュータを束ねて処理を行ったり（クラスタリング）、1台の物理的なコンピュータ上で複数台の仮想コンピュータを動かしたりすることができます。

仮想化されたコンピュータであれば、性能や可用性を向上させたり、需要の変化に応じて変更したりすることができます。サーバマシンで採用されることが増えてきました。

用語
▶ **オンプレミス**
企業が情報システムを自社構内に構築し、自身で運用する従来型のシステム。

— MEMO —
クラウド事業者の体制や、データセンターが配置される国家の法律によっては、却ってリスクが高まるとの指摘もある。

クラウドコンピューティング

通信回線の速度や信頼性が増してくると、演算能力が高いコンピュータを必ずしも手元に置かなくてもよくなります。計算はコンピュータを多数抱えた事業者が行い、結果だけを利用者が受け取ればよいのです。そうであれば、手元の端末には高度な演算能力が不必要になりますし、機密データを各端末に配置せず、クラウド側で預かることでセキュリティの向上が見込める場合もあります。

こうしたシステムの形態を**クラウドコンピューティング**（クラウド）といいます。スマホやタブレットといった小型携帯端末の隆盛の理由の一つが、クラウドの普及にあります。

IaaS、PaaS、SaaS

クラウドコンピューティングを提供する事業者を、そのサービスの形態により分類することがあります。分類は、どのレイヤでサービスを提供するかによって決められます。

▶ **IaaS**
Infrastructure as a Service

▶ **PaaS**
Platform as a Service

▶ **SaaS**
Software as a Service

IaaS（イアース）

コンピュータ（仮想マシン）やネットワークなどのインフラ部分を提供するサービスです。汎用性が高いのが特徴ですが、基本ソフト部分や応用ソフト部分は自社で用意しなければなりません。

PaaS（パース）

基本ソフト（OS）部分を提供するサービスです。もちろん、OSの下に配置されるハードウェアも含んでいます。PaaSの場合、提供される環境に自社の応用ソフト（アプリ）さえ展開すればよいので、IaaSより運用が素早く簡便な特徴があります。

SaaS（サース）

ハードウェア、基本ソフトに加えて、応用ソフトまで提供するサービスです。IaaS、PaaS、SaaSの中で、利用者にとっては、もっとも楽ちんな形態ですが、自社アプリではないので、業務への適合性が低くなる可能性もあります。

▼IaaS、PaaS、SaaSの違い

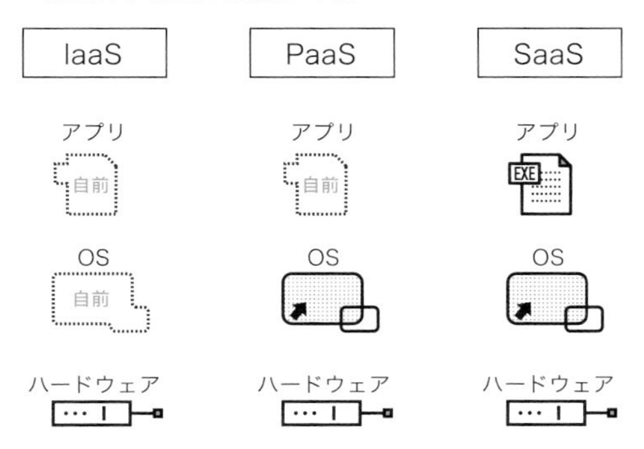

オンラインストレージ

大容量の記憶領域をインターネット上に確保して、利用者に貸し出すサービスです。自宅と職場、外出先から同じファイルにアクセスしたり、取引先と大容量のデータを送受信したりする用途に使えます。クラウドコンピューティングの一種です。

どのクラウドサービスを使うにせよ、特に業務に利用する場合は、サービス業者が十分なセキュリティレベルを確保しているか確認しておく必要があります。

システムの性能指標

情報システムの性能を数値化するために、**レスポンスタイム**（応答時間）、**ターンアラウンドタイム**、**スループット**が使われます。

レスポンスタイム	指示してから、最初に応答が返ってくるまでの時間
ターンアラウンドタイム	指示してから、指示した仕事が終了するまでの時間
スループット	一定時間に何件処理できるか

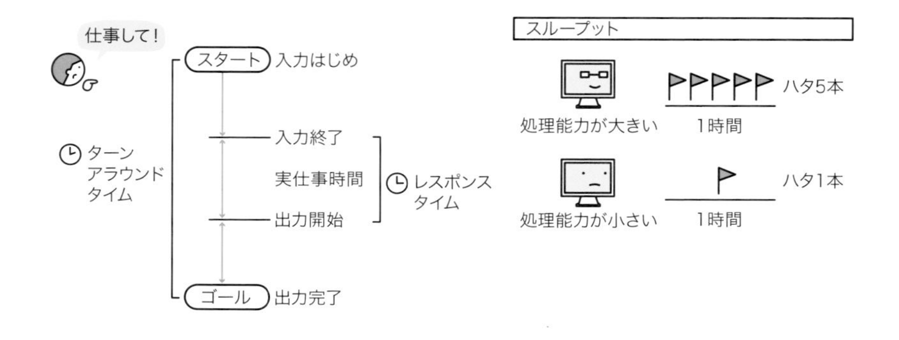

COLUMN

データ爆発

従来、紙で保持していたデータを電子化し、データのマルチメディア化が進展したことで、企業や個人が保存するデータ量が急激に増大しました。この状態をデータ爆発といいます。NAS や SAN（pp.350 〜 351 参照）というソリューションは、従来型のストレージシステムではデータ爆発に十分対応することができなくなったために開発された、という側面もあるのです。

データの爆発は、新しい技術やシステムが登場するたびに、何度も起こってきました。データはいつも爆発し続けていると言っても過言ではありません。

センサをはじめとする膨大な機器が生み出す情報を用いたビッグデータが盛んになっています。ビッグデータは、非構造化データなども含んだデータをリアルタイムに分析して、実効性の高い未来予測などを行う技術ですが、IoT（モノのインターネット）の進展などにより、今後もデータ量は指数関数的に増加するでしょう。ストレージ技術の進歩や、ハードディスクの単位当たりの記憶容量の増加によってなんとか増大するデータをさばいている、というのが今日のシステムを取り巻く現状です。

試験問題を解いてみよう

平成30年度秋期　情報セキュリティマネジメント試験　午前問49

企画、要件定義、システム開発、ソフトウェア実装、ハードウェア実装、保守から成る一連のプロセスにおいて、要件定義プロセスで実施すべきものはどれか。

ア　システムに関わり合いをもつ利害関係者の種類を識別し、利害関係者のニーズ及び要望並びに課せられる制約条件を識別する。
イ　事業の目的、目標を達成するために必要なシステム化の方針、及びシステムを実現するための実施計画を立案する。
ウ　目的とするシステムを得るために、システムの機能及び能力を定義し、システム方式設計によってハードウェア、ソフトウェアなどによる実現方式を確立する。
エ　利害関係者の要件を満足するソフトウェア製品又はソフトウェアサービスを得るための、方式設計と適格性の確認を実施する。

平成31年度春期　情報セキュリティマネジメント試験　午前問49

RFIに回答した各ベンダに対してRFPを提示した。今後のベンダ選定に当たって、公正に手続を進めるためにあらかじめ実施しておくことはどれか。

ア　RFIの回答内容の評価が高いベンダに対して、選定から外れたときに備えて、再提案できる救済措置を講じておく。
イ　現行のシステムを熟知したベンダに対して、RFPの要求事項とは別に、そのベンダを選定しやすいように評価を高くしておく。
ウ　提案の評価基準や要求事項の適合度への重み付けをするルールを設けるなど、選定の基準や手順を確立しておく。

エ　ベンダ選定から契約締結までの期間を短縮するために、RFPを提示した全ベンダに内示書を発行して、契約書や作業範囲記述書の作成を依頼しておく。

平成29年度秋期　情報セキュリティマネジメント試験　午前問45

システムの信頼性指標に関する記述として、適切なものはどれか。

ア　MTBFは、システムの稼働率を示している。
イ　MTBFをMTTRで割ると、システムの稼働時間の平均値を示している。
ウ　MTTRの逆数は、システムの故障発生率を示している。
エ　MTTRは、システムの修復に費やす平均時間を示している。

平成30年度春期　情報セキュリティマネジメント試験　午前問11

UPSの導入によって期待できる情報セキュリティ対策としての効果はどれか。

ア　PCが電力線通信（PLC）からマルウェアに感染することを防ぐ。
イ　サーバと端末間の通信における情報漏えいを防ぐ。
ウ　電源の瞬断に起因するデータの破損を防ぐ。
エ　電子メールの内容が改ざんされることを防ぐ。

令和元年度秋期　情報セキュリティマネジメント試験　午前問42

ヒューマンエラーに起因する障害を発生しにくくする方法に、エラープルーフ化がある。運用作業におけるエラープルーフ化の例として、最も適切なものはどれか。

ア　画面上の複数のウィンドウを同時に使用する作業では、ウィンドウを間違えないようにウィンドウの背景色をそれぞれ異なる色にする。
イ　長時間に及ぶシステム監視作業では、疲労が蓄積しないように、2時間おきに交代で休憩を取得する体制にする。
ウ　ミスが発生しやすい作業について、過去に発生したヒヤリハット情報を共有して同じミスを起こさないようにする。
エ　臨時の作業を行う際にも落ち着いて作業ができるように、臨時の作業の教育や訓練を定期的に行う。

平成31年度春期　情報セキュリティマネジメント試験　午前問44

クライアントサーバシステムの特徴として、適切なものはどれか。

ア　クライアントとサーバが協調して、目的の処理を遂行する分散処理形態であり、サービスという概念で機能を分割し、サーバがサービスを提供する。
イ　クライアントとサーバが協調しながら共通のデータ資源にアクセスするために、システム構成として密結合システムを採用している。
ウ　クライアントは、多くのサーバからの要求に対して、互いに協調しながら同時にサービスを提供し、サーバからのクライアント資源へのアクセスを制御する。
エ　サービスを提供するクライアント内に設置するデータベースも、規模に対応して柔軟に拡大することができる。

令和4年度　情報セキュリティマネジメント試験　サンプル問題　問42

一方のコンピュータが正常に機能しているときには、他方のコンピュータが待機状態にあるシステムはどれか。

ア　デュアルシステム　　　　イ　デュプレックスシステム

ウ　マルチプロセッシングシステム　　　エ　ロードシェアシステム

解説 1

頻出なので、誤答の選択肢を利用して各プロセスのキーワードの理解を深めましょう。

ア　正解です。
イ　企画プロセスの説明になっています。
ウ　システム開発プロセスの説明になっています。
エ　システム開発プロセスの説明になっています。

答:**ア**（→関連:p.330）

解説 2

ア　特定のベンダに救済措置を講じるのは、公正とは言えません。
イ　RFPの要求事項と別の評価要素があるのは、公正ではありません。
ウ　正解です。基準の確立と明文化が重要です。
エ　選定していないベンダにドキュメントを準備させるのは、公正とは言えません。

答:**ウ**（→関連:p.336）

解説 3

MTTRは平均修理時間で、1／修理率で表します。MTBF（平均故障間隔）との区別をしっかりつけましょう。

ア　システムの稼働率は、MTBF／(MTBF+MTTR）です。
イ　MTBFがそのまま稼働時間の平均値です。
ウ　MTBFの逆数が、故障発生率です。
エ　正解です。

答:**エ**（→関連:p.337）

解説 4

UPS（無停電電源装置）は、停電や瞬電に対応するための装置です。バッテリーを備えていて、安全にシャットダウンするまでの時間を稼ぎます。安全に業務を遂行するという意味では、立派なセキュリティ機器です。

答：**ウ**（→関連：p.341）

解説 5

エラープルーフは、エラーを発生させないように考えられたしくみです。ファイルを削除しようとすると、「いいですか？ Yes/No」などと出てくるのはエラープルーフです。ウィンドウごとに色を変えたり、表計算ソフトで奇数行と偶数行の色を変えたりするのは、立派なエラープルーフです。

答：**ア**（→関連：p.340）

解説 6

ア　正解です。
イ　データ資源はサーバ側に配置します。
ウ　サービスを提供するのがサーバ、要求するのがクライアントです。
エ　サーバがサービスを提供します。

答：**ア**（→関連：p.352）

解説 7

問題文のキーワードから、可用性絡みの出題……デュアルシステムとデュプレックスシステムのどちらかだな、と即断できるところまでは準備して本試験に臨みたいです。

デュアルシステムは同じシステムを2台並列で動かし、その結果を照合していく、信頼性の高いシステムです。対してデュプレックスシステムは機材を2台用意しつつ、主系でクリティカルミッションを、従系でサブミッションやバッチ処理を行います。デュアルシステムよりコスパがよくなりますが、主系の正常機能時には従系で待機が生じたり、切り替え時に時間がかかったりします。

答：**イ**（→関連：p.352）

6-2 セキュリティシステム戦略

重要度：★★☆

情報システムは、今や企業活動の要である。したがって、その運用は効率的・合目的的でなければいけない。また、システムに関わる要員の士気や知識、技術を常に高め続けることも重要である。

POINT

- コーポレートガバナンスで業務効率と業務信頼性、法令遵守を実現
- そのための手段として、内部統制を確立する
- インシデント時の初動処理として何をするかは頻出！ ネットワーク切断と管理者への報告！

6-2-1 ITガバナンス

コーポレートガバナンス

人の目がないと仕事をサボる人がいますが、仕事を依頼する人や、成果物を購入する人から見たらこれは迷惑な話です。そこで、ちゃんと仕事しているか監視しようという発想が生まれました。

最初に出てきたのは、コーポレートガバナンス（企業統治）で、これが一番有名です。株主をはじめとするステークホルダが経営者を監視することで、公平で素早い意思決定や、真っ当でバランスよく仕事を進めるわけです。

コーポレートガバナンスでは、内部統制をツールとして使います。業務の有効性と効率性、法令遵守などを達成するためのしくみです。内部統制を構築し、PDCAサイクルを回すことで、企業の構成員全員がかかわって、効率よく、ごまかしなどをせず、法律や規範を守って仕事ができるようになります。

用語

▶ **割れ窓理論**
割れ窓のような軽微な瑕疵でも、放置しておくと、さらに重大な犯罪を誘発するとする理論。軽微なルール違反もきちんと取り締まる必要がある。

ITガバナンス

コーポレートガバナンスにはさまざまな側面がありま

すが、その中でも必要不可欠と言えるのがITガバナンスです。今や多くの企業がITなしには運営できなくなっており、ITの最適な効率性、信頼性、安全性確保のためには、ITにもしっかり統制と資源を投入しなければなりません。そのポイントは情報リスクマネジメント、準拠性マネジメント、パフォーマンスマネジメントの三つです。

参照

▶ 情報セキュリティポリシ
→p.143

▶ 情報セキュリティマネジメントシステム
→p.157

情報リスクマネジメント

情報セキュリティポリシ（決めごと）と、それを根拠として運用される情報セキュリティマネジメントシステムがリスクマネジメントの軸になります。ポリシやシステムを死文化させないこと、リスク0といった荒唐無稽、あるいは費用対効果の悪い目標を掲げるのではなく、適切な受容水準を決めることがポイントになります。

〔リスクマネジメントのポイント〕

- 放っておくと、どんなにいいポリシやシステムも形骸化する
- 費用と効果のバランスから、受容水準を適切に定める
- 監視の具体的な手段として、システム監査がある

準拠性マネジメント

準拠性とは、規範や基準を守っているかどうかということです。

ITガバナンスでも、コーポレートガバナンスと同じように、目標を定めてそれを達成するのに最も効率的な活動を整えていきます。ただし、近年この「目標」と「活動」には社会からの眼差しが注がれています。たとえば、「収益の最大化」は経営目標としては正しいですが、そのために従業員に100時間の残業をさせるのは、社会からの同意と共感を得ることができないでしょう。

そのため、社会規範や各種のガイドラインに沿い、自社および顧客、取引先をリスクから守ります。

用語

▶ **コンプライアンス**
法律などを守ること。法令順守。準拠。

▼ 求められる各種規範への準拠

パフォーマンスマネジメント

ITに投じた資源から、適切なリターンを得るための取り組みです。

以前のITは、たとえば広告と同じように、どれだけの投資効果があったかわかりにくい側面を持っていました。しかし、産業として成熟し、またITが発展していくなかで、リターンを可視化・定量化して管理することが要求されるようになりました。

可視化といっても、特に難しいことをするわけではありません。ABC分析などのツールを使って、意思決定の資料とします。

用語

▶ **ABC分析**
複数の要素から、重要度の高いものを抽出するツール。

6-2-2 セキュリティシステムの実装・運用

セキュリティ製品の導入

セキュリティシステムの構築／運用時にセキュリティ製品を購入する場合は、その選定はポリシにしたがって、慎重に行わねばなりません。「どちらの製品なら、自社のセキュリティポリシを満たせるか」といった出題は、他分野の過去問の定番です。

— MEMO —

ハードウェアだけでなく、ソフトウェアやサービスも含まれる。

▼ セキュリティシステムの実装

セキュリティ分野には多くのベンダが参入し、多種類の製品が販売されているので、自社業務・自社要件に適した製品を選定することが重要になります。

若い業務分野にみられる傾向ですが、カタログなどの属性が統一されておらず、各社製品の比較選定がしにくい場合があります。比較のための一つの目安としてISO/IEC 15408があるので、活用するとよいでしょう。

また、各社製品をマトリクスチャートにする手法もよく採用されます。

用語

▶ **ISO/IEC 15408**
情報システム機器に対して、その製品が持つセキュリティレベルを表すための基準。日本国内では、JIS X 5070として翻訳されている。

製品比較のポイント

製品比較を行う際には一般的な比較属性に、その比較属性に対して自社が期待する重要度を加味することがポイントです。

例えば、厳重なファシリティチェックをすでに装備している会社では、製品の本人認証機能はそれほど重要ではないかもしれません。それにお金をかけた製品よりは、違う機能を盛り込んだ製品を選択した方が、結果として効率的な投資ができる可能性があります。

用語

▶ **ファシリティチェック**
物理的な入退室管理などを指す。

製品比較の例

	A社製品	B社製品	C社製品	当社にとっての重要度	A社製品（補正）	B社製品（補正）	C社製品（補正）
機能	7	2	8	5	35	10	40
操作性	10	6	5	1	10	6	5
業務適合性	4	7	8	7	28	49	56
メンテナンス性	3	7	8	4	12	28	32
価格	9	3	2	3	27	9	6
総合評価	33	25	31		112	102	139

なお、初期導入時のカタログスペックだけに固執して、運用コスト、保守コストを考慮しない、というのはありがちなミスで、狙われやすいところです。

また、セキュリティ製品の場合はとくに購入後の保守性が重要です。完璧な製品は存在しませんが、リリース後のアップデートによって製品が完璧に近づくことはあります。セキュリティ製品は購入後にも育ち続けるといってよいでしょう。そのため、購入時にどれだけよい評価の製品であっても、その後のサポート体制によっては悪い製品になってしまう場合があります。

ペネトレーションテストの実施

製品導入時にテストはつきものですが、セキュリティ製品に特徴的なテスト方法として、ペネトレーションテストがあります。

ペネトレーションテストとは疑似攻撃テストです。実装した自社システムに対して、実際のクラッカーが用いるのと同じ攻撃手段で攻撃を実施して、ファイアウォールや公開サーバに対するセキュリティホールや設定ミスの有無といった脆弱性をチェックします。

ペネトレーションテストは、自社要員が行っても構いませんが、サービスとしてこれを行うベンダも増えています。

ペネトレーションテスト

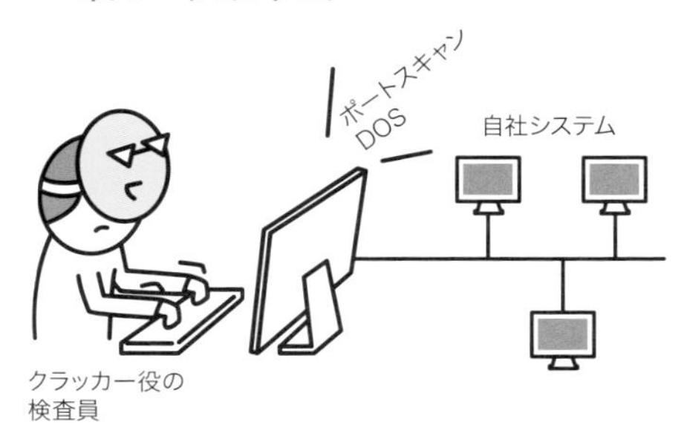

疑似攻撃とはいうものの、ペネトレーションテストでは疑似DoSなども行われるため、IDSの検出チェックで検出されたり、実際に自社業務に被害を与えたりする可能性があります。そのため、実施に際しては注意が必要です。

社員教育の成果をみるために、周知を行わずにペネトレーションテストを行った結果、異常を検出した担当者がネットワークを遮断してしまい業務が止まったとい

用語

▶ **ボリュームライセンス**
ソフトウェアを大量導入する際のライセンス購入方法。一括して購入することで、個人向けのパッケージより大幅に割引されることが多い。DVDなどの媒体やマニュアル類は最低限が納品され、シリアルナンバーなどの使用権が必要数与えられる。

▶ **サイトライセンス**
ソフトウェアのライセンスを組織単位で購入する方法。ベンダによって微妙に言葉の使い方が異なるが、ボリュームライセンスは数量を基準に購入し、サイトライセンスは組織まるごとで購入するという場合が多い。

参照

▶ **IDS**
→p.219

う事例もあります。抜き打ち検査にするか、検査対象はどうするか、といった事項は周到に用意しなければなりません。

また、ペネトレーションテストを実施するベンダにとっても、実際の攻撃手法を用いるので、後に問題が生じないよう、事前に免責事項を含めた契約を取り交わすのが一般的です。

— MEMO —

セキュリティパッチの導入は、システムの書き換えにほかならない。したがって、業務アプリケーションへの悪影響も考えられる。企業ユーザはこれを憂慮するためセキュリティパッチの適用を忌避する傾向がある。テスト環境を整備して、セキュリティパッチの評価をすることが重要。

セキュリティパッチの適用

OSやアプリケーションなど、システムを構成する各要素は常に脆弱性が発見され続けます。例えば、何らかの機能が存在すれば、それを悪用して仕様にはない動作をさせることができます。つまり、システムに対して脆弱性が発見されるのはある意味で避けようがありません。

現状のソフトウェア工学では、できるだけ仕様通りにしか使えない製品を設計し、それでもクラッカーが悪用する方法を見つけた場合は**セキュリティパッチ**とよばれる修正プログラムでこれをふさぐ方法をとるしかありません。

セキュリティパッチのアナウンスはベンダによって行われますが、その方法はまちまちです。パッチの公開が遅いベンダや、そもそも存在しないベンダもあるので、ベンダの選定は慎重に行います。

セキュリティパッチのアナウンス

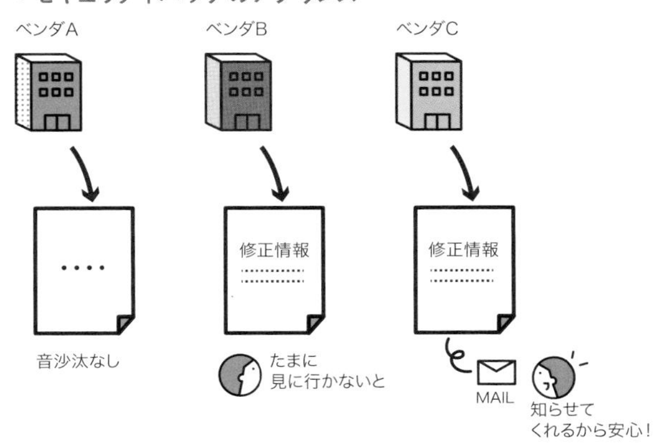

ベンダニュートラルなセキュリティ情報を配信している機関としてJPCERT/CCがあります。JPCERT/CCのホームページはこまめにチェックするとよいでしょう。また、メールの配信サービスもあります。こうした情報のチェックはクラッカーの方が熱心なので、公開された脆弱性に関しては早急に対応する必要があります。

セキュリティホール情報の公開は、クラッカーにとっても貴重な情報です。公開されたセキュリティホールを放置しておくことは、重大なセキュリティインシデントをひき起こします。セキュリティ管理者はこうした情報に敏感でなくてはなりません。セキュリティホール情報が公開されてから、そのホールをついたウイルスが出回るまでの期間はどんどん短くなってきています。

参照

▶ JPCERT/CC
→p.175

— MEMO —

セキュリティホール情報が公開される前に、そのセキュリティホールをついた攻撃が行われる「ゼロデイ攻撃」は現実の脅威になっている。

6-2-3 セキュリティインシデントへの対応

セキュリティインシデントの対応手順

不正侵入などのセキュリティ事故をセキュリティインシデントといいます。セキュリティインシデントに直面した場合、なんの予備知識もなくその状況に素早く対応できる管理者はまれです。一般ユーザであれば特にその傾向は強くなります。

インシデントに適切に対応するためには、対応手順を事前に整備して、常に利用可能な状態にしておくことが重要です。

インシデントへの対応手順は各企業によって異なるはずですが、手順整備の手間を省き漏れを少なくするためにJPCERT(コンピュータ緊急対応センター)が技術メモを発表しています。これをベースに自社業務に見合う手順を策定するとよいでしょう。

用語

▶ FAQ
Frequently Asked Question。よくある質問に対する回答集。多くの人が質問しそうな項目について、あらかじめ回答集を作成して公開しておくことで、ヘルプデスクなどの負担を減らす。

初動処理

インシデントが拡大するか、最小限の被害に止められるかは初動処理でほぼ決まってしまいます。初動処理でいちばんやってはいけないのは、インシデントを発見したユーザがその場で対応しようとすることです。

仮にユーザが自分で対処できる範囲内のインシデントだと思っても、必ず手順を確認して作業記録を作成し、セキュリティ管理者に報告する必要があります。作業記録は、復旧作業や事後的な原因の特定に必要になるため、必ず文書の形で残します。

セキュリティ管理者はインシデントの事実を確認し、スナップショットを保存した後にネットワークからの遮断を行います。重要なのは原因の特定や復旧は後回しにして、インシデント対象を切り離し被害の拡大を制御することです。このとき、スナップショットを保存するのは、後から被害時のシステム状態を検査するためです。

— MEMO —

JPCERT/CCが挙げているインシデント対応の一般的な作業項目は以下のとおり。

- 手順の確認
- 作業記録の作成
- 責任者、担当者への連絡
- 事実の確認
- スナップショットの保存
- ネットワーク接続やシステムの遮断もしくは停止
- 影響範囲の特定
- 渉外、関係サイトへの連絡
- 要因の特定
- システムの復旧
- 再発防止策の実施
- 監視体制の強化
- 作業結果の報告
- 作業の評価、ポリシ・運用体制・運用手順の見直し

用語

▶ **スナップショット**
稼働中のシステムの状態をあるタイミングで抜き出し、保存したもの。

▼ 初動処理

影響範囲の特定と要因の特定

セキュリティ管理者は、次に他システムへの影響などを評価します。場合によっては他社やマスコミへの通告が必要になる可能性もあります。こうした通告により協力体制を築くのが狙いですが、リスクになる場合もあるので注意が必要です。

要因を特定するまでは、復旧フェーズに入ることはできません。復旧してもすぐに再発すること（ピンポン感染）が予測されるからです。

▼ピンポン感染

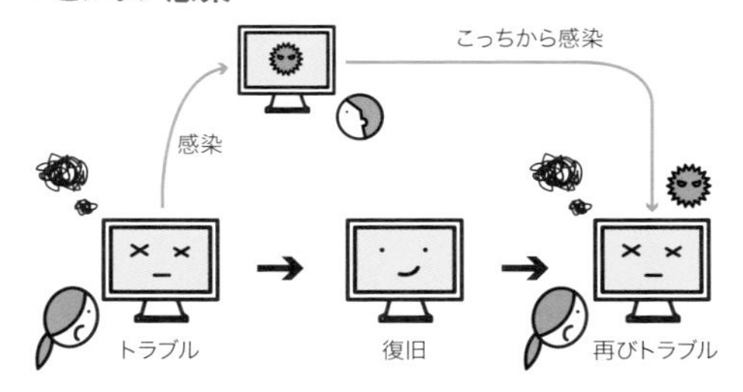

なお、障害が発生し、その影響下にあるにも関わらず、業務を続行している部署が存在していたり、インシデントの要因を特定しないでシステムを復旧させたりしたため、さらに大きな二次インシデントが発生した、というシチュエーションも出題が予想されます。本試験では、「停止することが困難な業務」などという条件で誤答を導くことが予想されますが、セキュリティに関しては例外を作らない原則を守ることが重要です。

システムの復旧と再発防止

要因を特定できた場合、その要因を除去した後にシステムを復旧させます。システムが被った被害によっては、最新の状態で復旧することができない場合もあります。バックアップがなされていないケースなどでは、配布メディアからの再インストールが必要になることもあります。

— MEMO —
再インストールにかかる時間的コストを圧縮するため、ディスクイメージのコピーを取得しておくなどの方法がある。

要因の除去が一時的なものであった場合は、それを恒久的なものにするために再発防止策を策定します。再発防止策が安定するまでは監視体制を強化するのが一般的です。

これら一連の作業記録は、再発防止と次回インシデント発生時の対応時間を短縮するために、体系化され報告されます。報告の内容により、セキュリティ上の改善点が発見された場合はセキュリティポリシやプロシジャを更新する必要も生じます。

試験問題を解いてみよう

平成30年度秋期　情報セキュリティマネジメント試験　午前問8

JIS Q 27014:2015（情報セキュリティガバナンス）における、情報セキュリティガバナンスの範囲とITガバナンスの範囲に関する記述のうち、適切なものはどれか。

ア　情報セキュリティガバナンスの範囲とITガバナンスの範囲は重複する場合がある。
イ　情報セキュリティガバナンスの範囲とITガバナンスの範囲は重複せず、それぞれが独立している。
ウ　情報セキュリティガバナンスの範囲はITガバナンスの範囲に包含されている。
エ　情報セキュリティガバナンスの範囲はITガバナンスの範囲を包含している。

平成31年度春期　情報セキュリティマネジメント試験　午前問18

ペネトレーションテストに該当するものはどれか。

ア　検査対象の実行プログラムの設計書、ソースコードに着目し、開発プロセスの各工程にセキュリティ上の問題がないかどうかをツールや目視で確認する。
イ　公開Webサーバの各コンテンツファイルのハッシュ値を管理し、定期的に各ファイルから生成したハッシュ値と一致するかどうかを確認する。
ウ　公開Webサーバや組織のネットワークの脆弱（ぜい）性を探索し、サーバに実際に侵入できるかどうかを確認する。
エ　内部ネットワークのサーバやネットワーク機器のIPFIX情報から、各PCの通信に異常な振る舞いがないかどうかを確認する。

平成26年度秋期　ITパスポート試験　問50

スマートフォンの取扱いに関する記述のうち、セキュリティの観点から不適切な行動はどれか。

ア　スマートフォン内の消えてしまうと困るデータは、スマートフォンとは別の場所に暗号化して保存する。
イ　スマートフォンにもウイルスは感染する可能性があるので、ウイルス対策ソフトを導入する。
ウ　スマートフォンの購入時が最もセキュリティが高い状態なので、OSの更新はしないで使い続ける。
エ　スマートフォンを紛失した場合、遠隔からの強制ロックとデータの強制削除を行う。

解説 1

情報セキュリティガバナンスはISO/IEC 27014で、ITガバナンスはISO/IEC 38500で、それぞれ規定されています。両者の範囲は一部重複します。

答：**ア**（→関連：p.362）

解説 2

ペネトレーションテストは、よく疑似攻撃と訳されます。その名のとおり、評価対象の情報システムに（疑似）攻撃をしかけ、侵入などが可能かどうかを試す方法です。

答：**ウ**（→関連：p.366）

解説 3

スマートフォンもPCと同様で、OSやアプリケーションなどのソフトウェアに脆弱性が発見される可能性が常にあります。ベンダはセキュリティパッチなどを配布するので、常に最新の状態に更新し続けるのが正しい行動です。

答：**ウ**（→関連：p.367）

6-3 プロジェクトマネジメント

重要度：★☆☆

大規模化し、納期は短縮化しているプロジェクトを、経験や勘にのみに頼らずに成功に導くために、秩序だったプロジェクトマネジメント手法が確立してきた。最も普及しているのがPMBOKである。

POINT

- PMBOKはプロジェクトマネジメント手法の大本命。最初にプロジェクト憲章！
- アローダイヤグラムではクリティカルパスの計算方法を復習！
- WBSとは → 作業を細かく分割・構造化して、管理しやすくする手法

6-3-1 プロジェクトマネジメント手法

用語

▶ **プロジェクト**
特定の目的を達成するための計画とその実行。有期のプロジェクトチームを組んで遂行する。

プロジェクトマネジメントとは

プロジェクトマネジメントに取り組む際の前提として、「プロジェクトは放っておくと失敗する」ことは、頭に入れておきましょう。複数人で行う共同作業はたいていうまくいきません。成功するのは、高い能力と士気を持ったメンバが、強固な信頼関係と強い意志、緊密なコミュニケーションにより、共通の目的に取り組んだ場合です。すなわち、現実にはほとんど存在しないわけです。

— MEMO —

リスク（ここでは危険だけでなく、未確定要素の意味も含む）はライフサイクルの最初の方が大きい。最初の方で間違いをおかすと、修正するための時間的、資金的コストが大きくなるため。また、プロジェクト開始時は企画プロセスなどを少ない要員で実行するが、この部分の重要性は高い。

すべてを管理するのは、気が遠くなるような作業

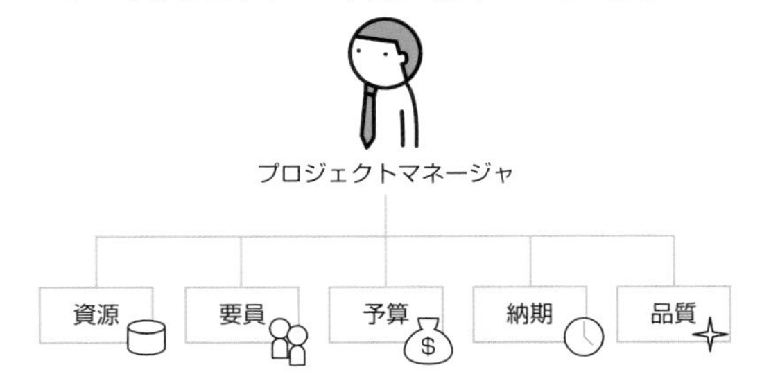

平凡な集団でも、納期や予算を守るための取り組みがプロジェクトマネジメントであり、そのためのツール類

がプロジェクトマネジメント手法です。各種のプロジェクトマネジメント手法は、それまでマネージャの勘に頼っていた進捗、コスト、人的資源、製品品質などを数値化して管理します。

プロジェクトマネージャ

プロジェクトをまとめる人、現場監督です。与えられた資源に対して王様のような権限を持っていますが、与えられた納期や予算を厳守しないとすぐに居場所がなくなります。そこで、プロジェクトマネージャを支援する手法もたくさん開発されました。

アローダイアグラム

作業の流れや、依存関係を可視化するツールです。プロジェクトの全体像を把握するのに向いています。矢印で作業を、○で作業の結合点を表します。下の業務の場合、A→C→Fルート(11日間)、A→D→Gルート(15日間)、B→E→Gルート(15日間)の作業が存在し、全体では15日間かかることがわかります。

B→E→Gルートは、5の結合点でDの作業終了を待つ必要があるため、15日間かかることに注意してください。

用語

▶ PERT
複雑なプロジェクトを分析して、単純化・可視化する手法。ここで作られる図がPERT図(アローダイアグラム)。

アローダイアグラム

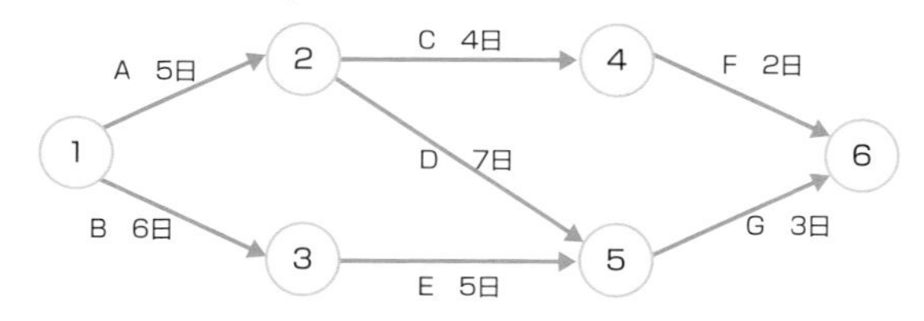

最早結合点時刻

次の作業が始められる日程です。5の結合点では、作業Eは11日目に終わりますが、12日目に終わる作業Dを待たないと、作業Gが始められません。したがって、最早結合点時刻は12日目です。

— MEMO —

クリティカルパスは、もっとも長い経路となっている。また、すべての結合点の最早結合点時刻と最遅結合点時刻が同一になっている。

最遅結合点時刻

全体に影響を与えずに、最も作業を遅らせた日程です。4の結合点は作業Fを10日目に始め、11日間でA→C→Fルートの作業を終了します。しかし作業全体では15日間かかるので、作業Fのスタートは4日間なら遅らせることができます。したがって、作業Cは13日目までに終わっていればよく、最遅結合点時刻は13日目です。

「ここの作業が遅れると、全体の遅れに直結する」ルートのことを**クリティカルパス**と呼びます。図ではA→D→Gルートがクリティカルパスです。

6-3-2 PMBOK

PMBOK

▶ **PMBOK**
Guide to the Project Management Body of Knowledge

PMBOK（ピンボック）はプロジェクトマネジメントに使える手法や原則をまとめたもので、実務でも一般的に利用されています。第6版までと現行の第7版でかなり違いがありますので、古い過去問で演習をするときは気をつけてください。

第6版までは品質やコスト、納期を守ることを目的に、プロセスでそれを実現しようとしていました。第7版は価値をいかに提供するかが目的で、そのための手段がプロセスから原則に変わっています。

もう少しかみ砕くなら、従来のPMBOKがウォーターフォール的な開発を想定していたのに対して、PMBOK第7版はアジャイル的な要素が濃くなっています。原則に適応力や復元力、行動領域に不確実性への対応が入っていることが、第7版の特徴をよく表しています。変化するシステム開発の実状にあわせた改訂と言えるでしょう。

〔PMBOKの構成〕

12のプリンシプル（原則）

・スチュワードシップ（責任感、倫理観）

・協力し合うチーム環境

・ステークホルダーとの連携
・価値創造の重視
・システムを俯瞰して行動する
・リーダーシップ
・テーラリング
・品質をプロセスと成果物に組み込む
・事態の複雑さに対応する
・リスクに対応する
・適応力とレジリエンス（復元力）をつける
・あるべき未来（To Be）を変化によって導く

8のパフォーマンスドメイン（行動領域）
・ステークホルダー
・チーム
・開発アプローチとライフサイクル
・計画
・プロジェクト作業
・デリバリー（提供）
・測定
・不確実性への対応

WBS

最終成果物を定めて（スコープ）、そこに至る作業や予算をきちんと管理しよう、とかけ声をかけるのは簡単ですが、実際に行うのは至難を極めます。最終成果物はかなり大きなものであるので、どんな作業やどのくらいの予算が必要かは予測しにくいのです。

そこで、最終成果物を、もっと細かい中間成果物に分けて、それを作るための作業や予算を割り出します。すると、予測精度や管理精度を上げることができるのです。この作業分割作業、もしくは作業分割図のことをWBSといいます。

たとえば「本を作る！」だと予算や納期は検討もつきませんが、「イラストレータさんに絵を1枚描いてもらう」

▶ WBS
Work Breakdown Structure

— MEMO —

やりようによっては、階層化でどんどん作業を細かくできる。しかし、あまり細かくしすぎると、今度はそれをまとめる作業と管理が大変になる。

だとかなり見通しが利きます。

▼本作りをブレイクダウン

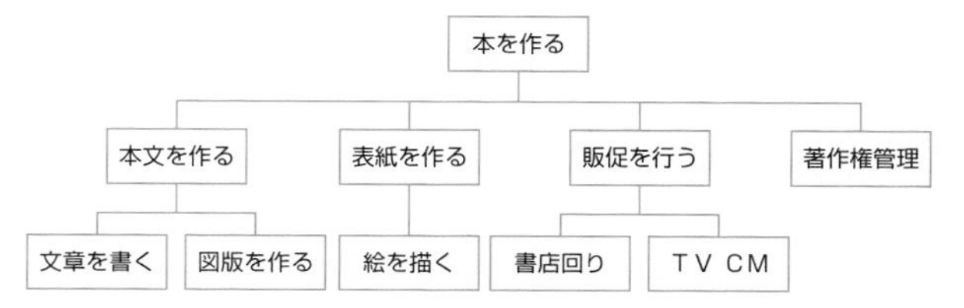

試験問題を解いてみよう

平成29年度春期　情報セキュリティマネジメント試験　午前問43

図のアローダイアグラムで表されるプロジェクトは、完了までに最短で何日を要するか。

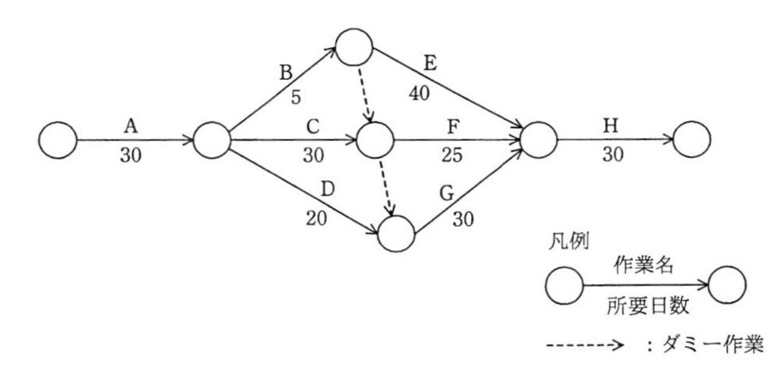

ア　105　　イ　115　　ウ　120　　エ　125

令和元年度秋期　情報セキュリティマネジメント試験　午前問43

プロジェクトライフサイクルの一般的な特性はどれか。

ア　開発要員数は、プロジェクト開始時が最多であり、プロジェクトが進むにつれて減少し、完了に近づくと再度増加する。

イ　ステークホルダがコストを変えずにプロジェクトの成果物に対して及ぼすことができる影響の度合いは、プロジェクト完了直前が最も大きくなる。

ウ　プロジェクトが完了に近づくほど、変更やエラーの修正がプロジェクトに影響する度合いは小さくなる。

エ　リスクは、プロジェクトが完了に近づくにつれて減少する。

解説
1

単純に考えると、

A→B→E→Hルート　105日

A→C→F→Hルート　115日

A→D→G→Hルート　110日

のように思われますが、点線で示されたダミー作業があることに注意しなければなりません。上のダミー作業では待ち時間が発生しませんが、下のダミー作業ではプロセスGのスタートが10日間待たされます。したがって、A→D→G→Hルートの所要時間は120日となって、これが全体の所要時間となります。

答：**ウ**（→関連：p.374）

解説
2

ア　たとえば企画段階よりも、開発段階の方が多くの人がかかわります。
イ　完了直前に何かを変えようとすれば、途方もない手戻りが発生します。
ウ　遡って直さないといけないので、影響する度合いは大きくなります。
エ　正解です。

答：**エ**（→関連：p.373）

6-4 企業の活動と統治

重要度：★☆☆

「自社を知る」タイプの知識が強く求められる単元。財務諸表などのツールを使い、自社の状況を定量的・定性的に把握する技術を身につけよう。また、顧客視点はIT分野でも確実に求められている。JIS Q 20000の出題は今後も増すと予想される。

POINT

- 営業利益＝売上総利益－販売費及び一般管理費
- 損益分岐点xは、x＝x×変動費率＋固定費
- JIS Q 20000のインシデント管理は初動処理、問題管理は根本的解決のこと

6-4-1 財務・会計

財務諸表

お金の観点から、企業の動きを可視化するのが財務諸表です。いくらいいものを作っても、とんでもないものに投資したり、売掛金の回収に失敗したりすれば、企業はつぶれてしまいます。本試験対策としては、損益計算書が読めるようになっていれば大丈夫です。

損益計算書は、ある期間の経営状態をあらわす表です。何で儲けているのか、何で使っているのかが一目瞭然です。頻出の項目をしっかり理解しておきましょう。

用語

▶ **売掛金**
商品やサービスを売ったものの、まだもらっていない代金。

各項目の関係

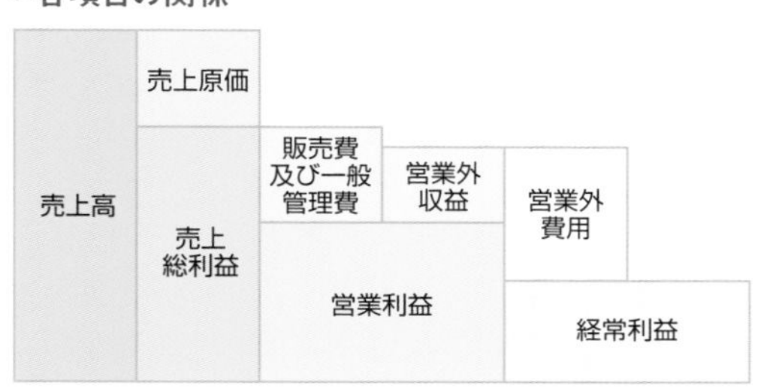

売上総利益（粗利益）＝売上高－売上原価

儲けです。これで企業の競争力が判明します。売ったお金から、作るのにかかった費用を引いています。

営業利益＝売上総利益－販売費及び一般管理費

販売費及び一般管理費というのは、作るのに直接かかったわけではないお金（広告費とか）です。これを売上総利益から引くと本業での利益を示します。

経常利益＝営業利益＋営業外収益－営業外費用

ここで出ている「営業」とは、本業のことです。本業以外の儲け（営業外収益：大学なのに株で儲けるとか）を足して、本業以外の費用（営業外費用：ローンの利息とか）を引くと、企業の資金運用の実力がわかります。

損益分岐点

たくさん売ると儲かります。当たり前の話ですが、どうしてそうなっているのでしょう？　ものを作る費用には、必ずかかる固定費と、作った分だけかかる変動費があります。例えば、たこ焼き屋でいえばたこ焼き器が固定費で、小麦粉などの材料が変動費です。当然、変動費より高い値段で売って儲けをだすわけですが、少ししか売れないと固定費の分がまかなえず、赤字になります。だんだん売れていったときに、「赤字じゃなくなったぞ！」という地点のことを、損益分岐点といいます。

損益分岐点

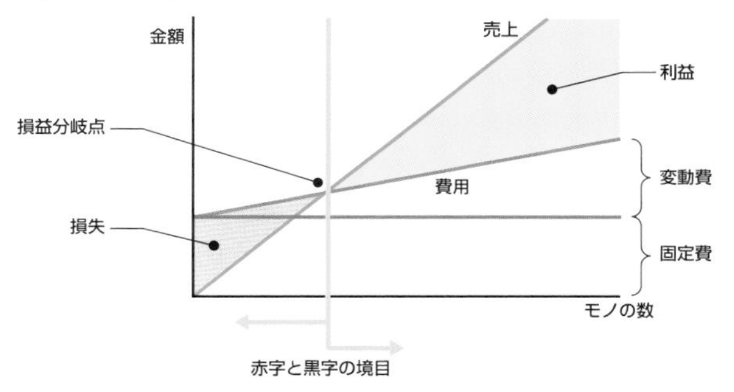

変動費率

　変動費と売上は比例しますから、その比率は計算によって導くことができます。200円で作った商品を、500円で売るとしたら、
200円÷500円＝0.4
　変動費率は0.4、すなわち40％です。

損益分岐点の計算式

　変動費率が高い商品は、売上と利益のリンクの度合いが強くなります。固定費率が高いと、売上が損益分岐点を超えた後に、急速に儲かるようになります。
　また、損益分岐点xは、x＝x×変動費率＋固定費で計算することができます。本によっては

$$x = \frac{固定費}{1 - 変動費率}$$

という式の場合もあります。どちらも同じ意味です。

減価償却

　ソフトウェアやハードウェアなどの固定資産の耐用年数を決めて、購入時の費用をその年数に分割して計算する方法が減価償却です。
　なぜそういうややこしいことをするかというと、高いものを買った年度に急に経営状態が悪化して見えたりすることを避けるためです。減価償却を用いると、会計と会社の実態のずれを埋め、売上と費用の関係をより正確に反映することができます。
　減価償却は計算方法によって定額法と定率法に分類できます。

定額法

　毎年同じだけ費用を計上する方法です。

定率法

　購入してすぐのころ（資産価値が高いころ）はたくさ

ん、時間がたってポンコツになってくると少しだけ費用を計上する方法です。

〔減価償却のポイント〕
・会計処理をより経営実態に近づけるのが目的
・定額法と定率法の違いは、費用の配分方法。最終的な額は一緒

6-4-2 JIS Q 20000

ITサービスマネジメント

ITの分野は不思議です。メモリや無線LANの子機がつながらなくても、「相性の問題ですね」で片づけられることがあります。一般的な商品であれば、靴に足が入らなかったとして「相性ですね」とはなりません。

そういうことはやめようということで、まずSLAという考え方が登場しました。達成すべきサービス水準を決めて、それを保証するものです。取り決めた内容を文書にしたものを、サービスレベル合意書といいます。

▶ SLA
Service Level Agreement

— MEMO —
公平な検証ができるように、定量化できる指標を設定する。

もちろん、適当に業務を行っていては、SLAで合意した内容のサービスを安定して提供し続けることは難しいでしょう。そこで、セキュリティなどの他の分野と同様に、ここでもマネジメントシステムを構築してPDCAサイクルを運営し、体系的にSLAを達成できるようにしくみ作りをします。

JIS Q 20000

ITサービスマネジメントを体系的に行うためのベストプラクティス（成功事例を標準化したもの）として、ITILが作られました。その後、ITILはISO/IEC 20000として国際標準化され、日本ではJIS Q 20000に和訳されています。他のマネジメントシステム同様、JIS Q 20000も認証規格になっており、JIS Q 20000-1が認証基準、JIS Q 20000-2がベストプラクティスです。ただのベス

▶ ITIL
IT Infrastructure Library

用語

▶ ベストプラクティス
「こうしたら上手くいった」というのを集めたもの。ガイドライン。ISO 27002もベストプラクティス。

トプラクティスだったITILと、ここが決定的に違うポイントになっています。

〔サービス提供プロセスの要求事項〕

- 新規サービス又はサービス変更の設計及び移行プロセス
- サービス提供プロセス
  - サービスレベル管理
  - サービスの報告
  - サービス継続性及び可用性管理
  - サービスの予算業務及び会計業務
  - 容量・能力管理
  - 情報セキュリティ管理
- 関係プロセス
  - 事業関係管理
  - 供給者管理
- 解決プロセス
  - インシデント及びサービス要求管理
  - 問題管理
- 統合的制御プロセス
  - 構成管理
  - 変更管理
- リリースプロセス
  - リリース及び展開管理

頻出問題に、インシデント管理と問題管理の区分けがあります。インシデント管理は事故起きたときに、サービスを継続、復旧させる活動です。問題管理はそれらの対応がすんだ後で、根本的な原因究明と再発防止を行うことです。

用語

▶ **エスカレーション（段階的取扱い）**
最初は自動応答で、それで解決できなければ末端担当者、それでもダメだと上司が出てくるというアレです。「最初に上司を出せ!」と思ってしまいますが、経営資源の効率的な配分に着目すると、それが正解となります。最初から偉い人だとコスパが悪いわけです。

参照

▶ **セキュリティインシデントへの対応**
→p.368

試験問題を解いてみよう

平成31年度春期　情報セキュリティマネジメント試験　午前問48

2種類のIT機器**a**、**b**の購入を検討している。それぞれの耐用年数を考慮して投資の回収期間を設定し、この投資で得られる利益の全額を投資額の回収に充てることにした。**a**、**b**それぞれにおいて、設定した回収期間で投資額を回収するために最低限必要となる年間利益に関する記述のうち、適切なものはどれか。ここで、年間利益は毎年均等とし、回収期間における利率は考慮しないものとする。

	a	b
投資額（万円）	90	300
回収期間（年）	3	5

ア　**a**と**b**は同額の年間利益が必要である。
イ　**a**は**b**の2倍の年間利益が必要である。
ウ　**b**は**a**の1.5倍の年間利益が必要である。
エ　bは**a**の2倍の年間利益が必要である。

平成30年度秋期　情報セキュリティマネジメント試験　午前問41

ITサービスマネジメントにおいて、SMS（サービスマネジメントシステム）の効果的な計画立案、運用及び管理を確実にするために、SLAやサービスカタログを文書化し、維持しなければならないのは誰か。

ア　経営者　　イ　顧客
ウ　サービス提供者　　エ　利用者

平成30年度春期　情報セキュリティマネジメント試験　午前問42

サービスデスク組織の構造とその特徴のうち、ローカルサービスデスクのものはどれか。

ア　サービスデスクを1拠点又は少数の場所に集中することによって、サービス要員を効率的に配置したり、大量のコールに対応したりすることができる。
イ　サービスデスクを利用者の近くに配置することによって、言語や文化が異なる利用者への対応、専門要員によるVIP対応などができる。
ウ　サービス要員が複数の地域や部門に分散していても、通信技術の利用によって単一のサービスデスクであるかのようにサービスが提供できる。
エ　分散拠点のサービス要員を含めた全員を中央で統括して管理することによって、統制のとれたサービスが提供できる。

令和元年度秋期　情報セキュリティマネジメント試験　午前問41

ITサービスマネジメントにおいて、“サービスに対する計画外の中断”、“サービスの品質の低下”、又は“顧客へのサービスにまだ影響していない事象”を何というか。

ア　インシデント　　イ　既知の誤り
ウ　変更要求　　エ　問題

―― 令和4年度　情報セキュリティマネジメント試験　サンプル問題　問39

あるデータセンタでは、受発注管理システムの運用サービスを提供している。次の受発注管理システムの運用中の事象において、インシデントに該当するものはどれか。

〔受発注管理システムの運用中の事象〕

夜間バッチ処理において、注文トランザクションデータから注文書を出力するプログラムが異常終了した。異常終了を検知した運用担当者から連絡を受けた保守担当者は、緊急出社してサービスを回復し、後日、異常終了の原因となったプログラムの誤りを修正した。

ア　異常終了の検知　　　イ　プログラムの誤り
ウ　プログラムの異常終了　　エ　保守担当者の緊急出社

―― 令和4年度　情報セキュリティマネジメント試験　サンプル問題　問47

表から、期末在庫品を先入先出法で評価した場合の期末の在庫評価額は何千円か。

摘要		数量（個）	単価（千円）
期首在庫		10	10
仕入	4月	1	11
	6月	2	12
	7月	3	13
	9月	4	14
期末在庫		12	

ア　132　　イ　138　　ウ　150　　エ　168

解説
1

aのパターンでは、90万円を3年間で回収しますので、90÷3=30で、年間30万円の利益が必要です。

bのパターンでは、300万円を5年間で回収しますから、300÷5=60により、年間60万円の利益が必要です。

これに合致する記述は、選択肢**エ**となります。

答:**エ**（→関連:p.382）

解説
2

ITILやISO 20000の知識を問うた設問です。頻出なのでおさえておきたい知識ではありますが、サービスの立案や管理、サービスカタログを作る責任が顧客、利用者にあるというのは変な話ですので、消去法でもサービス提供者へ絞り込めます。

答:**ウ**（→関連:p.383）

解説
3

ア　中央サービスデスクについての説明です。
イ　正解です。
ウ　ヴァーチャルサービスデスクについての説明です。
エ　フォロー・ザ・サンについての説明です。

答:**イ**（→関連:p.383）

解説
4

「サービスに対する計画外の中断、サービスの品質の低下、又は顧客若しくは利用者へのサービスにまだ影響していない事象」のことは、インシデントと定義されています。インシデントの原因のことを「問題」と呼んでおり、頻出なので明確に区別して覚えましょう。既知の誤りとは、根本原因が特定されている問題のことです。

答:**ア**（→関連:p.383）

解説 5

インシデントは「事故」か、「重大事象（アクシデント）に至る予兆」の意味合いで出題されます。サービスが止る、意図しない動作をする、不正侵入を試みられる、あたりが実例です。

ア　インシデントを見つけた理由です。インシデントそのものではありません。

イ　インシデントの原因です。

ウ　正解です。異常終了してサービスが止まりました。

エ　インシデントが起こった結果、たたき起こされて出社に至りました。

答：**ウ**（→関連：p.383）

解説 6

先入先出法と書かれているので、先に仕入れた物が先に出荷されると考えます。残っているもの（期末在庫）は12個ですから、これは新しいものから残されているはずです。したがって、9月（4個）＋7月（3個）＋6月（2個）＋4月（1個）＋期首（2個）がその内訳となります。あとは単価を計算していくだけです。

$$14\times4 + 13\times3 + 12\times2 + 11\times1 + 10\times2 = 150$$

単位は千円ですから、150千円が正答です。

答：**ウ**（→関連：p.380）

科目B問題対策

7-1 標的型攻撃メールへの対応訓練

情報セキュリティマネジメント試験 科目B試験サンプル問題 問1

A社は、スマートフォン用のアプリケーションソフトウェアを開発・販売する従業員100名のIT会社である。A社には、営業部、開発部、情報システム部などがある。情報システム部には、従業員からの情報セキュリティに関わる問合せに対応する者（以下、問合せ対応者という）が所属している。

A社は、社内の無線LANだけに接続できるノートPC（以下、NPCという）を従業員に貸与している。A社の従業員は、NPCから社内ネットワーク上の共有ファイルサーバ、メールサーバなどを利用している。A社の従業員は、ファイル共有には、共有ファイルサーバ及びSaaS型のチャットサービスを利用している。

A社は、不審な点がある電子メール（以下、電子メールをメールといい、不審な点があるメールを不審メールという）を受信した場合に備えて、図1の不審メール対応手順を定めている。

【メール受信者の手順】
1 メールを受信した場合は，差出人や宛先のメールアドレス，件名，本文などを確認する。
2 少しでも不審メールの可能性がある場合は，添付ファイルを開封したり，本文中の URL をクリックしたりしない。
3 少しでも不審メールの可能性がある場合は，問合せ対応者に連絡する。

【問合せ対応者の手順】
（省略）

図１　不審メール対応手順

ある日、不審メール対応手順が十分であるかどうかを検証することを目的とした、標的型攻撃メールへの対応訓練（以下、A訓練という）を、営業部を対象に実施することがA社の経営会議で検討された。営業部の情報セキュリティリーダであるB主任が、マルウェア感染を想定したA訓練の計画を策定し、計画は経営会議で承認された。

今回のA訓練では、PDFファイルを装ったファイルをメールに添付して、営業部員1人ずつに送信する。このファイルを開くとPCが擬似マルウェアに感染し、全文が文字化けしたテキストが表示される。B主任は、A訓練を実施した後、表1に課題と解決案をまとめて、後日、経営会議で報告した。

POINT  開くとまずいんですよね。

表1　課題と解決案（抜粋）

課題No.	課題	解決案
課題1	不審メールだと気付いた営業部員が，注意喚起するために部内の連絡用のメーリングリスト宛てに添付ファイルを付けたまま転送している。	不審メール対応手順の【メール受信者の手順】の3を，“少しでも不審メールの可能性がある場合は，問合せ対応者に連絡した上で，　a　”に修正する。
課題2	（省略）	（省略）

POINT 2　注意喚起するために転送すること自体はいいんです。でも、転送のやり方によっては二次被害が拡大するかもしれません。この場合はあやしい添付ファイルを付けたままなので……。

設問　表1中の　a　に入れる字句はどれか。解答群のうち、最も適切なものを選べ。

解答群

ア　注意喚起するために、同じ部の全従業員のメールアドレスを宛先として、添付ファイルを付けたまま、又は本文中のURLを記載したまま不審メールを転送する。

イ　注意喚起するために、全従業員への連絡用のメーリングリスト宛てに添付ファイルを付けたまま、又は本文中のURLを記載したまま不審メールを転送する。

ウ　添付ファイルを付けたまま、又は本文中のURLを記載したまま不審メールを共有ファイルサーバに保存して、同じ部の全従業員がアクセスできるようにし、メールは使わずに口答、チャット、電話などで同じ部の全従業員に注意喚起する。

エ　問合せ対応者の指示がなくても、不審メールを問合せ対応者に転送する。

オ　問合せ対応者の指示に従い、不審メールを問合せ対応者に転送する。

解説

不審メール対応手順が十分であるかどうかの検証が主題になっている設問です。不審メール対応手順は、図1としてまとめられています。

【メール受信者の手順】
1 メールを受信した場合は，差出人や宛先のメールアドレス，件名，本文などを確認する。
2 少しでも不審メールの可能性がある場合は，添付ファイルを開封したり，本文中の URL をクリックしたりしない。
3 少しでも不審メールの可能性がある場合は，問合せ対応者に連絡する。

【問合せ対応者の手順】
（省略）

図1　不審メール対応手順

そもそも、リテラシの低い要員には、「少しでも不審メールの可能性がある」かどうかの判断が難しいので、まずはセキュリティ教育が必要という着眼点が必要になってくるのですが、情報セキュリティマネジメント試験だとその辺の前提条件は問われません。従業員は不審メールを識別可能という前提で、話が進んでいきます。

不審メール対応手順の適格性を調べるために、B主任が疑似攻撃テスト（ペネトレーションテスト、p.366参照）を行いました。その結果、課題が見えてきたので、解決策をまとめましたというシナリオの問題です。受験者は解決策を検討することになります。課題と解決案は表1にまとめられています。

表1　課題と解決案（抜粋）

課題 No.	課題	解決案
課題 1	不審メールだと気付いた営業部員が，注意喚起するために部内の連絡用のメーリングリスト宛てに添付ファイルを付けたまま転送している。	不審メール対応手順の【メール受信者の手順】の 3 を，“少しでも不審メールの可能性がある場合は，問合せ対応者に連絡した上で，［ a ］”に修正する。
課題 2	（省略）	（省略）

まず課題ですが、「不審メールだと気付いた営業部員が、注意喚起するために部内の連絡用のメーリングリスト宛てに添付ファイルを付けたまま転送している」とあります。

図1の対応手順に、

3 少しでも不審メールの可能性がある場合は、問合せ対応者に連絡する。

とありますから、

・不審メールだと気付いた
・手順にしたがって、連絡した

が実行できていて、この営業部員さんはだいぶ頑張っています。しかし、

・部内の連絡用のメーリングリスト宛てに
・添付ファイルを付けたまま転送した

のはまずかったです。

規程では、問合せ対応者に連絡すればよいことになっています。部内連絡用メーリングリストに送信したのは、明らかに範囲が大きすぎです。しかも、添付ファイル（疑似マルウェア）を付けたまま転送しているので、誰かが開いて感染が拡大するでしょう。

したがって、**連絡先は問合せ対応者に限定すべきです。**

これでOKでしょうか？

悪くはないですが、もう一つ検討したい事項があります。問合せ対応者はセキュリティに詳しい人が担っているでしょうが、それでもうっかりファイルを開いてしまう可能性はあります。

だからといって、添付ファイルを送って確認してもらわないと、リスクの実態を分析することができません。

したがって、

・取りあえず連絡（ファイルは添付しない）
・問合せ対応者から返事くる
・ファイルを送る

のように**段階を踏んで、確認をとりつつ事を進めるのが吉**です。

よって、正解は**オ**です。

7-2 Webサイトの脆弱性診断

情報セキュリティマネジメント試験 科目B試験サンプル問題 問2

国内外に複数の子会社をもつA社では、インターネットに公開するWebサイトについて、A社グループの脆弱性診断基準（以下、A社グループ基準という）を設けている。A社の子会社であるB社は、会員向けに製品を販売するWebサイト（以下、B社サイトという）を運営している。会員が2回目以降の配達先の入力を省略できるように、今年の8月、B社サイトにログイン機能を追加した。B社サイトは、会員の氏名、住所、電話番号、メールアドレスなどの会員情報も管理することになった。

B社では、11月に情報セキュリティ活動の一環として、A社グループ基準を基に自己点検を実施し、その結果を表1のとおりまとめた。

表1　B社自己点検結果（抜粋）

項番	点検項目	A社グループ基準	点検結果
(一)	Webアプリケーションプログラム（以下、Webアプリという）に対する脆弱性診断の実施	・インターネットに公開しているWebサイトについて、Webアプリの新規開発時、及び機能追加時に行う。 ・機能追加などの変更がない場合でも、年1回以上行う。	・毎年6月に、Webアプリに対する脆弱性診断を外部セキュリティベンダに依頼し、実施している。 ・今年は6月に脆弱性診断を実施し、脆弱性が2件検出された。
(二)	OS及びミドルウェアに対する脆弱性診断の実施	・インターネットに公開しているWebサイトについて、年1回以上行う。	・毎年10月に、B社サイトに対して行っている。 ・今年10月の脆弱性診断では、軽微な脆弱性が4件検出された。

POINT 1　グループってことですね。基準を満たさないといけません。

POINT 2 　6月にやってます。

POINT 3 　10月にもやってます。あれ？　基準を照らし合わせると……。

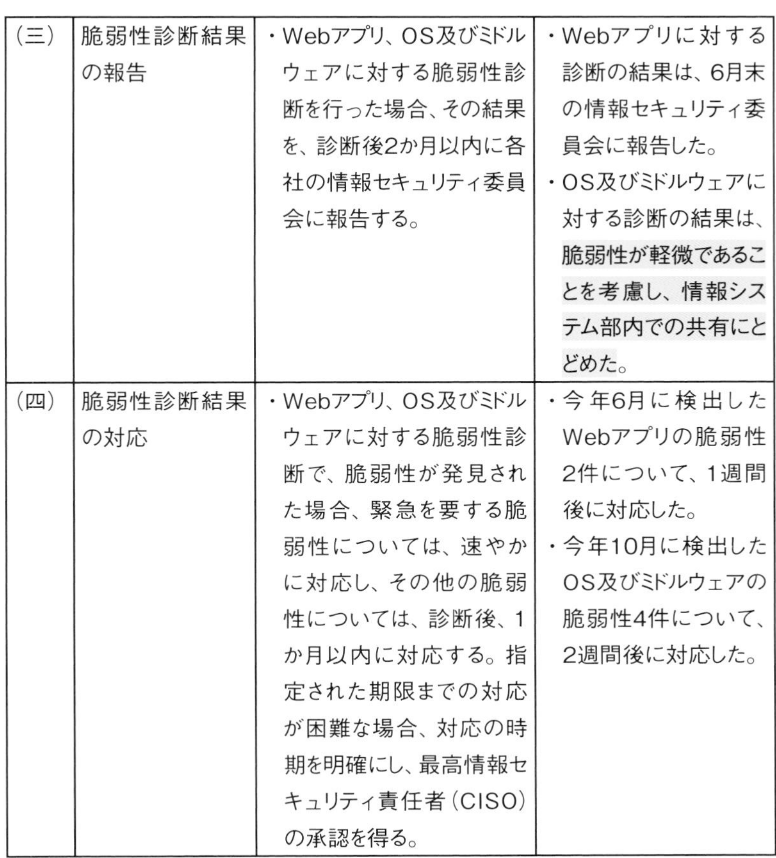

（三）	脆弱性診断結果の報告	・Webアプリ、OS及びミドルウェアに対する脆弱性診断を行った場合、その結果を、診断後2か月以内に各社の情報セキュリティ委員会に報告する。	・Webアプリに対する診断の結果は、6月末の情報セキュリティ委員会に報告した。 ・OS及びミドルウェアに対する診断の結果は、脆弱性が軽微であることを考慮し、情報システム部内での共有にとどめた。
（四）	脆弱性診断結果の対応	・Webアプリ、OS及びミドルウェアに対する脆弱性診断で、脆弱性が発見された場合、緊急を要する脆弱性については、速やかに対応し、その他の脆弱性については、診断後、1か月以内に対応する。指定された期限までの対応が困難な場合、対応の時期を明確にし、最高情報セキュリティ責任者（CISO）の承認を得る。	・今年6月に検出したWebアプリの脆弱性2件について、1週間後に対応した。 ・今年10月に検出したOS及びミドルウェアの脆弱性4件について、2週間後に対応した。

POINT 4 軽微だと報告しないでいいんでしたっけ？

設問

表1中の自己点検の結果のうち、A社グループ基準を満たす項番だけを全て挙げた組合せを、解答群の中から選べ。

解答群

ア　(一)
イ　(一)、(二)
ウ　(一)、(二)、(三)
エ　(一)、(三)
オ　(一)、(四)
カ　(二)、(三)、(四)
キ　(二)、(四)
ク　(三)
ケ　(三)、(四)

解説

A社グループでは脆弱性診断基準を設けていて、グループ各社はそれを満たさねばならないという条件が設定されています。問題文で話題にされているのはB社ですが、B社はA社の子会社なので、基準を達成する必要があります。

基準とB社の自己点検の結果は、表1としてコンパクトにまとめられているので、**これと問題文を比較しながら読み進めれば、正解を導くことができます。**

項番	点検項目	A社グループ基準	点検結果
(一)	Webアプリケーションプログラム(以下、Webアプリという)に対する脆弱性診断の実施	・インターネットに公開しているWebサイトについて、Webアプリの新規開発時、及び機能追加時に行う。 ・機能追加などの変更がない場合でも、年1回以上行う。	・毎年6月に、Webアプリに対する脆弱性診断を外部セキュリティベンダに依頼し、実施している。 ・今年は6月に脆弱性診断を実施し、脆弱性が2件検出された。

項番(一)はWebアプリの脆弱性診断を実施しているかどうかです。基準では、Webアプリの新規開発時、機能追加時に実施しなければならず、仮に機能追加などがなくても、年1回以上は実施しないといけません。

点検結果を見ると、毎年6月に脆弱性診断を実施しているので、基準を満たしているように思います。今年も6月にやっていますので。しかし、これがこの問題のひっかけポイントです。

問題文に次の記述があります。

> ……今年の8月、B社サイトにログイン機能を追加した。B社サイトは、会員の氏名、住所、電話番号、メールアドレスなどの会員情報も管理することになった。
> B社では、11月に情報セキュリティ活動の一環として、A社グループ基準を基に自己点検を実施し、その結果を表1のとおりまとめた。

問題文の設定によれば、今は11月です。**8月に機能追加を行っているので、このタイミングで脆弱性診断をしなければなりませんでした**。したがって、基準を満たしていないことになります。

項番	点検項目	A社グループ基準	点検結果
(二)	OS及びミドルウェアに対する脆弱性診断の実施	・インターネットに公開しているWebサイトについて、年1回以上行う。	・毎年10月に、B社サイトに対して行っている。 ・今年10月の脆弱性診断では、軽微な脆弱性が4件検出された。

項番(二)はOSとミドルウェアに対する脆弱性診断を実施しているかどうかです。基準によれば、インターネットに公開しているWebサイトについて、年1回以上診断を行わねばなりません。

点検結果では、

・毎年10月に実施していること
・今年の10月にも実施したこと

がわかります。これは基準を満たしています。

項番	点検項目	A社グループ基準	点検結果
(三)	脆弱性診断結果の報告	・Webアプリ、OS及びミドルウェアに対する脆弱性診断を行った場合、その結果を、診断後2か月以内に各社の情報セキュリティ委員会に報告する。	・Webアプリに対する診断の結果は、6月末の情報セキュリティ委員会に報告した。 ・OS及びミドルウェアに対する診断の結果は、脆弱性が軽微であることを考慮し、情報システム部内での共有にとどめた。

項番(三)は脆弱性診断結果の報告をやっているかどうかです。基準では、項番(一)、(二)の脆弱性診断を行ったら、その結果を2か月以内に各社の情報セキュリティ委員会に報告するように定めています。

いっぽう、点検結果を見てみると、Webアプリの診断結果は実施2か月以内に情報セキュリティ委員会に報告しているものの、**OSとミドルウェアの診断結果は脆弱性が軽微だったことを理由に、「情報システム部内での共有にとどめ」ています。**

脆弱性が軽微だったら報告しなくていいとはどこにも書いていないので、基準を満たせていません。

項番	点検項目	A社グループ基準	点検結果
(四)	脆弱性診断結果の対応	・Webアプリ、OS及びミドルウェアに対する脆弱性診断で、脆弱性が発見された場合、緊急を要する脆弱性については、速やかに対応し、その他の脆弱性については、診断後、1か月以内に対応する。指定された期限までの対応が困難な場合、対応の時期を明確にし、最高情報セキュリティ責任者(CISO)の承認を得る。	・今年6月に検出したWebアプリの脆弱性2件について、1週間後に対応した。 ・今年10月に検出したOS及びミドルウェアの脆弱性4件について、2週間後に対応した。

項番（四）は脆弱性診断結果への対応をやったかどうかです。基準を見ると、脆弱性が見つかった場合、

・緊急を要する脆弱性には、速やかに対応
・その他の脆弱性には、診断1か月以内に対応

とあります。

緊急を要する脆弱性が発見された旨は問題文を通じてありませんので、**「1か月以内に対応したかどうか」が鍵**になります。

Webアプリの脆弱性は1週間後に、OSとミドルウェアの脆弱性は2週間後に対応していますので、基準を満たしていると判断できます。

よって、正解は**キ**です。

COLUMN

過去の午後試験の内容

令和5年度から試験の方式が午前・午後から科目A・Bに変更になり、出題形式も少なからず変わりました。一方で、出題範囲自体に大きな変更はありません。たとえば、令和元年度以前は午後試験で下記のような内容が問われました。問題はIPAのWebサイトで公開されているので※、今後の出題内容の参考にしてみるのもよいかもしれません。

令和元年度秋期
・パスワードリスト攻撃への対応
・アカウント乗っ取りへの対応
・業務委託先への情報セキュリティ要求事項

平成31年度春期
・サイバー攻撃を想定した演習
・オンラインショッピング事業の開始とSNSの適切な利用
・BYODに関する情報セキュリティの自己点検

平成30年度秋期
・振込業務のリスクとビジネスメール詐欺への対応
・組織におけるリスク対応
・標的型メール攻撃への対応訓練

※問題が公開されいているのは令和元年度秋期以前のみ。

7-3 マルウェア感染時の初動対応

情報セキュリティマネジメント試験 科目B試験サンプル問題 問3

消費者向けの化粧品販売を行うA社では、電子メール（以下、メールという）の送受信にクラウドサービスプロバイダB社が提供するメールサービス（以下、Bサービスという）を利用している。A社が利用するBサービスのアカウントは、A社の情報システム部が管理している。

〔Bサービスでの認証〕

Bサービスでの認証は、利用者IDとパスワードに加え、あらかじめ登録しておいたスマートフォンの認証アプリを利用した2要素認証である。入力された利用者IDとパスワードが正しかったときは、スマートフォンに承認のリクエストが来る。リクエストを1分以内に承認した場合は、Bサービスにログインできる。

〔社外のネットワークからの利用〕

社外のネットワークから社内システム又はファイルサーバを利用する場合、従業員は貸与されたPCから社内ネットワークにVPN接続する。

〔PCでのマルウェア対策〕

従業員に貸与されたPCには、マルウェア対策ソフトが導入されており、マルウェア定義ファイルを毎日16時に更新するように設定されている。マルウェア対策ソフトは、毎日17時に、各PCのマルウェア定義ファイルが更新されたかどうかをチェックし、更新されていない場合は情報システム部のセキュリティ担当者に更新されていないことをメールで知らせる。

ある日の15時頃、販売促進部の情報セキュリティリーダであるC課長は、在宅で勤務していた部下のDさんから、メールに関する報告を受けた。報告を図1に示す。

・販売促進キャンペーンを委託しているE社のFさんから9時30分にメールが届いた。
・Fさんとは直接会ったことがある。この数か月頻繁にやり取りもしていた。
・そのメールは，これまでのメールに返信する形で作成されており，メールの本文には販売キャンペーンの内容やFさんがよく利用する挨拶文が記載されていた。
・急ぎの対応を求める旨が記載されていたので，メールに添付されていたファイルを開いた。
・メールの添付ファイルを開いた際，特に見慣れないエラーなどは発生せず，ファイルの内容も閲覧できた。
・ファイルの内容を確認した後，返信した。
・11時頃，Dさんのスマートフォンに，承認のリクエストが来たが，Bサービスにログインしたタイミングではなかったので，リクエストを承認しなかった。
・12時までと急いでいた割にその後の返信がなく不審に思ったので，14時50分にFさんに電話で確認したところ，今日はメールを送っていないと言われた。
・現在までのところ，PCの処理速度が遅くなったり，見慣れないウィンドウが表示されたりするなどの不具合や不審な事象は発生していない。
・現在，PCは，インターネットには接続しているが，社内ネットワークへのVPN接続は切断している。
・Dさんはすぐに会社に向かうことは可能で，Dさんの自宅から会社までは1時間掛かる。

図1　Dさんからの報告

POINT 1

C課長は、DさんのPCがマルウェアに感染した可能性もあると考え、マルウェア感染による被害の拡大を防止するためにDさんに二つ指示をした。

POINT 1　リクエストが来たってことは……。
どう対処するのが定番だったでしょうか？

POINT 2　マルウェア感染の可能性があるなら、指示するのはアレです。
でも、アレを実行するにあたって注意点もあります。

次の（一）～（五）のうち、Dさんへの指示として適切なものを二つ挙げた組合せを、解答群の中から選べ。

（一）　Bサービスのパスワードを変更するように情報システム部に依頼する。
（二）　PCのネットワーク接続を切断し、PCのフルバックアップを実施する。
（三）　PCを会社に持参し、オフラインでマルウェア対策ソフトのマルウェア定義ファイルを最新に更新した後、フルスキャンを実施し、結果をC課長に報告する。
（四）　社内ネットワークにVPN接続した上で、ファイルサーバに添付ファイルをコピーする。
（五）　メールに添付されていたファイルを再度開き、警告が表示されたり、PCに異常がみられたりするかどうかを確認し、結果をC課長に報告する。

解答群

ア　（一）、（二）　　イ　（一）、（三）
ウ　（一）、（四）　　エ　（一）、（五）
オ　（二）、（三）　　カ　（二）、（四）
キ　（二）、（五）　　ク　（三）、（四）
ケ　（三）、（五）　　コ　（四）、（五）

解説

Dさんという社員さんがどうもマルウェアに感染したようで、受験者は情報セキュリティリーダであるC課長の立場にたって、Dさんに対応を指示するというシナリオ問題になっています。

まずは、Dさんからの報告を見てみましょう。

おかしなことが色々起こっています。取引相手であるFさんからのメールが届きましたが、当のFさんに電話で確認（疑わしい経路であるメールとは別の手段で確認している点が重要です）したところ、メールを出していないと主張しています。

したがって、**なりすましメールにマルウェアが添付されていたと考えるのが順当です。**メールの窃取やスキャビンジング（p.64参照）などで、Fさんそっくりのメールを作成するのは常套手段ですし、期限を切って急がせることで攻撃対象の判断力を低下させるのも定番です。

疑わしい添付ファイルを開いてしまったこと、Bサービスでの認証に使われる2要素認証のリクエストがあったことから、**Dさんが狙われていること、マルウェア汚染の可能性があることは確定です。**

・販売促進キャンペーンを委託しているE社のFさんから9時30分にメールが届いた。
・Fさんとは直接会ったことがある。この数か月頻繁にやり取りもしていた。
・そのメールは，これまでのメールに返信する形で作成されており，メールの本文には販売キャンペーンの内容やFさんがよく利用する挨拶文が記載されていた。
・急ぎの対応を求める旨が記載されていたので，メールに添付されていたファイルを開いた。
・メールの添付ファイルを開いた際，特に見慣れないエラーなどは発生せず，ファイルの内容も閲覧できた。
・ファイルの内容を確認した後，返信した。
・11時頃，Dさんのスマートフォンに，承認のリクエストが来たが，Bサービスにログインしたタイミングではなかったので，リクエストを承認しなかった。
・12時までと急いでいた割にその後の返信がなく不審に思ったので，14時50分にFさんに電話で確認したところ，今日はメールを送っていないと言われた。
・現在までのところ，PCの処理速度が遅くなったり，見慣れないウィンドウが表示されたりするなどの不具合や不審な事象は発生していない。
・現在，PCは，インターネットには接続しているが，社内ネットワークへのVPN接続は切断している。
・Dさんはすぐに会社に向かうことは可能で，Dさんの自宅から会社までは1時間掛かる。

図1　Dさんからの報告

2要素認証とFさんへの電話で、なりすましが行われていることに気づけたので、後はどう初動処理を行うかです。Dさんへの指示の候補が、設問として挙げられています。一つずつ検討していきましょう。

(一)　Bサービスのパスワードを変更するように情報システム部に依頼する。

→　Bサービスへの認証の試みがある（Dさんのスマホに2要素認証のリクエストが来た）ので、**早急にパスワードを変更する必要があります。**IDとパスワードが認証されてはじめてスマホに承認リクエストが来ますから、攻撃者はすでにDさんのパスワードを入手していると考えられます。

(二)　PCのネットワーク接続を切断し、PCのフルバックアップを実施する。

→　Dさんからの報告によれば、VPN接続は切断しているものの、インターネット接続は維持しているので、ネットワーク接続を切断するのは良い判断に思えます。しかし、すでにマルウェア汚染の可能性があるPCをフルバックアップするメリットは薄く、一般利用者であるDさんに感染後のPCを操作させるデメリットのほうがずっと大きなものになります。一般利用者がすべきことは、ネットワーク接続を切断し、管理者に報告することです。**電源の切断も含めて、余計な動作を依頼す**

ると被害を大きくします（電源の切断は一見よさそうですが、メモリなどに残存する攻撃者の痕跡を失う可能性があります）。

（三）　PCを会社に持参し、オフラインでマルウェア対策ソフトのマルウェア定義ファイルを最新に更新した後、フルスキャンを実施し、結果をC課長に報告する。

→　**マルウェア定義ファイルを更新した上でフルスキャンを実行するのは、望ましい対応です**。これをネットワーク越しに行うと、他のPCへの二次感染を引き起こしますが、オフラインでと限定がかかっているので、これを根拠に正答にしているのだと判断できます。出社すれば、C課長の即時かつ濃厚なサポートも期待できます。

出題者の意図としては、

・現時刻が15時
・出社に1時間かかる（→16時出社可能）
・マルウェア定義ファイルの更新が16時（→出社後すぐに最新の定義に更新できる）

も意識させようとしているのでしょうが、この限定がなくても（三）は適切な指示です。

（四）　社内ネットワークにVPN接続した上で、ファイルサーバに添付ファイルをコピーする。

→　**マルウェアで汚染されている可能性があるPCを社内ネットワークに接続させてはいけません**。まして、マルウェアの可能性が高い添付ファイルを、従業員が共有しているファイルサーバにコピーさせるのは不適切な行為です。

（五）　メールに添付されていたファイルを再度開き、警告が表示されたり、PCに異常がみられたりするかどうかを確認し、結果をC課長に報告する。

→　（二）と同様で、**一般利用者に余分な操作をお願いしてはいけません**。マルウェアの確認と検査は専門技術者の仕事です。マルウェアである可能性が高い添付ファイルを再度開かせるなど、もってのほかです。

よって、正解は**イ**です。

7-4 情報セキュリティリスクアセスメントとリスク対応

令和5年度 情報セキュリティマネジメント試験 公開問題 問13

A社は、分析・計測機器などの販売及び機器を利用した試料の分析受託業務を行う分析機器メーカーである。A社では、図1の“情報セキュリティリスクアセスメント手順”に従い、年一度、情報セキュリティリスクアセスメントを行っている。

- 情報資産の機密性，完全性，可用性の評価値は，それぞれ0～2の3段階とする。
- 情報資産の機密性，完全性，可用性の評価値の最大値を，その情報資産の重要度とする。
- 脅威及び脆（ぜい）弱性の評価値は，それぞれ0～2の3段階とする。
- 情報資産ごとに，様々な脅威に対するリスク値を算出し，その最大値を当該情報資産のリスク値として情報資産管理台帳に記載する。ここで，情報資産の脅威ごとのリスク値は，次の式によって算出する。
  リスク値＝情報資産の重要度×脅威の評価値×脆弱性の評価値
- 情報資産のリスク値のしきい値を5とする。
- 情報資産ごとのリスク値がしきい値以下であれば受容可能なリスクとする。
- 情報資産ごとのリスク値がしきい値を超えた場合は，保有以外のリスク対応を行う

図1　情報セキュリティリスクアセスメント手順

A社の情報セキュリティリーダーであるBさんは、年次の情報セキュリティリスクアセスメントを行い、結果を情報資産管理台帳に表1のとおり記載した。

表1　A社の情報資産管理台帳（抜粋）

情報資産	機密性の評価値	完全性の評価値	可用性の評価値	情報資産の重要度	脅威の評価値	脆弱性の評価値	リスク値
(一) 従業員の健康診断の情報	2	2	2	(省略)	2	2	(省略)
(二) 行動規範などの社内ルール	1	2	1	(省略)	1	1	(省略)
(三) 自社 Web サイトに掲載している会社情報	0	2	2	(省略)	2	2	(省略)
(四) 分析結果の精度を向上させるために開発した技術	2	2	1	(省略)	2	1	(省略)

POINT 本問は練習としてヒントなしで解いてみてください。

設問

表1中の各情報資産のうち、保有以外のリスク対応を行うべきものはどれか。該当するものだけを全て挙げた組合せを、解答群の中から選べ。

解答群

ア (一)、(二)　　イ (一)、(二)、(三)
ウ (一)、(二)、(四)　　エ (一)、(三)
オ (一)、(三)、(四)　　カ (一)、(四)
キ (二)、(三)　　ク (二)、(三)、(四)
ケ (二)、(四)　　コ (三)、(四)

解説

ごちゃごちゃ書かれていますが、求められていることはシンプルです。受容水準を設定して、受容可能なリスクは保有してしまいますし、受容できないリスクは何らかの対応をしようとしています。対応が必要な情報資産はどれかが問われています。

受容水準はリスク値で示されていて、5以下なら受容可能(保有)です。6以上の場合は対応が必要になるので、**ようはリスク値6以上の情報資産を探させる問題**です。リスク値の計算方法は、「情報資産の重要度(機密性、完全性、可用性の評価値の最大値)×脅威の評価値×脆弱性の評価値」と示されていますから、これにしたがって各情報資産のリスク値を算出すれば正解を導けます。

(一) 従業員の健康診断の情報
2 × 2 × 2 = 8

(二) 行動規範などの社会ルール
2 × 1 × 1 = 2

(三) 自社Webサイトに掲載している会社情報
2 × 2 × 2 = 8

(四) 分析結果の精度を向上させるために開発した技術
2 × 2 × 1 = 4

このうち、6以上のリスク値になったのは(一)と(三)です。したがって、**エ**が正解です。

INDEX

著者プロフィール

岡嶋 裕史

中央大学大学院総合政策研究科博士後期課程修了。博士(総合政策)。富士総合研究所勤務、関東学院大学准教授、同大学情報科学センター所長を経て、中央大学国際情報学部教授／政策文化総合研究所所長。基本情報技術者試験(FE)科目A試験免除制度免除対象講座管理責任者、情報処理安全確保支援士試験免除制度 学科等責任者、その他。

著書
「ITパスポート 合格教本」「ネットワークスペシャリスト 合格教本」「情報処理安全確保支援士 合格教本」『はじめてのAIリテラシー』(以上、技術評論社)、『メタバースとは何か ネット上の「もう一つの世界」』『ChatGPTの全貌 何がすごくて、何が危険なのか?』(以上、光文社)、『ブロックチェーン　相互不信が実現する新しいセキュリティ』(講談社)、『実況!ビジネス力養成講義 プログラミング/システム』(日本経済新聞出版社) ほか多数。

装丁：小島トシノブ
カバーイラスト：大野文彰
本文デザイン：原真一朗
本文レイアウト：SeaGrape
本文イラスト：大野文彰、SeaGrape
動画作成：橋本咲弥(さあさ)
動画アバター作成：デジタル職人
編集：石井智洋

令和06年 情報セキュリティマネジメント 合格教本

2016年　2月25日　初 版　第1刷発行
2023年　12月16日　第9版　第1刷発行

著　者　岡嶋　裕史
発行者　片岡　巌
発行所　株式会社技術評論社
東京都新宿区市谷左内町21-13
電話　03-3513-6150　販売促進部
03-3513-6166　書籍編集部
印刷/製本　昭和情報プロセス株式会社

ISBN978-4-297-13799-1 C3055
Printed in Japan

本書に関するご質問は、EメールかFAX、書面でお願いいたします。電話による直接のお問い合わせにはお答えできませんので、あらかじめご了承ください。下記のWebサイトに質問フォームを用意しておりますのでご利用ください。
ご質問の際には、書籍名と該当ページ、返信先を明記してくださいますようお願いいたします。
お送りいただいた質問には、できる限り迅速にお答えするよう努力しておりますが、場合によっては時間がかかることもございます。また、回答の期日を指定されても、ご希望にお応えできるとは限りません。本書の内容を超えるご質問には、お答えできません。あらかじめご了承くださいますようお願い申し上げます。

お問い合わせ先

〒162-0846
東京都新宿区市谷左内町21-13
株式会社技術評論社　書籍編集部
「情報セキュリティマネジメント合格教本」係
FAX:03-3513-6183
Web:https://gihyo.jp/book

直前対策！要点確認ノート

ノートの使い方

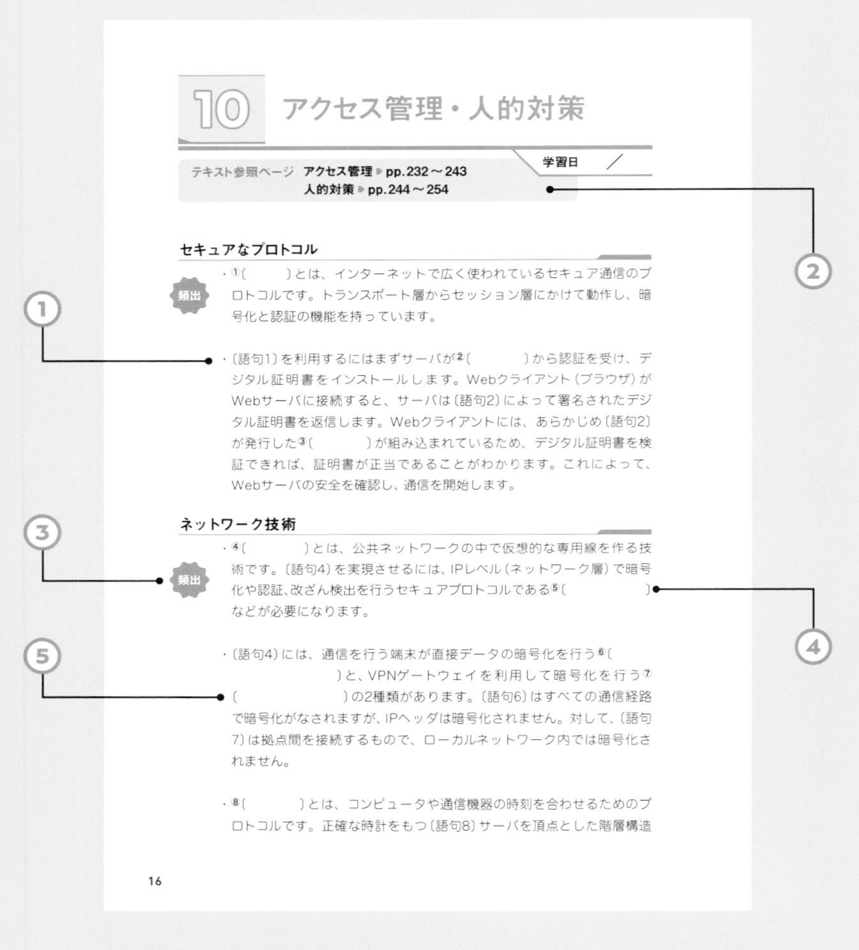

1. 重要なキーワードや基礎知識を分野ごとにおさらいできます。
2. テキストの参照ページから苦手な分野をすぐに確認できます。
3. 試験でよく問われる内容は「頻出」マークが目印です。
4. 特に重要な用語は穴埋め問題になっています。試験対策の直前チェックに活用できます。
5. 穴埋め問題の解答は、ノートの29～31ページに掲載されています。

1 情報のCIAと情報資産・脅威・脆弱性

テキスト参照ページ　情報のCIA ▶ pp.24～30
情報資産・脅威・虚弱性 ▶ pp.31～45

学習日　／

情報のCIA

・情報セキュリティでは、「情報のCIA」とよばれる三つの性質が重要視されます。それぞれ、以下の性質を指します。

①〔　　　〕：許可された正当なユーザだけが情報にアクセスできるようにすること
②〔　　　〕：情報が正確で欠けないようにすること
③〔　　　〕：情報が必要なときに、いつでも利用可能な状態にすること

脆弱性

・自社が持つ情報セキュリティの中で保護されるべき対象を情報資産と呼びます。リスクは情報資産と④〔　　　〕と脆弱性が重なったときに顕在化します。

・ソフトウェアのセキュリティホールなどの「技術的脆弱性」に対し、人が介在する弱点を「⑤〔　　　〕」といいます。例としては、内部犯による情報資源の持ち出しや、オペレータの過失によるデータの喪失などが挙げられます。

・機会・動機・正当化がそろうと、不正が行われるリスクが高まります。これを⑥〔　　　〕といいます。

NOTE

2 サイバー攻撃手法

テキスト参照ページ ▶pp.46～75　　学習日　／

不正アクセスの方法

・許された以上の行為をネットワークを介して意図的に行うことを不正アクセスとよびます。代表的な方法としては、メモリの格納可能な領域（バッファ）を越えるサイズのデータを送信する①〔　　　　　　　　〕があります。

頻出

・考えられるすべてのパスワードの組合せを試す攻撃を②〔　　　　　　　　〕（総当たり攻撃）とよびます。一方、何らかの手段で入手したアカウントとパスワードの対を用いて、不正ログインを試行する手法を③〔　　　　　　　　〕とよびます。

・侵入にかかる時間と手間を短縮するために、攻撃者は④〔　　　　　　　　〕とよばれる進入路を確保します。

盗聴・なりすまし

・盗聴はネットワーク上を流れるデータを取得する行為を指します。DNSサーバに偽の名前解決情報にを記録させ、意図しないサーバと通信させる⑤〔　　　　　　　　〕や、管理者が意図していないディレクトリにアクセスを行う⑥〔　　　　　　　　〕といった攻撃手法があります。

・IPパケットのヘッダ情報を偽装することによって他のマシンになりすまし、本来アクセスを許可されていないシステムにアクセスする方法を⑦〔　　　　　　　　〕とよびます。

・第三者のコンピュータを介して、そのコンピュータからアクセスしているように見せかける手法を⑧〔　　　　　　　　〕とよびます。

・マルウェアがブラウザとサーバの間に介入することによって、ブラウザの通信を乗っ取る攻撃を⑨〔　　　　　〕とよびます。

・なりすましなどで正規サイトに見せかけた詐欺サイトへ誘導するなどして、個人情報の入手や詐欺を行う手法を⑩〔　　　　　　　〕とよびます。

・特定の組織や人にターゲットを絞り込んで行う攻撃を、⑪〔　　　〕といいます。企業の正規の書類フォーマットや組織図、人間関係を把握するなど、十分な準備の上で行われます。

その他の攻撃手法

・⑫〔　　　　〕は、サーバに負荷を集中させるなどしてサーバを使用不能に陥れる攻撃です。営業妨害などに利用されます。

・⑬〔　　　　　　　　　　　　　〕とは、人的な脆弱性を利用して情報を窃取する手法です。ゴミ箱に捨てられた情報をつなぎ合わせて本来の情報を復元するスキャビンジングなどの手法があります。

・上司や取引先など、自分にとって逆らいにくい相手からのメールに偽装して、偽の振込などをさせる手法を⑭〔　　　　〕とよびます。

・⑮〔　　　　　　　〕とは、無断で送りつけられてくる広告メールや意味のない大量のメールを指します。

・⑯〔　　　　　　　　　　　　　　〕(XSS)は、スクリプト攻撃の一種です。HTMLにスクリプトを埋め込める性質を利用して、コンピュータに被害を与えます。

・⑰〔　　　　　　　〕とは、脆弱性が見つかっているのに、それに対応する手段が用意されないうちに行われる攻撃です。

・⑱〔　　　　　　　　　　　〕とは、データベースに送信するデータの中にSQL文を混入させて、不正にデータベースを操作する行為です。

3 暗号

テキスト参照ページ ▶ pp.76～92

学習日　／

二つの暗号方式

・暗号化は大きく①〔　　　　　　　　〕と②〔　　　　　　　　〕の二種類に分類されます。

頻出

・〔語句1〕は、**暗号化と復号に同一の**③〔　　　　〕**を用いる点が特徴です**。この方式では、送信者と受信者が同じ〔語句3〕を持ちます。この鍵の配布が重要なポイントになります。

・〔語句2〕では、**暗号化鍵を一般に公開します**。これを④〔　　　　〕といいます。対して、**暗号化された文書を復号するための鍵は、受信者が秘密に管理します**。これを⑤〔　　　　〕といいます。

・〔語句1〕ではn人のネットワークで暗号をやり取りするのに⑥〔　　　　　　〕個の鍵が必要ですが、〔語句2〕では⑦〔　　　　〕個の鍵で済みます。

・〔語句2〕のメリットを活かしつつ、演算処理上のデメリットを解消するため、〔語句1〕の鍵の配布は〔語句2〕を利用し、データ本文のやり取りは〔語句1〕を用いる⑧〔　　　　　　　　〕が普及しています。

・⑨〔　　　　　　　　〕は暗号技術の安全性についての検討会の名称です。この検討会がまとめた暗号リストは「政府機関等の情報セキュリティ対策のための統一基準」によって参照することが促されています。

NOTE

認証

テキスト参照ページ ▶ pp.93～124

学習日　／

認証の基本

・ユーザの識別、認証、認可を行うことを**アクセスコントロール**とよびます。

・認証方法には、ユーザ本人にしか知りえない情報（**パスワード**など）を用いる「知識による認証」や、**指紋**や**声紋**などの固有の生体情報をもって本人確認する方法などがあります。

認証方法

・ユーザーIDとパスワードを組み合わせる①〔　　　　　　　　〕は最も基本的な認証技術です。システムへの実装も簡易なため、多くのマシン、システムで利用されています。しかし、「知識」という実体のないものを利用するため、管理が困難という弱点もあります。

・〔語句1〕の脆弱性を克服すべく、使い捨てのチャレンジコードを利用する②〔　　　　　　　　〕方式も利用されます。また、ログインするごとにパスワードそのものを使い捨てにする③〔　　　　〕という方式もあります。

・普段とは異なる場所や端末からアクセスすると追加の認証を求めるなど、利便性を保ちつつセキュリティ水準を高める手法を④〔　　　　〕といいます。

頻出

・⑤〔　　　　　　　　〕（生体認証）では、指紋などの個々人ごとに特徴がある生体情報を利用して、本人を識別します。

・異なる複数の認証方式を組み合わせて、安全性を高めるのが⑥〔　　　　〕です。知識による認証（パスワードなど）に所持品による認証（スマートフォンへのPIN送信など）を組み合わせる、といった例が考えられます。

デジタル署名

・公開鍵暗号とは逆に、平文に⑦〔　　　　　〕を適用して生成するものを**デジタル署名**といいます。⑧〔　　　　　〕を用いてデジタル署名を検証し、平文と比較することで、**なりすましや改ざんが行われていないか確認できます**。

・**共通鍵**を用いて、メッセージが改ざんされていないか検出する技術を⑨〔　　　　　　　　　　〕(MAC) といいます。

公開鍵の真正性

・⑩〔　　　　〕(公開鍵基盤) は、当事者同士の間に第三者機関を介在させることによって、公開鍵の真正性を証明します。

・〔語句10〕の重要な要素に⑪〔　　　　〕(CA) があります。〔語句11〕は、デジタル署名の登録作業を行う登録局 (RA) と、発行を行う発行局 (IA) に区分されます。

・有効期間内に何らかの理由で失効させられたデジタル証明書のリストを⑫〔　　　　〕(証明書失効リスト) とよびます。〔語句12〕を閲覧することでデジタル証明書の有効性を確認できます。〔語句12〕は〔語句11〕が管理し発行します。

NOTE

5 リスクマネジメント・情報セキュリティポリシ

テキスト参照ページ　リスクマネジメント ▶ pp.126～142
情報セキュリティポリシ ▶ pp.143～156

学習日　／

リスク対応

・リスク分析で明らかになった潜在的なリスクを顕在化させないために、以下の手段を講じます。これらを総称して**リスク対応**とよびます。

①〔　　　　　　〕：リスク因子を排除する
②〔　　　　　　〕：リスクによる被害の発生予防・最小化をする
③〔　　　　　　〕：業務運営上のリスクを他社に転嫁する
④〔　　　　　　〕：意思決定のもとリスクを持ち続ける

・〔語句3〕と〔語句4〕は資金を手当てすることで対処できます。そのため、⑤〔　　　　　　　　　　〕と分類されることもあります。

情報セキュリティポリシ

・全社的な意志の統一、セキュリティ対策手順の明確化のために**情報セキュリティポリシ**を策定します。ポリシの死文化を防ぎ、活用するためのしくみを**情報セキュリティマネジメントシステム**といいます。

・情報セキュリティポリシは、会社としてのセキュリティへの取組みの指針・ビジョンを示す⑥〔　　　　　　　　　　〕と、〔語句6〕を部署ごとに具体化した⑦〔　　　　　　　　　　〕、担当者レベルの社員に向けてセキュリティ維持のための手順を示す⑧〔　　　　　　〕の三つからなります。

・効果的なマネジメントシステムを確立するには、計画、実施、点検、改善からなる⑨〔　　　　　　　　〕が必要となります。

NOTE

6 各種管理策・セキュリティ評価

学習日 ／

テキスト参照ページ 各種管理策 ▶ pp.157～171
セキュリティ評価 ▶ pp.172～174

セキュリティの規格

・JIS Q 27001は、①〔　　　　〕（情報セキュリティマネジメントシステム）への適合性を評価する認証基準です。JIS Q 27001では、マネジメントシステムに対する経営者の責任の明確化などが図られています。

・JIS Q 27002は、〔語句1〕を構築する際のベストプラクティス（理想型）を記載したガイドラインです。

・JIS Q 27014は②〔　　　　　　　　〕とは何かを定義し、その目的や使い方を確立するためのドキュメントです。〔語句2〕は、IT戦略の策定と実行に関わる③〔　　　　　〕とともにコーポレートガバナンスに含まれ、互いに独立していますが一部は重複します。

情報セキュリティ監査

・情報セキュリティ監査制度は、情報セキュリティ監査の普及促進のため経済産業省によって運用されている制度です。以下の二つの監査があります。

④〔　　　　〕：被監査組織の情報セキュリティマネジメントを推進・向上させる目的に、改善点を助言する。セキュリティ意識の浸透していない企業でもはじめやすい。
⑤〔　　　　〕：被監査組織の情報セキュリティマネジメントが一定の水準に達しているか確認する。規定水準を適切に満たしていることを保証する。

・監査企業・監査人に対する行為規範が⑥〔　　　　　　　　〕です。対して、被監査企業に対して監査における評価点を示すガイドラインが⑦〔　　　　　　　　〕です。

・⑧〔　　　　　　　　　　〕は、セキュリティ対策の実効性を担保しシステムを有効に活用するための監査基準です。〔語句8〕は信頼性、安全性、効率性の観点から情報システムを総合的に点検・評価します。

その他のガイドライン

・JIS Q 15001は、⑨〔　　　　　　　　〕に関するマネジメントシステムを認定するためのドキュメントです。〔語句1〕などと同様、方針の作成、計画、実施・運用、監査、見直しといったPDCAサイクルの確立を要請します。

・⑩〔　　　　　　　　　　　　　　　　　　　　　　　〕は、サイバーセキュリティ戦略本部が出している文書で、行政機関などが守るべき事項を定めています。

セキュリティの評価

頻出

・⑪〔　　　　　〕（共通脆弱性評価システム）は情報システムの脆弱性の重大度を評価する指標です。ベンダに依存せずオープンで包括的、汎用的な同一基準で評価します。脆弱性の特性を評価する⑫〔　　　　　　　〕、現在の深刻度を測る⑬〔　　　　　　　〕、最終的な深刻度を測る⑭〔　　　　　　　〕の三つの基準から評価します。

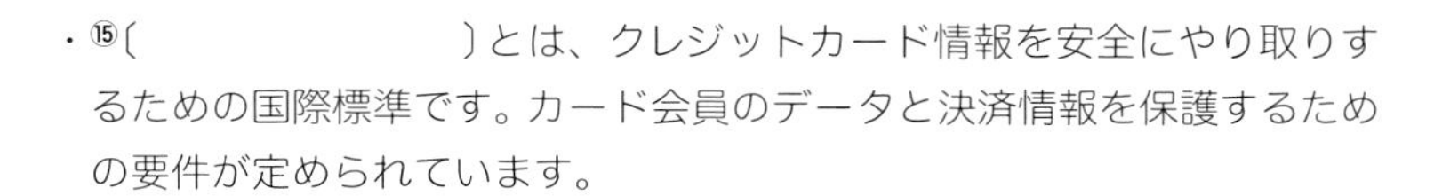

・⑮〔　　　　　　　　　〕とは、クレジットカード情報を安全にやり取りするための国際標準です。カード会員のデータと決済情報を保護するための要件が定められています。

NOTE

7 CSIRT・システム監査

テキスト参照ページ CSIRT ▶ pp.175～177
システム監査 ▶ pp.178～188

学習日 ／

CSIRT

・CSIRTは、情報セキュリティにまつわる何らかの事故（①〔　　〕）に対応するチームの総称です。CSIRTには企業単位のものから国際連携を行う大規模なものまであります。

・日本を代表するリーダ的なCSIRTとしては、②〔　　〕があります。〔語句2〕はCSIRTについてのドキュメントも作成しており、『CSIRTガイド』ではCSIRTの活動を六つに分類しています。

システム監査

・システム監査とは、情報システムの運用上問題となる事項を、第三者的な視点からチェックする実地調査のことです。不正・ミスなく効率的に業務を行うための③〔　　〕の評価が主な目的です。

・監査を実施する際の方針・手順を監査基準といいます。監査基準は明文化されていなければなりません。また、判断を行うための④〔　　〕は事後検証可能な形で収集・記録されなければなりません。標準的な監査基準としては、経済産業省が作成した⑤〔　　〕があります。

・監査には監査人の立場によって、三つの種類に分けられます。なかでも、自分自身をチェックする第一者監査は⑥〔　　〕ともよばれます。〔語句6〕については、JIS Q 27001において、順守すべき要求事項が定められています。

・監査によって検出された不適合状態を除去することを⑦〔　　〕とよびます。また、不適合の根本原因を除去することを⑧〔　　〕とよびます。

8 マルウェア対策

テキスト参照ページ ▶ pp.190～205　　学習日　／

マルウェアの種類

・①〔　　　　　　　〕は、文章作成ソフトや表計算ソフトのマクロ機能により作成され、ファイルに感染して拡大します。ウイルスの作成が比較的容易なうえ、馴染みのあるファイルに寄生するため、不注意に開いてしまうことが特徴です。

・②〔　　　　　　　〕は、データを人質に身代金を要求するマルウェアです。感染した端末のデータを暗号化し、攻撃者以外が解読できない状況を作ります。

・秘密にしたいデータを別のデータに埋め込むことで、情報を隠蔽する技術を③〔　　　　　　　〕といいます。

・自動化アプリのことを**ボット**といい、狭義では乗っ取り型のマルウェアを指します。多数のボットで作り上げるネットワークのことを④〔　　　　　〕といい、攻撃者は⑤〔　　　　　　〕を介して指示・命令します。対策としては、文字列を歪めた画像を入力させる⑥〔　　　　　　〕があります。

マルウェア対策

・**ウイルス対策ソフト**は、ウイルスの特徴を記述した⑦〔　　　　　　〕をもち、ローカルノードに流れ込むデータと比較して監視します。

・会社に内緒で業務のIT化を進めることを⑧〔　　　　　　〕といいます。会社が脆弱性を認識できず、リスクが非常に高くなります。

NOTE

9 不正アクセス対策・情報漏えい対策

テキスト参照ページ 不正アクセス対策 ▶ pp.206～226
情報漏えい対策 ▶ pp.227～231

学習日 ／

ファイアウォール

・ネットワークの内側（ローカル）と外側（リモート）の境界に設置するものをファイアウォールといいます。

・アプリケーション層の内容を解釈して通信の適否を決定するファイアウォールをアプリケーションゲートウェイ型ファイアウォールといい、HTTPやWeb向けに特化したものを①（　　　　）といいます。〔語句1〕には、問題のある通信先や通信パターンを定義する②（　　　　）と、安全な通信先や通信パターンを定義する③（　　　　　　　　）があります。

・アプリケーションゲートウェイの中でも、特にHTTPを扱うものを④（　　　　　　　）とよぶことがあります。〔語句4〕はWebページの内容をキャッシュし、WANに問合せをせずにローカルノードに返信できるようにします。

・アプリケーションゲートウェイは、前後のパケットや上下のプロトコルとの整合性が取れていないことの検査（ステートフルインスペクション）や、メールの内容に「機密事項」「飲み会」などの単語が含まれていたら送信しない、といったアプリケーションデータ内部の情報を使った検査（ディープパケットインスペクション）が行えます。

・公開サーバ向けに、ローカルネットワークとリモートネットワークの中間レベルのセキュリティを施した第3のゾーンを⑤（　　　　）といいます。

侵入検知

・不正アクセスを監視する侵入検知システムを⑥〔　　　　〕といいます。〔語句6〕はホストのみを検査／保護する⑦〔　　　　〕と、ネットワーク上に配置してネットワーク内すべての通信を検査対象とする⑧〔　　　　〕に分かれます。

・〔語句6〕の検知方法には、データベースに保持したポートスキャンやDoSなどの攻撃パターンに合致すると警告を上げる**Misuse検知法**と、システムの正常な稼働状態から外れた挙動を示した際に異常を検出する**Anomaly検知法**があります。

・わざと攻撃対象となることでクラッカーの特定や攻撃手法の研究に利用するダミーメールサーバを⑨〔　　　　　　〕といいます。

不正入力の防止

・不正入力の一種であるSQLインジェクションを防ぐには、⑩〔　　　　　〕を使うのが最も効果的です。〔語句10〕が使えない場合は⑪〔　　　　　　〕をして、使ってはまずい文字を、同じ意味の別の書き方に置き換えます。

認証サーバ

・あらかじめ暗号化と認証のしくみを組み込み、ネットワーク上でやり取りするパケットをすべて暗号化するツールを⑫〔　　　　〕といいます。これによって、リモートログインなどのセキュリティを強化します。

NOTE

10 アクセス管理・人的対策

テキスト参照ページ　アクセス管理 ▶ pp.232～243
人的対策 ▶ pp.244～254

学習日　／

セキュアなプロトコル

・①〔　　　　〕とは、インターネットで広く使われているセキュア通信のプロトコルです。トランスポート層からセッション層にかけて動作し、暗号化と認証の機能を持っています。

・〔語句1〕を利用するにはまずサーバが②〔　　　　　〕から認証を受け、デジタル証明書をインストールします。Webクライアント（ブラウザ）がWebサーバに接続すると、サーバは〔語句2〕によって署名されたデジタル証明書を返信します。Webクライアントには、あらかじめ〔語句2〕が発行した③〔　　　　　〕が組み込まれているため、デジタル証明書を検証できれば、証明書が正当であることがわかります。これによって、Webサーバの安全を確認し、通信を開始します。

ネットワーク技術

・④〔　　　　　〕とは、公共ネットワークの中で仮想的な専用線を作る技術です。〔語句4〕を実現させるには、IPレベル（ネットワーク層）で暗号化や認証、改ざん検出を行うセキュアプロトコルである⑤〔　　　　　　〕などが必要になります。

・〔語句4〕には、通信を行う端末が直接データの暗号化を行う⑥〔　　　　　　　　　　　〕と、VPNゲートウェイを利用して暗号化を行う⑦〔　　　　　　　　〕の2種類があります。〔語句6〕はすべての通信経路で暗号化がなされますが、IPヘッダは暗号化されません。対して、〔語句7〕は拠点間を接続するもので、ローカルネットワーク内では暗号化されません。

・⑧〔　　　　　〕とは、コンピュータや通信機器の時刻を合わせるためのプロトコルです。正確な時計をもつ〔語句8〕サーバを頂点とした階層構造をとっています。

人的・物理的対策

・⑨〔　　　　　　　　　　　　〕は、IPAが内部不正防止のためにまとめたガイドラインです。経営者の責任と積極的な関与などを説いています。

・システム運用において、ログを収集すると監査時の監査証跡にもなります。また、ログの監査を行う場合には⑩〔　　　　　〕を定めます。

・入退室の記録の矛盾から不正を発見する⑪〔　　　　　　　〕は、共連れへの対策となります。

セキュリティ教育

・攻撃側・防御側の役割分担をし、実機を使った疑似攻撃を実施するといったトレーニング形式を⑫〔　　　　　　　　　〕とよびます。

・攻撃チームによる仮想のシステムに対する疑似攻撃を防御チームが守ることで組織や人材を鍛える形式を⑬〔　　　　　　　〕とよびます。

NOTE

知的財産権と個人情報の保護

テキスト参照ページ ▶ pp.256～264

学習日　／

知的財産保護

・①〔　　　　　〕は創作された表現物を保護するための法律です。その保護範囲には**プログラムやデータベースなどもその保護対象に含まます**。

・著作権は②〔　　　　　　　〕・③〔　　　　　　〕・④〔　　　　　　〕によって構成されます。

・著作権と類似する概念として、発明に対して付与される⑤〔　　　　　〕があります。〔語句5〕は先願主義をとり、同種の発明であれば出願日時が早い方に権利が認められます。

・特許庁の管轄する産業財産権には⑥〔　　　　〕・⑦〔　　　　　　〕・⑧〔　　　　〕があります。なお著作権や産業財産権をまとめて、**知的財産権**と呼びます。

個人情報保護

・体系的に整備された個人情報を事業に扱っている事業者に、個人の権利利益の保護のため制限と義務を課す法律が⑨〔　　　　　　　〕です。ここでいう個人情報とは、**①生存する個人情報に関する情報で、②特定の個人を識別できる情報**を指します。

・病歴などの⑩〔　　　　　　　〕を本人の同意なしに第三者提供することは、〔語句9〕によって禁止されています。

NOTE

12 セキュリティ関連法規

テキスト参照ページ ▶ pp.265～274　　学習日　／

コンピュータ犯罪関連の法規

・①（　　　　　　　　　）は、不正アクセスを処罰する法律です。正当な権限を持たないアクセスやセキュリティホールを突く攻撃を処罰の対象とします。

・②（　　　　　）では、事務処理を誤らせることを目的に、電磁的記録を不正に作成することを処罰する電磁的記録不正作出及び供用や、電子計算機を物理的に破壊したり、不正なデータを投入したりすることで業務を停止・妨害することを処罰する電子計算機損壊等業務妨害が定められています。

・③（　　　　　　　　　）は競合関係にある他社の悪い噂を流したり、他社製品のコピー商品を販売したりするなどの不正競争を処罰する法律です。業務上重要な秘密である④（　　　　　）の保護も定めています。

頻出

・いわゆる迷惑メール防止法は、「特定電子メール送信適正化法」と「特定商取引法」の二法からなり、広告メールを送る際の受信者の承諾を定めています。「特定電子メール送信適正化法」では⑤（　　　　　）を原則としており、未承諾の広告メールの送信は許されていません。また、受信者が広告を不要と判断したときに⑥（　　　　　　　）するための情報を明示する義務も課しています。

サイバーセキュリティ戦略関連の法規

・⑦（　　　　　　　　　　　　　）に基づき実行されるサイバーセキュリティ戦略は、「情報の自由な流通の確保」「法の支配」「開放性」「自立性」「多様な主体の連携」を原則としています。

13 その他の法規やガイドライン

テキスト参照ページ ▶ pp.275～282

学習日　／

電子文書関連の法規

・①(　　　　　　)とは、電子的なデジタル署名も真正性を保証する手段として公的に認める法律です。

労働関連の法規

・②(　　　　　　)とは、労働時間や賃金、残業、休息時間、休日などについて、最低ラインの基準を示している法律です。

・③(　　　　　　　)とは、外部からの労働力提供について規定する法律です。この法律によって定義される「派遣」と、そのほかの契約形態には以下のような違いがあります。

派遣

労働者は派遣元企業に雇用される一方、業務上の指揮命令は派遣先から受けます。
完成責任や瑕疵担保責任は生じません。

④(　　　)

労働者は受託企業に雇用され、業務上の指揮命令も受託企業から受けます。
受託側には完成責任、瑕疵担保責任も生じます。

⑤(　　　)

労働者は元の企業と契約先企業双方と雇用関係を結びます。指揮命令は契約先企業から受けます。

NOTE

14 ネットワーク

テキスト参照ページ ▶ pp.284～320　　学習日　／

ネットワークの基礎

・OSI基本参照モデルにおけるネットワーク層のプロトコルであるIPと、他のプロトコルを組み合わせて利用するプロトコル群を①〔　　　　〕といいます。〔語句1〕は、アプリケーション層、トランスポート層、インターネット層、ネットワークインターフェース層の四つの層からなります。

・インターネット層は、パケット通信技術であるIPで構成されます。パケットの先頭には、送信元や送信先、パケットの大きさなど、パケット自体に関する情報が付加されています。

・トランスポート層は、TCPやUDPといったプロトコルで構成されます。これらのプロトコルは、②〔　　　　　　〕をヘッダに付与し、通信の相手先のアプリケーションなどを識別します。〔語句2〕のうち、不特定多数の人が共有して利用するアプリケーションに割り当てられたものをシステムポートとよびます。

IPアドレスに関連する技術

・組織内で利用するIPアドレスをプライベートIPアドレスといいます。対して、通常のIPアドレスのことをグローバルIPアドレスとよびます。プライベートIPアドレスをグローバルIPアドレスに変換して、インターネットと通信することができるしくみを③〔　　　　〕といいます。

・基本的な〔語句3〕の考え方に加えて、TCP/UDPポート番号も組み合わせて変換することで、プライベートIPアドレスノードをインターネットから把握できないようにする技術を④〔　　　　　　　〕といいます。

・IPアドレスに人間にとって覚えやすい別名を付けるための仕組みを⑤〔　　　　〕といいます。アドレスと対応する名前を結びつけることを名前解決といい、その名前のことをドメインといいます。

・NIC（ネットワークインタフェースカード）に割り振られる6バイトの情報を⑥〔　　　　　　　　〕といいます。物理アドレスとも呼ばれます。

アプリケーション層のプロトコル

・現在のメール配信のしくみでは、メールを配送するプロトコルである⑦〔　　　　　〕と、メールサーバに蓄積された自分あてのメールを手元のクライアントマシンにダウンロードするプロトコルである⑧〔　　　〕が中心的な役割を果たしています。また、メールの受信に関するプロトコルとしては、モバイル環境を意識してメールボックスの管理をサーバ側で行う⑨〔　　　　　〕などもあります。

・〔語句7〕で扱えなかったデータを扱えるよう機能拡張をしたプロトコルが⑩〔　　　　　〕です。さらに、〔語句10〕に暗号化とデジタル署名の機能を付け加えたのが⑪〔　　　　　　　〕です。

・送信元認証の機能を持っていない〔語句7〕を補完するしくみが⑫〔　　　　〕です。着信したメールの送信元ドメインを〔語句5〕に問い合わせることで、認証元の詐称を見抜きます。

・HTMLを送受信するためのプロトコルであるHTTPに、データの暗号化、デジタル署名、認証機能を付加したプロトコルを⑬〔　　　　　〕といいます。

無線LAN

・無線LANのセキュリティ向上の方策としては、AESを採用した暗号方式である⑭〔　　　　　〕があります。また、危たい化してきた〔語句14〕に代わって、暗号化アルゴリズムを追加した⑮〔　　　　　〕も登場しています。

NOTE

15 データベース

テキスト参照ページ ▶ pp.321 ～ 328

学習日 ／

データベースの構造

・データベースは表（①〔　　　　　〕）、列（②〔　　　　　　〕）、行（③〔　　　　　〕）から構成されます。〔語句1〕の作成・削除や〔語句3〕の更新といった操作を行う権限は、各アカウントに必要最小限与えます。

・データは必ず④〔　　　　〕と呼ばれる値で属性が決められています。

・データベースの作成・管理をする機能を盛り込んだソフトをDBMSといいます。

データベースの技術

・HDDの故障などの物理的な障害に対して、処理を復元することを⑤〔　　　　　　　　〕といいます。対して、データベースの誤操作のような論理的な障害には⑥〔　　　　　　　〕で処理を取り消します。

・データベースにおいて、分割できない一つのかたまりの処理を⑦〔　　　　　　　　〕といいます。複数の〔語句7〕が同一のデータベースを同時に更新できないようにすることを⑧〔　　　　　〕とよびます。

NOTE

16 システム戦略と構成要素

学習日 ／

テキスト参照ページ ▶ pp.330～361

共通フレーム

・共通フレームとは、ソフトウェアの取引を円滑に行うための枠組みです。以下の四つのプロセスから成り立ちます。

①〔　　　　〕プロセス：システム化構想立案、システム化計画立案などを実施します。
②〔　　　　　　〕プロセス：要件定義を実施します。
③〔　　　　　　　　〕プロセス：システム要件定義、システム適格性確認テストなどを実施します。システム要件定義では、必要なデータ項目や関係者の利害関係の調整、稼働時間、保守の体制などを決めます。
④〔　　　　　　　　　　　〕プロセス：ソフトウェア要件定義、ソフトウェア構築、ソフトウェア適格性確認テストなどを実施します。

調達

・情報システムの開発を外部企業に委託することを⑤〔　　　　　　　　〕とよびます。

・SIに対しては、以下のようにさまざまな依頼書を順番に提示して、回答を得ながら手続きを進めます。

⑥〔　　　　　〕(情報提供依頼書)：基礎的な情報(技術情報や製品の特徴、過去の事例、費用など)の提供を要請します。
⑦〔　　　　　〕(提案依頼書)：〔語句6〕の次に提示するもので、情報システムの開発や運用を委託するにあたって、SIからの具体的な提案を要請します。
⑧〔　　　　　〕(見積依頼書)：〔語句7〕の次に提示するもので、発注元が提案書を評価し、SIに対して発行します。

システムの信頼性指標

・システムの信頼性は、以下の指標で表します。

⑨〔　　　　　〕(平均故障間隔)：信頼性を表す指標です。〔語句9〕は故障率の逆数で求められ、数値が大きいほど故障が発生しづらく、システムの稼働率が高いといえます。

⑩〔　　　　　〕(平均修理時間)：保守性を表す指標です。〔語句10〕は修理率の逆数で求められ、数値が小さいほど修理にかかる時間を短縮でき、システムの稼働率が上がります。

耐障害設計

・システムの信頼性向上を図る場合には、故障そのものを起こさないようにする⑪〔　　　　　　　　　〕と、故障しても問題が大きくならないように冗長な構成をとる⑫〔　　　　　　　　　〕の二つの考え方があります。

・故障の被害を最小限に留めることを⑬〔　　　　　　　〕とよびます。なかでも、処理を代替機に引き継ぐことを⑭〔　　　　　　　〕とよびます。

・故障が生じても核になる機能が損なわれない設計を⑮〔　　　　〕とよびます。

・人為的なミスによるデータの破壊等を起こさないよう予防するシステムを⑯〔　　　　　　　〕とよびます。

バックアップ

・バックアップには、以下のようにさまざまな方法があります。バックアップ対象の重要性やコストを考えて、方法を選択します。

⑰〔　　　　　　　　〕

対象となるデータすべてのバックアップを取得します。リストア(データの復旧)が1回の読み出しで終了しますが、どのバックアップ方法よりも取得に時間がかかります。

⑱〔　　　　　　　　　　〕
最初に〔語句17〕を取得し、以降は〔語句17〕に対する変更分を取得します。リストアに二つの工程が必要になりますが、バックアップ取得時間は不均一ながら短縮できます。

⑲〔　　　　　　　　　　〕
最初に〔語句17〕を取得し、以降は前日に対する変更分を取得します。場合によっては何度もリストア工程が発生しますが、バックアップ取得時間は最小になります。

システムの形態

・サービスをする側（サーバ）とされる側（クライアント）に分けて運用する処理形態を⑳〔　　　　　　　　　　　　　　〕とよびます。代表例としてはWebが挙げられます。

・計算はコンピュータを多数抱えた事業者が行い、結果だけを利用者が受け取る形態を**クラウドコンピューティング**とよびます。クラウドコンピューティングには、以下のように分類されます。

㉑〔　　　　　　〕：コンピュータやネットワークなどのインフラ部分を提供するサービスです。**OSやアプリは自社で用意しなければなりません**が、汎用性は高くなります。
㉒〔　　　　　　〕：OS部分を提供するサービスです。**アプリさえ展開すれば素早く運用できます**。
㉓〔　　　　　　〕：**ハードウェア、OSに加えて、アプリまで提供するサービスです**。利用者にとっては楽な一方、業務への適合性が低くなる可能性もあります。

NOTE

17 セキュリティシステム戦略・プロジェクトマネジメント

テキスト参照ページ　セキュリティシステム戦略 ▶ pp.362～372
プロジェクトマネジメント ▶ pp.373～379

学習日　　／

ITガバナンス

・コーポレートガバナンスのなかでも、ITの最適な効率性、信頼性、安全性確保を目指すのがITガバナンスです。ITガバナンスは、①〔　　　　　　　〕において、情報セキュリティガバナンスとの関係が整理されています。

セキュリティシステムの実装

・セキュリティ製品の導入時のテストとしては、実際のクラッカーが用いるのと同じ手段で攻撃を実施して脆弱性をチェックする②〔　　　　　　　〕などがあります。

プロジェクトマネジメント手法

・矢印と○で作業の流れや依存関係を可視化するツールが③〔　　　　　　　〕です（下図参照）。〔語句3〕において、そこでの作業の遅れが全体の遅れに直結するルートを④〔　　　　　　　〕とよびます。

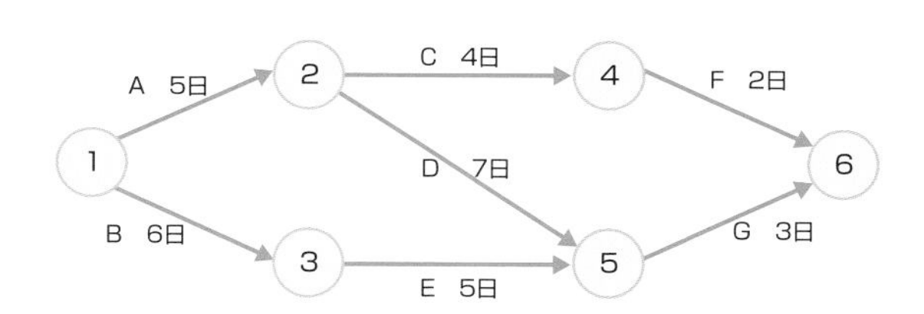

・プロジェクトマネジメントの知識を体系化したものにPMBOKがあります。PMBOKでは、成果物や作業単位でプロジェクトを分割した図（またはその手法）である⑤〔　　　　　〕などを用います。

18 企業の活動と統治

テキスト参照ページ ▶ pp.380～389　　学習日　／

財務・会計

・損益計算書の各項目は、以下の式で求められます。

①〔　　　　　　〕（粗利益）＝売上高－売上原価
②〔　　　　　　〕＝〔語句1〕－販売費及び一般管理費
③〔　　　　　　〕＝〔語句2〕＋営業外収益－営業外費用

・ソフトウェアやハードウェアなどの固定資産の耐用年数を決めて、購入時の費用をその年数に分割して計算する方法を④〔　　　　　　〕といいます。毎年同じだけ費用を計上する定額法と、購入してすぐのころはたくさん、時間が経つと少しだけ費用を計上する定率法があります。

サービスマネジメント

・達成すべきサービス水準を決めて、それを保証するものを⑤〔　　　　　　〕とよびます。この取り決め内容を文書にしたものを⑥〔　　　　　　〕といいます。

・ITサービスマネジメントシステムを構築するガイドラインとしては⑦〔　　　　　　　　　　〕があります。〔語句7〕は認証基準とベストプラクティスの二つからなり、経営者のコミットメントが必要であると定めています。

NOTE

解答一覧

1 情報のCIAと情報資産・脅威・脆弱性

①機密性
②完全性
③可用性
④脅威
⑤人的脆弱性
⑥不正のトライアングル

2 サイバー攻撃手法

①バッファオーバフロー攻撃
②ブルートフォース攻撃
③パスワードリスト攻撃
④バックドア
⑤DNSキャッシュポイズニング
⑥ディレクトリトラバーサル
⑦IPスプーフィング
⑧踏み台攻撃
⑨MITB
⑩フィッシング
⑪標的型攻撃
⑫DoS
⑬ソーシャルエンジニアリング
⑭BEC（またはビジネスメール詐欺）
⑮スパムメール
⑯クロスサイトスクリプティング
⑰ゼロデイ攻撃
⑱SQLインジェクション

3 暗号

①共通鍵暗号方式
②公開鍵暗号方式
③秘密鍵
④公開鍵
⑤秘密鍵
⑥n（n－1）／2
⑦2n
⑧ハイブリッド方式
⑨CRYPTREC

4 認証

①パスワード認証
②チャレンジレスポンス
③ワンタイムパスワード
④リスクベース認証
⑤バイオメトリクス認証
⑥多要素認証
⑦秘密鍵
⑧公開鍵
⑨メッセージ認証符号
⑩PKI
⑪認証局
⑫CRL

5 リスクマネジメント・情報セキュリティポリシ

①リスク回避
②リスク低減
③リスク移転
④リスク保有
⑤リスクファイナンシング
⑥情報セキュリティ基本方針
⑦情報セキュリティ対策基準
⑧情報セキュリティ対策実施手順
⑨PDCAサイクル

6 各種管理策・セキュリティ評価

①ISMS
②情報セキュリティガバナンス
③ITガバナンス
④助言型監査
⑤保証型監査
⑥情報セキュリティ監査基準

⑦情報セキュリティ管理基準
⑧システム監査基準
⑨個人情報保護
⑩政府機関等の情報セキュリティ対策のための統一基準
⑪CVSS
⑫基本評価基準
⑬現状評価基準
⑭環境評価基準
⑮PCI DSS

7 CSIRT・システム監査

①インシデント
②JPCERT/CC
③内部統制
④監査証跡
⑤情報セキュリティ管理基準
⑥内部監査
⑦修正
⑧是正処置

8 マルウェア対策

①マクロウイルス
②ランサムウェア
③ステガノグラフィ
④ボットネット
⑤C&Cサーバー
⑥CAPTCHA
⑦パターンファイル
⑧シャドーIT

9 不正アクセス対策・情報漏えい対策

①WAF
②拒否リスト（またはブロックリスト、ブラックリスト）
③許可リスト（またはパスリスト、ホワイトリスト）
④プロキシサーバ
⑤DMZ
⑥IDS
⑦HIDS
⑧NIDS
⑨ハニーポット
⑩プレースホルダ
⑪エスケープ処理
⑫SSH

10 アクセス管理・人的対策

①TLS
②認証局
③公開鍵
④VPN
⑤IPsec
⑥トランスポートモード
⑦トンネルモード
⑧NTP
⑨組織における内部不正防止ガイドライン
⑩監査基準
⑪アンチパスバック
⑫サイバーレンジトレーニング
⑬レッドチーム演習

11 知的財産権と個人情報の保護

①著作権法
②～④著作者人格権・著作財産権・著作隣接権（※順不同）
⑤特許権
⑥～⑧意匠権・実用新案権・商標権（※順不同）
⑨個人情報保護法
⑩要配慮個人情報

12 セキュリティ関連法規

①不正アクセス禁止法
②刑法
③不正競争防止法
④営業秘密

⑤オプトイン

⑥オプトアウト

⑦サイバーセキュリティ基本法

13 その他の法規やガイドライン

①電子署名法

②労働基準法

③労働者派遣法

④請負

⑤出向

14 ネットワーク

①TCP/IP

②ポート番号

③NAT

④NAPT（またはIPマスカレード）

⑤DNS

⑥MACアドレス

⑦SMTP

⑧POP3

⑨IMAP4

⑩MIME

⑪S/MIME

⑫SPF

⑬HTTP over TLS（HTTPS）

⑭WPA2

⑮WPA3

15 データベース

①テーブル

②フィールド

③レコード

④主キー

⑤ロールフォワード

⑥ロールバック

⑦トランザクション

⑧排他制御

16 システム戦略と構成要素

①企画

②要件定義

③システム開発

④ソフトウェア実装

⑤アウトソーシング

⑥RFI

⑦RFP

⑧RFQ

⑨MTBF

⑩MTTR

⑪フォールトアボイダンス

⑫フォールトトレランス

⑬フェールセーフ

⑭フェールオーバ

⑮フェールソフト

⑯エラープルーフ

⑰フルバックアップ

⑱差分バックアップ

⑲増分バックアップ

⑳クライアントサーバシステム

㉑IaaS

㉒PaaS

㉓SaaS

17 セキュリティシステム戦略・プロジェクトマネジメント

①JIS Q 27014

②ペネトレーションテスト

③アローダイアグラム

④クリティカルパス

⑤WBS

18 企業の活動と統治

①売上総利益

②営業利益

③経常利益

④減価償却

⑤SLA

⑥サービスレベル合意書

⑦JIS Q 20000